U0734980

现代安全生产培训
体系、模式与方法研究

主编　徐景德

中国矿业大学出版社

内 容 提 要

本书主要包括四个方面内容：① 中国安全生产培训体系研究；② 安全生产培训模式研究；③ 安全生产专项研究；④ 安全生产培训实践经验总结。这些研究内容包括了 2000 年以来中国煤矿安全技术培训中心培训理论研究和实践探索方面的一些成果，也包括了全国各有关安全培训管理部门、生产经营单位和安全培训机构的先进经验。

本书适合安全生产培训机构和企业现场安全生产管理人员参考使用。

图书在版编目（C I P）数据

现代安全生产培训体系、模式与方法研究/徐景德主编.—徐州：中国矿业大学出版社，2011.5
ISBN 978 - 7 - 5646 - 1045 - 6

Ⅰ.①现… Ⅱ.①徐… Ⅲ.①安全生产—技术培训—研究 Ⅳ.①X93

中国版本图书馆 CIP 数据核字（2011）第 071762 号

书　　　名	现代安全生产培训体系、模式与方法研究
主　　编	徐景德
责任编辑	杨　廷
责任校对	孙　景
出版发行	中国矿业大学出版社有限责任公司
	（江苏省徐州市解放南路　邮编 221008）
营销热线	（0516）83885307　83884995
出版服务	（0516）83885767　83884920
网　　址	http://www.cumtp.com　E-mail：cumtpvip@cumtp.com
印　　刷	徐州中矿大印发科技有限公司
开　　本	787×1092　1/16　**印张** 15.25　**字数** 381 千字
版次印次	2011 年 5 月第 1 版　2011 年 5 月第 1 次印刷
定　　价	39.80 元

（图书出现印装质量问题，本社负责调换）

序　言

安全生产培训既是安全专业教育的一个重要组成部分,也是一项重要的安全生产工作。提高安全培训水平和质量,是安全培训监管和安全培训机构的主要工作目标。

国家安全生产监督管理总局自组建以来,高度重视安全生产培训工作。总局党组围绕党中央、国务院对安全生产的总体要求和安全生产形势,从战略上提出了安全生产培训必须解决的重大课题,包括:建立适应于中国国情的安全生产培训体系,着力提高安全生产培训覆盖面,建立和完善安全生产培训的法律法规体系,提高完善安全培训监管运行机制,提高培训质量,组织开展以企业"三项岗位人员"为重点的安全生产重要岗位人员的安全培训工作,抓好安全培训基地、培训教师和培训教材等培训设施建设等。这些研究课题认真研究了美国、欧盟、澳大利亚、南非等国家在安全培训方面取得的成功经验,对我国安全培训从体系、模式、方法方面进行了系统总结,提出了一系列的先进思想理念,对提高我国安全培训质量和水平从体制、机制、方法等方面提出了很多建设性的建议,对于安全培训事业的发展取到了重要作用,本书的研究内容是这些课题的重要组成部分。我国安全生产形势逐年明显好转,生产经营单位相关人员安全素质和安全意识、技能明显提高的事实也说明了安全培训取得的成绩。系统总结近年来安全培训的经验和方法,对做好今后的安全培训工作是非常有意义的工作。

华北科技学院(中国煤矿安全技术培训中心)是国家安全生产监督管理总局直属的唯一一所高等本科院校,也是具备煤矿安全和安全生产两个一级培训资质的培训基地。学院党委高度重视安全生产培训工作,自2000年学校以来,学校一直把安全培训工作作为学校一项中心工作,2002年,学校提出了"安全培训发展战略",将其作为学校"十五"、"十一五"乃至"十二五"的主要战略措施之一,其中心内容是:加强培训基础建设,促进培训规模和培训质量的同步发展,创造培训品牌项目。这一战略的实施,极大地促进了学院(中心)培训工作的发展,培训规模 10 年来年年翻番,到 2010 年,培训人中已经超过 5 000 人次。该中心组织了煤矿安全监察员培训、矿山救护队指挥员培训、企业三项岗位人员培训等一系列培训,在培训过程中,打破传统的授课为主的培训模式,从培训组织管理、培训教学到培训考核等各个环节,都引入了国外先进的方法和技术,极大地提高了培训质量和水平。十年来,培训学员和所在单位对学院(中心)的培训工作给予了高度评价。

本书的各位作者长期在学院(中心)从事安全培训管理、教学和研究工作,书中的主要内容是作者在工作中积累的理论和实践方面总结,也包括了全国各地培训机构、培训管理部门的先进经验。相信本书的出版,对提高我国安全生产培训水平应当是极有裨益的。

是为序。

国家安全生产监督管理总局人事司副司长

华北科技学院院长(中国煤矿安全技术培训中心主任)
十一届全国人大代表、全国人大资源与环境保护委员会委员

前　言

本书主要包括四个方面内容：① 安全生产培训体系研究；② 安全生产培训模式研究；③ 安全生产专项研究；④ 安全生产培训实践经验总结。这些研究内容包括了 2000 年以来中国煤矿安全技术培训中心培训理论研究和实践探索方面的一些成果，也包括了全国各有关安全培训管理部门、生产经营单位和安全培训机构的先进经验。

2000 年以来，中国煤矿安全技术培训中心（华北科技学院）提出把"安全培训发展战略"作为学院（中心）发展战略之一，其主要战略举措是：扩大培训规模，提高培训质量水平，创新培训方式方法，打造培训品牌。根据这一战略思路，该中心在培训策划、培训管理、基础建设和后勤服务等方面采取了一系列的具体措施，抓住国家安全生产监督管理总局大力实施安全培训的契机，组织了煤矿安全监察员培训、矿山救护队指挥员培训、煤矿安全技术管理干部培训、安全生产应急管理培训等一系列培训项目，培训规模从 2000 年 500 人上升到 2010 年 5000 人，在培训过程中广泛引进和使用了团体列名法、分组研讨法、头脑风暴法等一系列先进培训方法，极大地提高了培训效果，得到参训学员的充分认可和和国家安全生产监督管理总局培训主管部门的高度评价，为培训目标的实现奠定了良好基础。关于推广、使用这些培训方法的实践经验在本书第三编进行了详细说明。

该中心在组织开展培训工作的同时，承担了多项安全生产培训课题的研究：一是国家安全生产监督管理总局人事司委托的研究课题——《一二级安全生产培训机构设置认定和复审标准研究》、《中国安全生产教育培训体系研究》、《安全监管领导干部选拔专业题库研究》；二是华北科技学院教研、科研基金支助课题——《煤矿安全监察培训方法研究》、《安全生产培训模式研究》、《安全培训质量指标体系及测评方法研究》等。本书的第一编、第二编是上述研究项目成果的总结。

  2000 年以来,国家安全生产监督管理总局每两年召开一次全国安全培训工作座谈会,在每次座谈会上,有关安全培训管理部门、安全培训机构、生产经营单位都介绍了在安全培训管理、安全培训教学、安全培训师资队伍建设、培训基础设施建设、日常培训管理等方面的先进经验,这些经验来自于安全培训实践,具有很高的借鉴价值,总结和推广这些经验,对提升全国安全培训管理水平、提高培训总体质量进而提高安全培训对全国安全生产的支撑作用,是极有裨益的。本书的第四编系统总结了 2000 年以来全国历届安全生产培训工作座谈会的经验交流材料,抽取其中的典型经验,汇集成安全培训实践,供有关部门参考。

  本书由徐景德担任主编,各章节编写分工如下:第一章由徐景德、马汉鹏编写;第二、三章由马汉鹏、徐景德编写;第四章由董波编写;第五章由徐景德、张翠荣编写;第六章由王志亮、张跃兵 马汉鹏编写;第七章由徐景德、张跃兵编写;第八章由徐景德、马汉鹏编写;第九、十三章由张莉聪、徐景德编写;第十章由张莉聪、李其中编写;第十一、十二章由李其中、徐景德编写;第十四章由徐景德、沃亚琦编写。

  国家安全生产监督管理总局李生盛副司长、华北科技学院院长(中国煤矿安全技术培训中心主任)杨庚宇联合为本书作序,中国煤矿安全技术培训中心汪永高副主任,国家安全生产监督管理总局人事司李永红处长、高泉处长对全书给予了具体指导,特制谢意。

编者

2011 年 4 月

目　录

第二篇 安全生产培训模式

第三篇 安全生产培训典型经验

第一篇

中国安全生产培训体系

第一章　安全生产培训体系建设

　　我国安全生产培训体系的基本框架包括:安全生产培训法律法规、培训组织与机构设置、师资队伍与教材建设、培训考核管理、监督检查、信息资源管理与质量评估、资金保障等七项保障机制以及政府公务人员培训、生产经营单位从业人员培训和社会中介机构从业人员培训等三大培训系统。2000年以来,按照"统一规划、归口管理、分级实施、分类指导、教考分离"的原则,各级安全监管监察机构和全国各地生产经营单位、培训机构,采取有效措施,加大力度,全面推进,全国安全生产培训体系现已基本形成。

第一节　安全生产培训体系现状

一、安全生产培训法律法规标准基本建立并不断完善

　　《中华人民共和国安全生产法》(以下简称《安全生产法》)、《中华人民共和国劳动法》(以下简称《劳动法》)、《中华人民共和国矿山安全法》(以下简称《矿山安全法》)、《中华人民共和国职业病防治法》(以下简称《职业病防治法》)等法律和《安全生产许可证条例》、《煤矿安全监察条例》、《国务院关于预防煤矿生产安全事故的特别规定》、《危险化学品安全管理条例》、《建设工程安全管理条例》等涉及安全生产的行政法规,以及各地制定的安全生产地方性法规,都对安全生产培训提出了明确要求。

　　2000年以来,国家安全生产监督管理总局先后制定了《安全生产教育培训管理办法》、《生产经营单位安全培训规定》和《注册安全工程师管理规定》等行政规章,下发了《关于特种作业人员安全技术培训考核工作的意见》、《关于加强煤矿安全培训工作的若干意见》、《关于加强农民工安全生产培训工作的意见》等40余个规范性文件,对安全生产培训工作提出了具体要求。同时,制定并颁布实施了安全生产监管人员和煤矿安全监察人员培训大纲和考核标准,《特种作业人员安全技术培训大纲及考核标准(通用部分)》,以及煤矿、非煤矿山、危险化学品、烟花爆竹、民爆器材等高危行业主要负责人、安全管理人员和一般从业人员培训大纲和考核标准等60余部,形成了较系统的安全培训标准体系。各地根据相关法律法规,也相继制定了《安全培训管理实施细则》、《培训教学管理办法》等一系列地方性规章或规范性文件。这些法规标准的颁布实施,使安全生产培训工作基本做到有法可依、有章可循。

二、安全生产培训管理体制已经形成并不断完善

　　按照"分级实施、分类指导"的原则,我国已基本形成各级安全生产监管机构和煤矿安全监察机构分级管理、各负其责、共同参与的安全生产培训工作管理体制。

　　国家安全生产监督管理总局依法对全国的安全培训工作实施监督管理,具体负责安全监管监察人员以及高危行业生产经营单位主要负责人、安全生产管理人员、特种作业人员(以下简称"三项岗位人员")安全生产培训大纲和考核标准的制定,省级以上安全监管人员、

各级煤矿安全监察人员和中央企业总部主要负责人、安全生产管理人员的培训、考核、发证，以及一、二级安全培训机构资质的审批工作。

国家煤矿安全监察局指导监督检查全国煤矿安全培训工作；国家安全生产应急救援指挥中心指导监督检查全国应急救援安全培训工作。

省级安全监管部门指导、监督、检查所辖区域内的安全培训工作，具体负责非高危行业安全培训大纲的制定，市级及以下安全监管人员和省属企业、所辖区域内中央企业分公司"三项岗位人员"的培训、考核、发证，以及三、四级安全生产教育培训机构资质的审批工作；省级煤矿安全监察机构指导、监督、检查所辖区域内的煤矿安全培训工作，具体负责煤矿"三项岗位人员"的培训考核发证，以及三、四级煤矿安全培训机构资质的审批工作。

市、县级安全监管部门组织、指导和监督本行政区域内除中央企业、省属生产经营单位以外的其他生产经营单位的主要负责人和安全生产管理人员的培训、考核、发证工作。

生产经营单位负责组织实施本单位的安全生产培训工作。

三、安全生产培训基础建设全面加强

（一）安全培训机构

在机构建设上，国家安全生产监督管理总局制定了《一、二级安全培训机构认定标准》，各地结合实际制定了《三、四级安全培训机构认定标准》，建立了安全生产培训机构资质认定和复审评估制度，定期开展对安全培训机构的评估工作，山西、新疆等地还大力推行机构标准化建设。

（二）安全培训师资队伍

在师资队伍建设上，各级安全监管监察机构将师资力量配备情况作为安全培训机构评估认定的基本条件，建立了安全培训教师岗位培训制度，培训教师经岗位培训考核合格，方可上岗执教。国家安全生产监督管理总局规定了相应培训内容和考核办法，加强了对培训管理人员和教师的培训。各地也纷纷开展了对三、四级机构教师的岗位培训，部分省市还开展了教师安全专业知识培训和教学研讨等活动，切实提高了教师的教学能力和水平。各级安全培训机构采取措施，组建了水平较高、专兼结合的安全培训教师队伍，有的还建立了安全培训师资库。全国安全培训专职教师人数已达2万余人。培训师资队伍的数量和质量基本满足当前开展安全生产培训的需要。

（三）安全培训和课件教材

在教材建设上，各级安全培训管理部门根据培训大纲、考核标准，组织编写了一批涉及各专业、适应各层次的教材。国家安全生产监督管理总局和国家煤矿安全监察局组织编写了安全监管监察人员以及煤矿、非煤矿山、危险化学品、烟花爆竹高危行业"三项岗位人员"等各类人员的安全培训系列教材50余种；与教育部联合摄制《煤矿新工人生产安全多媒体系列培训教材》，并向全国所有煤矿和煤矿安全培训机构免费发放3万套；开展了安全培训教材评选推荐活动，推荐优秀教材15种。各地结合实际组织编写了大量针对性强的培训教材，如：河南省编写或修订"三项岗位人员"教材30多种，上海、大连等地编写了符合农民工特点的安全培训专用教材，安徽煤矿安全监察局编写了《以史为鉴，警钟长鸣》的事故案例教材。教材的种类和数量不断丰富，为培训教学提供了保障。

四、安全生产培训考核体系逐步实现信息化

安全生产培训考核体系已基本建立，开发了各类人员考核题库，大力推行教考分离。国家安全生产监督管理总局和国家煤矿安全监察局加强煤矿、非煤矿山、危险化学品等高危行业主要负责人、安全管理人员和特种作业人员考试题库建设,煤矿"三项岗位人员考试题库"已在全国25个产煤省推广使用,基本实现计算机考试。各地加强考核机构建设,推进教考分离。江苏省以南京市为试点,建立考核基地,统一组织"三项岗位人员"考试,培训机构网上申报考试计划,考核机构审核后,分批考试。上海市开发了安全培训管理信息系统,建立了由市安全培训考试中心和各考试分中心组成的计算机考试体系,实现了计划上报、办班申批、学员管理、档案管理、考核审批、打印制证、信息查询和报表统计等信息化建设,各类人员全部实行计算机考试,考试试题由计算机随机生成,自动阅卷,实现了教考分离,安全培训管理工作效率和质量大大提高。大连市成立了专门考核机构,考核机构不举办任何安全培训班,培训依托有资质的机构进行,参训人员可自行选择机构,完成培训经考核机构考核合格的,由安监部门审核验印后即可取得相应证书。

五、安全生产培训监督检查机制逐步形成

各级安全监管监察机构将安全生产教育培训列入日常监察、专项监察和重点监察内容。在组织开展安全检查时,把生产经营单位是否落实安全生产教育培训法律法规,培训投入是否到位,培训、考核和发证是否认真严格,关键岗位、特殊工种是否全部持证上岗等作为必检项目;在安全生产许可证换证审核时,将安全培训情况作为审查的一项重要内容,发现未按要求对从业人员进行培训的,责令依法整改、暂扣直至吊销安全生产许可证;在查处事故时,逐个对照检查相关人员的培训资料和资格证书,对不履行培训责任、未经培训就安排上岗作业的非法违法行为,依法严肃追究责任。

自2005年以来,国家安全生产监督管理总局和国家煤矿安全监察局每年开展一次全国性的安全培训专项督查活动。各地普遍加大了对无证上岗和持过期证上岗的处罚力度,督促企业落实安全培训责任。江苏省安全生产监督管理局每年确定一个重点行业领域进行安全培训专项督查,2006年以来,分别对危险化学品和非煤矿山的96家企业进行了督查;黑龙江煤矿安全监察局把每年9月作为煤矿从业人员持证上岗专项"监察月",2007年,共下达执法文书92份,罚款32万元,对发生生产安全事故、拒不执行执法指令的煤矿主要负责人和安全管理人员依法暂扣安全资格证201个,吊销83个;河南煤矿安全监察局自2005年以来,每年组织5个分局开展2次异地专项督察,对安全培训违规行为累计罚款达1 111万元,起到了以监察促培训、以培训促安全的效果。

六、安全人才培养成效显著

在煤矿专业人才培养上,国家安全生产监督管理总局与教育部、发展和改革委员会、财政部联合下发了《关于加强煤矿专业人才培养工作的意见》,采取了扩大地矿类专业招生规模、实行对口单招和委托培养、加强职业教育以及加大奖助学金倾斜力度等措施,大力培养煤矿专业人才。通过努力,先后有20所职业院校列入煤炭行业技能型紧缺人才培养培训基地;"对口单招"院校由2003年的1所增加到目前的16所,招生人数由600人增加到3 090人;12所原煤炭高校2008年煤矿主体专业招生规模达27 241人。

在安全专业人才培养上,国家安全生产监督管理总局成立了高等学校安全工程学科教学指导委员会,与教育部共建了中国矿业大学和北京化工大学,与湖南省政府共建了湖南省安全职业技术学院。加强对各院校安全工程学科建设的指导,组织开展了《安全工程学科发展战略研究》、《安全工程学科专业规范》等课题研究;组织编写了安全工程本科规划教材20

余种;制定了高等学校安全工程专业本科教育认证标准,开展了安全工程学科专业认证试点工作,促进了安全工程学科高等教育的发展。截至 2007 年底,全国高等院校中,设置"安全工程"本科专业的高校已达 101 所,有安全工程硕士授予权的高校 50 所,有安全工程博士授予权的高校 21 所,较 2003 年分别增长了 80.3%、92.3%和 162.5%。2005～2008 年总计招收安全工程类专业本科生 22 000 余人。同时,大力实施注册安全工程师执业资格制度,积极推行助理注册安全工程师资格制度,初步建立了注册安全工程师队伍,截至 2008 年底,全国已有 106 053 人取得注册安全工程师资格证书。

七、各类人员安全培训全面展开

安全生产培训体系的不断完善,推动了全国安全生产培训工作,使各类人员培训得到全面广泛开展。

(一)安全监管监察人员培训

全国 5 118 个监管监察机构及执法队 57 777 名在册人员中,有 42 332 人经执法培训取得行政执法证,持证率为 73.3%;有 24 425 人参加了专题业务培训,占 42.3%;有 26 084 人参加了政治理论培训,占 45.1%(详见表 1-1)。2005～2008 年,全国共培训安全监管监察人员 102 654 人次(详见图 1-1)。

表 1-1   安全监管监察人员培训情况统计表

培训人员		在册人数/人	执法资格培训		专题业务培训		理论培训	
			人数/人	持证率/%	人数/人	培训率/%	人数/人	培训率/%
安监人员	省级	1 677	1 480	88.3	889	53.0	1 031	61.5
	市级	8 678	7 373	85.0	4 387	50.6	5 357	61.7
	县级	32 333	21 739	67.2	11 894	36.8	14 783	45.7
	小计	42 688	30 592	71.7	17 170	40.2	21 171	49.6
煤监人员	省局	1 070	1 037	96.9	538	50.3	443	41.4
	分局	1 524	1 426	93.6	1 280	84.0	433	28.4
	小计	2 594	2 463	94.9	1 818	70.1	876	33.8
执法队员	省级	175	130	74.3	102	58.3	39	22.3
	市级	2 569	2 214	86.2	1 272	49.5	1 392	54.2
	县级	9 751	6 933	71.1	4 063	41.7	2 606	26.7
	小计	12 495	9 277	74.2	5 437	43.5	4 037	32.3
合计		57 777	42 332	73.3	24 425	42.3	26 084	45.1

(二)政府安全生产分管领导干部培训

国家安全生产监督管理总局积极开展对全国市(地)安全生产分管领导的专题培训,从 2003 年到 2008 年,共举办 11 期市(地)领导干部安全生产专题研究班,培训 523 人次,涉及除北京、天津、上海、重庆 4 个直辖市以外的 302 个市(地),全国仍有 31 个市(地)的分管领导未参加过培训。同时,除山西、内蒙古、上海、江西、广东、重庆和宁夏等 7 个省局以外,全国已有 24 个省局开展了对县、乡两级政府安全生产分管领导的专题培训。

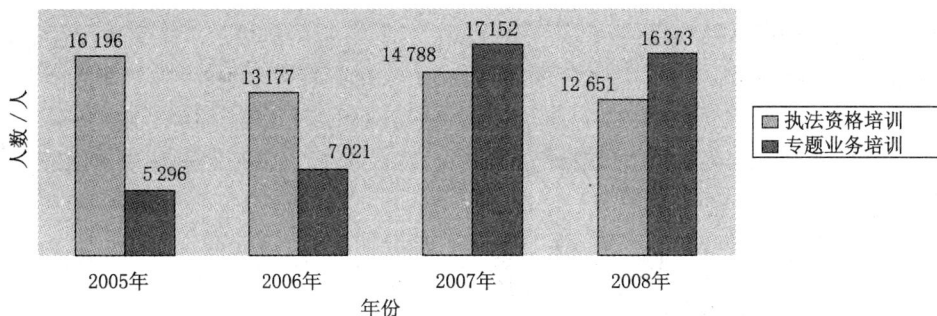

图 1-1 2005～2008 年监管监察人员培训情况汇总统计图

（三）高危企业"三项岗位人员"培训

全国煤矿、非煤矿山、危险化学品、烟花爆竹等高危行业 236.9 万名主要负责人和安全管理人员中，持有安全资格证书的 211.9 万人，持证率 89.4%（详见表 1-2）。全国 891.4 万名特种作业人员中，持有特种作业操作证的 773.7 万人，持证率 86.8%（详见表 1-3）。2002～2008 年，全国共培训企业"三项岗位人员"2 064 万人次（详见图 1-2）。

表 1-2 高危企业主要负责人及安全管理人员持证情况统计表

行业 \ 人员	企业数/万家	主要负责人			安全管理人员			合计		
		总数/万人	持证数/万人	持证率/%	总数/万人	持证数/万人	持证率/%	总数/万人	持证数/万人	持证率/%
煤矿	1.8	2.7	2.65	98.1	22.9	21.6	94.3	25.6	24.3	94.9
非煤矿山	9.5	12.98	12.5	96.3	32.8	24.6	75.0	45.7	37.1	81.2
危险化学品 生产	2.3	3.54	3.43	96.9	11.8	11.2	94.9	15.4	14.6	94.8
危险化学品 经营	25.2	27.4	26.4	96.4	36.6	35.8	97.8	64.01	62.2	97.2
危险化学品 小计	27.5	30.94	29.83	96.4	48.4	47.0	97.1	79.41	76.8	96.7
烟花爆竹 生产	0.66	0.73	0.7	95.9	2.43	2.39	98.4	3.15	3.1	98.4
烟花爆竹 经营	39.9	40.57	38.63	95.2	42.5	31.9	75.1	83.0	70.6	85.1
烟花爆竹 小计	40.56	41.3	39.33	95.2	44.93	34.29	76.3	86.15	73.7	85.5
合 计	79.4	87.9	84.3	96.0	149.0	127.5	85.6	236.9	211.9	89.4

表 1-3 特种作业人员持证情况统计表

行业 \ 人员	煤矿	非煤矿山	危险化学品			烟花爆竹			其他	合计
			小计	生产	经营	小计	生产	经营		
总人数/万人	154.2	59.3	65.3	46.8	18.5	58.5	50.1	8.4	554.1	891.4
持证数/万人	151.0	54.6	60.5	43.8	16.7	49.9	43.0	6.9	457.7	773.7
持证率/%	97.9	92.1	92.6	93.6	90.3	85.3	85.8	82.1	82.6	86.8

（四）高危企业农民工培训

全国 79.4 万家煤矿、非煤矿山、危险化学品和烟花爆竹等高危企业 1 703.3 万名从业

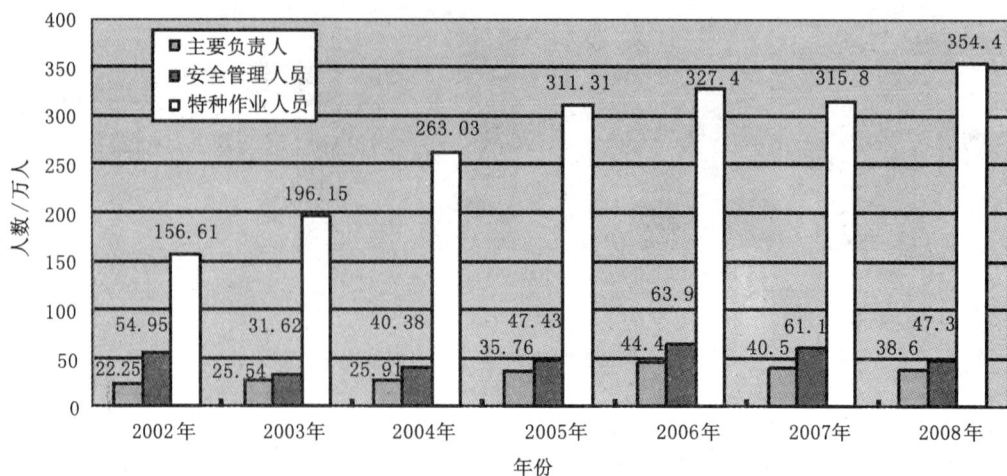

图 1-2　2002～2008 年三项岗位人员培训情况总统计图

人员中,有农民工 909 万人,占 53.4%;已培训 775.2 万人,培训率85.3%(详见表 1-4)。

表 1-4　　　　　　　　　　　　农民工安全培训情况统计表

行业 \ 人员	煤矿	非煤矿山	危险化学品			烟花爆竹			合计
			小计	生产	经营	小计	生产	经营	
企业数/万家	1.8	9.5	27.5	2.3	25.2	40.56	0.66	39.9	79.4
从业人员数/万人	490.1	530.2	434.7	252.2	182.5	248.3	90.5	157.8	1 703.3
农民工数/万人	262.2	333.5	159.2	86	73.2	154.1	85.8	68.3	909.0
农民工占从业人员比例/%	53.5	62.9	36.6	34.1	40.1	62.1	94.8	43.3	53.4
农民工已培训人数	252	254.7	133.0	72.5	60.5	135.5	77.6	57.9	775.2
培训率/%	96.1	76.4	83.5	84.3	82.7	87.9	90.4	84.8	85.3

第二节　安全生产培训体系建设存在的问题

一、对安全生产培训的重要性认识不足

　　有的地方政府和生产经营单位存在重生产、轻安全、忽视安全培训的问题。一些地方政府部门也包括一些地方安全监管监察机构,没有真正认识到安全生产教育培训工作是安全生产的重要治本之策,没有把安全生产教育培训纳入安全生产总体工作部署,经费投入不足,对安全培训工作说起来重要、做起来次要、忙起来不要,导致安全培训各项政策措施得不到有效落实。一些企业特别是一些中小企业业主安全意识淡漠,短期行为严重,没有认识到安全培训是一项成本低、见效快、回报率高的基础性投入,宁可承担事故风险,也不愿意在培训上多花钱,有的甚至没有对从业人员进行任何培训就安排上岗作业。如:2005 年 12 月 7 日河北唐山刘官屯煤矿发生瓦斯爆炸事故,在 108 名遇难人员中,有 8 人是当月 2 日进矿,6 人是当月 6 日进矿,没有经过任何培训。

一些企业领导明白培训的投入与产出的关系,自然将员工培训列入重要的议事日程。然而,不能排除部分领导在思想上的重视程度存在差异。尤其是至今还没有一套完善的被普遍认可的培训评估标准,还没有对企业管理者在培训方面政绩的考核制度。因此,很难促使安全生产行业各级机构领导对培训从思想到组织行为上的到位。

二、安全生产培训基础建设有待进一步加强

在机构建设上,机构布局不够合理,全国一、二级安全培训机构中的一半以上分布在北京等8个省(区、市),而浙江这样的工业大省仅有1个二级机构;全国培训机构中,三级培训机构占机构总数的54.6%,四级培训机构仅占机构总数的40.3%,比例不协调。在教材建设上,教材开发缺乏统一规划,编写、审定和推荐使用良性机制尚未形成,全国安全培训优秀教材不多。在师资建设上,各级机构理论基础扎实、实践经验丰富、熟练掌握现代培训方式方法的教师普遍比较缺乏。在信息化建设上,虽然不少地方进行了积极有效的探索,但全国安全培训信息化总体水平还比较低,培训信息统计、档案管理等手段落后。

三、安全生产培训质量亟需提高

多数培训机构不注重培训需求调研,课程设计针对性不强,培训内容与实际贴得不紧,培训课时不够,教材教案陈旧,办班规模过大,不少培训教师习惯于传统的"满堂灌",教学缺乏吸引力和感染力,培训效果差。一些地方培训与考核不分,委托培训机构承担考试出题、监考、阅卷等工作,培训机构既培训又考核,考核没有起到对培训质量的约束作用,培训质量得不到保证。一些中小企业没有针对员工特别是农民工文化素质低、接受能力差的特点,采取有效的方法措施对员工进行培训,培训有名无实,流于形式。2007年全国安全培训专项督查调研时,现场抽考的736名相关企业从业人员中,有28%的人员错误认为"在粉尘岗位作业时应佩戴纱布口罩",特别是在河南省嵩县喜庆烟花爆竹厂,以烟花爆竹安全生产基本常识为内容,抽考了6名取得培训合格证的作业人员,考试成绩都不合格,最高分只有40分。

四、安全培训覆盖面有待进一步扩大

截至2009年底,县级安全监管监察人员和省、市、县三级执法队员行政执法证持证率分别为67.2%和74.2%,执法资格培训没有实现全面覆盖;各级安全监管监察人员专题业务培训率仅为42.3%,专题业务培训需要进一步加大力度。煤矿、非煤矿山、危险化学品、烟花爆竹等高危企业主要负责人、安全管理人员和特种作业人员的持证上岗率分别为95.9%、85.6%和86.8%,未持证上岗、持过期证上岗等现象还不同程度存在。自身没有培训能力的众多非公有制中小企业,特别是经济欠发达地区的农民工培训难,多数乡镇小矿山地处偏远又分散,不具备培训条件,送出培训费用大,又怕培训后流失,干脆不培训;而大部分农民工维权意识薄弱,只顾工作赚钱,也不愿参加培训,造成农民工安全培训缺失。

五、安全培训市场存在不同程度的混乱现象

对培训机构的约束不够,培训市场无序竞争与垄断现象并存。一些培训机构以牟利为目的培训,乱发文、乱办班、乱收费现象时有发生;同时,一些地方把培训作为部门经费的一种补充或创收手段,相对垄断培训市场。调研发现,仅占全国安全培训机构总数23.1%的监管监察部门直属机构,无论师资还是教学设备等都相对不足,却承担着当地大部分安全培训任务;而资源相对丰富的一些地方院校、职业技能培训学校和企业所属培训机构没有发挥应有作用。

六、培训缺乏系统和长远规划

虽然大部分的安全生产企业对培训工作予以了高度的重视,但由于认识的不足,对培训的理解还停留在简单的办班上,缺乏人力资源开发的长远目标,培训项目被动地依赖于上级下达的培训任务,特别是在高级技术工人紧缺的情况下,许多企业注重培训的短期效益,缺什么补什么,随意性较大,没有做到从职工的角度来为他们的职业生涯做好规划,在一定程度上挫伤了职工的积极性,甚至导致人才的流失。

第三节 安全生产培训体系的建设思路和目标

一、安全生产培训面临的新形势和新挑战

(一)经济快速发展,安全生产需求强劲增长

我国经济的迅猛发展带来了人们对安全生产的极大需求,社会的发展和人们日益提高的生活水平对安全生产提出了更高的要求,因此,培养高素质的安全生产人才,全面快速地提高职工队伍的安全技术素质,已成为加速社会发展的关键。

(二)安全生产管理体制改革进一步深入

随着国家安全生产监督管理体制改革方案的实施,我国已形成了"政府统一领导,部门依法监督,企业全面负责,群众监督参与,社会广泛支持"的安全生产工作格局,安全生产监督管理体制改革的深化和实施,促使了一些新职业和新岗位的产生,安全生产企业之间的竞争对员工的素质也提出了更高的要求,复合型人才和高级技术工人已成为企业增强自身竞争力的关键。与此同时,企业员工的观念也在发生着深刻的变化,竞争意识和服务意识逐渐增强,对自身的职业生涯规划也越来越关注,培训得到了生产企业和广大职工的普遍重视。

(三)安全生产技术不断更新

随着科学技术的发展和新技术的应用,传统技术与其他学科的交叉融汇趋势更加明显。一方面新技术新工艺逐渐增多,另一方面由于自动化程度越来越高,对从业人员总量的需求却在减少。有效地利用、开发现有的人力资源,实现技术知识的更新换代是安全培训面临的首要任务。

(四)国家实施人才强企战略

企业的生存和发展必须有一支高素质的管理和技术队伍作支撑。然而当前职工整体素质还不够高,能熟练掌握先进技术、工艺的高技能人才数量偏少,管理人员和技术人员比例失调,高级技工人才年龄结构不合理。这种情况已经严重影响到各行各业的可持续发展。做好人才工作是适应新形势、增强企业竞争力的战略选择;是促进安全工作健康发展、加快机构发展步伐的必然要求;是解决当前企业面临各种困难和问题的有效途径。加强培训工作是实施人才强企战略的重要环节,它能为我国的改革与发展提供持续的智力支持和人才保障。

(五)我国加入 WTO 后经济全球化发展趋势加快

在全球经济一体化进程日渐加快和国际教育市场竞争日趋激烈的背景下,根据我国加入 WTO 时的承诺,我国继续教育培训市场将对外开放,参与国际竞争。教育的国际化将使国内的教育机构面临生源争夺、教育质量竞争及教育效益竞争等多方面的压力。要拿到通往国际教育市场的"金钥匙",必须通过由国际标准化组织制定的 ISO 9000 教育质量认证。

因此,各教育培训机构应从现在起做好质量认证的准备工作,以此来推动各个质量环节的全面提高。

（六）严峻的安全生产形势给安全生产培训工作带来一定压力

当前,我国安全生产状况继续保持了总体稳定、趋于好转的发展态势,但是形势依然十分严峻。我国正处于工业化、城镇化的持续快速发展阶段,社会生产规模急剧扩大,能源原材料和交通运输市场需求旺盛,安全与生产的矛盾突出;产业结构不合理,工业经济大而不强,采掘、冶炼、重化工等传统产业和高危行业在经济构成中所占比重过大,客观上加大了事故的发生概率;社会公共和企业安全生产基础薄弱,重大隐患、重大危险源遍及各个行业领域,"三非"（非法建设、非法生产、非法经营）、"三超"（工矿企业超强度、超能力、超定员组织生产,交通运输企业超速、超限、超负荷运行）、"三违"（违章指挥、违规作业、违反劳动纪律）现象屡禁不止。安全生产处在基础薄弱、隐患增多、事故易发的特殊时期。据统计,90%以上的事故是由人的不安全行为造成的,这些不安全行为具体表现为安全知识不够、安全意识不强、安全习惯不良。改变这些不安全行为最有效的手段就是强化安全生产培训。

（七）经济发展方式变化的新挑战

中央关于加快经济发展方式转变的重大决策部署,为加强和改进新形势下的安全生产工作,提供了难得机遇和有利环境,提出了新的更高的要求。随着经济活动日益活跃,各级政府加大投入,基建规模扩大,各类生产经营厂点增多,在安全准入把关不严的情况下,有可能造成安全培训缺失。随着经济发展速度的加快,我国城镇化步入加速发展阶段,我国目前城镇每年新增就业岗位1 000万个,为了促进就业,缓解劳动力供求结构矛盾,农民工市民化步伐也将加快。各地从我国人口多、底子薄、人均资源少、发展不均衡的基本国情出发,促进农民工转移就业,将会增加农民工的流动性,给农民工安全生产教育培训带来新的压力。对这些新情况、新问题、新矛盾,我们应有充分的认识,未雨绸缪,有效应对。

二、安全生产培训体系建设总体思路

以"三项岗位人员"安全资格培训为抓手,推进企业安全生产教育培训主体责任落实;以农民工安全培训为重点,推进全员安全生产教育培训工作;以专业知识培训为主要内容,提高安全生产监管监察人员业务能力;以抓好地方政府分管领导培训为切入点,推动政府监管责任到位;以不断提高安全生产教育培训水平为目的,完善政府、企业、培训机构三位一体安全生产教育培训体系。

三、安全生产培训体系建设指导思想

全面贯彻党的十七大精神,以邓小平理论、"三个代表"重要思想和科学发展观为指导,坚持安全发展理念,紧紧围绕安全生产工作大局,按照大教育、大培训的要求,转变观念,创新思路,进一步落实主体责任,完善规章制度,强化基础建设,规范培训市场,推进信息化进程,提升培训质量,加强人才培养,健全政府、企业、培训机构三位一体的安全生产教育培训体系,整体推进以地方政府领导干部、安全监管监察人员、企业"三项岗位人员"和农民工为重点的全员安全生产教育培训工作,为促进全国安全生产形势的明显好转提供人才支持和智力保障。

四、安全生产培训体系建设工作目标

安全监管监察人员、地方政府安全生产分管领导干部实施三年一轮培训,企业"三项岗位人员"持证上岗率达到100%,以农民工为重点的从业人员依法得到全面培训,全民安全意识和能力明显增强；使安全生产教育培训制度不断完善，监督管理体制更加健全，培训机构、师资和教材等基础建设进一步加强，信息化建设扎实推进，质量和效能明显提升，与安全生产工作需要相适应的教育培训体系基本形成。

第四节　加强安全生产培训体系建设的对策措施

一、落实安全生产培训责任

各级政府研究制定安全生产培训目标责任制考核办法，把安全生产培训纳入安全生产工作总体规划和目标考核体系，统一考核；将从业人员的安全生产培训纳入政府公共服务范畴，安排专项资金保障安全生产培训；把安全培训纳入执法检查重要内容，加强监督检查，指导督促生产经营单位落实安全生产培训的主体责任；强化对培训机构的监督管理，促进培训机构健康发展。

生产经营单位要把安全生产培训纳入本单位的总体发展规划，明确专门机构或专人负责安全培训工作，健全安全培训规章制度，建立安全培训档案；足额提取教育培训经费，重点用于安全生产教育培训工作；积极开展从业人员的安全生产教育培训，确保"三项岗位人员"持证上岗；充分利用网络、电视、宣传栏、黑板报等新闻载体广泛宣传安全生产知识，提高从业人员的安全意识。

二、健全安全生产教育培训规章制度

研究制定《安全生产培训监督检查办法》，并以国家安全生产监督管理总局令下发，明确安全生产教育培训监督检查的内容、方式和方法，进一步推动安全培训监督检查工作。研究制定《特种作业人员安全技术培训考核管理办法》，按照成熟一个、明确一个的原则，确定特种作业范围，明确非煤矿山、危险化学品、烟花爆竹等高危行业特种作业人员的种类和范围，并制定相应的培训大纲和考核标准，规范特种作业人员培训考核发证工作。抓紧修订煤矿、非煤矿山、危险化学品、烟花爆竹高危行业主要负责人和安全生产管理人员的安全培训大纲和考核标准，制定一般生产经营单位主要负责人和安全生产管理人员培训大纲和考核标准，进一步健全各类人员安全培训标准体系。研究制定非煤矿山、危险化学品、烟花爆竹等高危行业从业人员准入标准，把从业人员是否达到从业条件纳入高危行业行政许可条件，提高准入门槛。

三、夯实安全生产培训基础

合理规划机构布局，优化资源配置，加快四级安全培训机构的建设步伐，支持培训机构与高等学校、科研院所协作办学，支持有条件的骨干企业、中小企业集中的地区建立培训机构，促进优势互补和资源共享。建设一批示范性安全生产教育培训基地，形成品牌效应，推进安全教育培训机构正规化和标准化建设。引入竞争择优机制，各级安全监管监察机构根据培训需要，确立培训项目，采取项目委托、公开招标等方式，择优选定承办机构，保证培训实效。加强国际合作培训，继续实施已有的中外矿山安全培训项目，积极拓展和开发新的培训合作项目。

进一步完善教师选聘、考核和竞争上岗制度，注重吸纳专业对口、经验丰富和热爱安全教育培训事业的优秀教师，优化师资队伍的专业和年龄结构。选聘一批政治素质好、理论水平高、实践经验丰富的党政干部和专家学者充实兼职教师队伍。根据教育培训工作需要建

立完善师资库。实行教师联聘,实现同一地区培训教师资源共享。进一步加大师资培养力度,强化培训者培训,开展安全培训教学评比活动,引导教师树立现代教育培训理念,运用现代教育培训模式,掌握先进的教学方法与手段,不断提高教学水平。

坚持开发与利用相结合,进一步加强安全培训教材建设。组建安全生产教育培训教材编审委员会,制订教材编写规划,组织编写适合各类人员培训的基础知识类、岗位知识类、更新知识类等系列教材。定期开展优秀教材、优秀教案、优秀课件评选活动,积极开发以文字、音像、多媒体等为载体的立体化教材系列。继续加强农民工培训教材建设,本着少而精、实用、管用的原则,开发图文并茂、通俗易懂、适合农民工特点的安全生产教育培训教材,免费发给重点行业、重点地区和重点企业。

四、提升安全生产培训质量

加强培训考核,严格执行教考分离制度。按照各类人员培训大纲和考核标准,建立健全各类人员培训试题库,积极探索建立安全培训考试中心,开发在线考试平台,大力推行计算机考试,形成对培训质量的检验和制约机制。探索建立培训质量责任追究制度,对因培训机构不按要求开展培训、培训质量达不到要求,致使学员违章造成生产安全事故的,要在事故调查处理的同时,对培训机构进行重点考核,并严格追究机构及相关责任人责任。加强培训需求调研,科学设计培训课程,及时更新培训内容,开发特色课程,增强培训针对性和实效性;改进教学方法,根据不同类型、不同层次人员的特点,灵活选用讲授式、研讨式、互动式、体验式、模拟式等多种方法进行教学,增强教学的吸引力和感染力,不断提高教学质量。以"三项岗位人员"、班组长、农民工、政府工作人员安全培训为重点研究对象,分析评价现有安全培训模式和培养方式,分析优缺点和适应性,分析国外在安全培训方式上的最新成果,结合培训实践,提出安全培训的新模式、新方法,形成安全培训创新的体制机制。

五、推进安全生产培训信息化进程

将全国安全生产培训信息管理系统纳入"金安工程",加快建设步伐,实现各级安全监管监察部门、考试中心以及培训机构联网,促进教学管理、档案管理、考勤管理、考试考核管理、证书管理、信息查询、数据统计等信息化,提高安全生产教育培训工作管理水平和效率。依托全国安全生产教育培训信息管理系统,增设专门统计模块,联网运行,实现数据上传、接收、统计、查询等功能,解决当前统计手段落后、培训底数不清的问题。充分利用网络、视频会议系统等,建立远程教育和网络教学培训平台,发展远程安全教育培训;采用传统教学与现代远程教学相结合、远程教学与现场学习相结合等多种方式,应用现代模拟虚拟手段,进一步扩大安全生产教育培训覆盖面,并有效解决工学矛盾等问题。

六、规范安全生产教育培训市场秩序

加强对安全生产教育培训工作的宏观协调管理,建立健全培训计划协调会商制度,完善培训机构计划培训和自主培训的审批备案制度,统筹安排培训任务,提高培训的可操作性;按照分级负责、属地管理的原则,进一步加强相关资格证书的发放和管理工作,严肃查处培训、考核、发证工作中的不正之风和腐败现象;加强培训机构资质管理,完善培训机构评审办法和质量评估标准,提高准入门槛,对不具备培训条件、培训行为不规范和培训质量差的机构要及时淘汰或降级;加强对安全监管监察部门所属安全培训机构的监督管理,严禁以牟利为目的的乱办班、乱培训、乱发证;本着适当合理的原则,研究探索培训考核收费政策,指导各地安全监管监察部门加强对培训考核的收费管理,严肃财经纪律,严格实行收支两条线。

七、强化安全人才培养

继续组织开展安全工程学科建设有关课题研究,及时修订《安全工程学科专业规范》、《安全工程专业本科教育认证标准》,积极推进和扩大安全工程专业教育认证试点,总结专业教育认证经验,推动安全工程专业教学内容和课程体系不断完善,形成专业建设和教学改革的新机制;在有条件的高等院校、中等职业技术学校开展安全生产专业教育培训,支持和鼓励监管监察部门和生产经营单位根据自身需要选送人员参加。

进一步加强与教育主管部门的协调,继续发挥原煤炭高等院校和有关高等职业院校煤矿主体专业人才培养的主渠道作用,采取对口单招、委托培养、增设专业等有效措施,扩大煤矿主体专业招生;继续实施"煤炭行业技能型紧缺人才培养培训工程",扩大相关专业招生规模,将学历教育与国家职业资格标准、人才安全生产准入标准等有机结合起来,使学生在取得学历证书的同时,按照有关规定获取相应的职业资格证书、安全资格证书或特种作业操作资格证书;进一步完善"对口单招"政策,扩大院校和招生规模,促进校企合作培养人才,鼓励毕业生到企业发挥专业特长。

加快推进实施注册安全工程师执业资格制度进程,支持各地组织实施注册助理安全工程师资格制度;逐步形成大型企业安全管理人员和安全生产中介机构专业人员以注册安全工程师为主体,中小企业以注册助理安全工程师为骨干的安全专业人才队伍,提升生产经营单位安全生产管理水平。

八、加强全员安全生产培训

政府安全生产工作分管领导培训。以安全生产形势与任务、法律法规、事故调查处理、重点行业领域安全监督管理、应急管理和职业卫生等为主要内容,提高各级领导干部安全生产责任意识和监管水平,推动地方政府落实安全生产领导责任和监管责任,牢固树立安全发展理念,正确处理安全生产与经济发展的关系。力争 5 年内,将全国 333 个市(地)、2 862 个县(市、区)、41 636 个乡(镇)的政府安全生产工作分管领导轮训一遍。

安全监管监察人员培训。国家安全生产监督管理总局定期举办机关和直属单位的党校理论学习班和专题理论研讨班,开展煤矿安全监察分局局长和市、县安全生产监督管理局局长业务培训,选派厅局级干部参加中央党校、国家行政学院和有关干部学院的脱产培训;各省级安全监管监察机构根据需要,组织实施本地区安全监管监察机构领导干部的业务培训;分期分批选送优秀青年干部和业务骨干到矿业、化工等高等院校进行培训深造;举办省级以上安全监管人员行政执法培训班和煤矿安全监察人员行政执法培训班。

"三项岗位人员"安全资格培训。进一步加大对煤矿、非煤矿山、危险化学品、烟花爆竹等高危行业(企业)的主要负责人和安全生产管理人员的安全资格培训力度,并按规定进行复训,做到持证上岗。加强特种作业人员安全培训工作的监督管理,严格特种作业人员必须具备的条件,采取有效措施扎实推进教考分离,探索研究建立特种作业人员安全生产事故责任追究机制,推动安全生产培训责任的落实。

从业人员特别是农民工安全培训。进一步完善培训协作机制,按照各自职责分工,将农民工安全培训与职业教育、职业技能培训、农村劳动力转移培训等合并进行;指导生产经营单位和培训机构做好从业人员特别是农民工安全培训,有培训条件的企业以企业为主体进行,不具备培训条件的企业,特别是小煤矿、小矿山、小化工、烟花爆竹小作坊等中小企业,各级安全监管监察部门要积极创造条件,落实培训机构,组织集中培训或"送教上门";积极探讨从工伤保险基金中提取一定比例的资金，专门用于从业人员特别是农民工安全生产教育培训。

安全生产知识普及性培训。配合教育部落实《中小学公共安全教育指导纲要》，把中小学公共安全教育贯穿于学校教育的各个环节，培养中小学生的公共安全意识，使广大中小学生掌握必要的安全行为知识和技能，养成在日常生活和突发安全事件中正确应对的习惯，具备基本的自救自护的素养和能力。

九、推广安全生产培训工作先进经验

在充分调研和对培训机构复审检查的基础上，选树一批安全培训示范单位和企业，特别是发现中小企业在安全培训方面的好经验、好做法，适时召开现场会，总结推广经验。继续通过报刊、网络等媒体，深入推广上海市实施"五统一"农民工培训工程、浙江省实施以农民工安全生产知识培训为主的"福祉工程"、江苏海安开展安全生产知识电视培训、深圳市在高危行业推行"安全卡"培训工程、大连市由政府出资对农民工进行免费培训，以及鸡西矿业集团大力开展全员培训、开滦集团建立三方协调机制解决煤矿用工和农民工培训问题、晋城煤业集团面向农村优秀高中毕业生变招工为招生、中国铝业广西分公司推行全员安全培训上岗等地方政府和企业在全员安全培训方面的好经验、好做法，以点带面，推动安全培训工作上新台阶。

第二章 安全生产培训机构及其建设

第一节 安全生产培训机构概述

一、安全生产培训机构的作用和职能

随着人类社会进入 21 世纪,不断学习和培训已经成为人们生活中的一个基本活动,建立学习型社会的意识已经得到大多数国家及其政府部门的认可,培训已经成为政府和企事业单位获得高效人力资源的一个重要途径。从教育角度看,培训属于职业教育的一个重要形式,和普通教育一样,是教育体系的一个重要组成部分。一个人接受普通国民教育是短暂的几年,而接受培训则是贯穿其一生。安全培训机构是安全培训的载体,要取得一流的安全培训效果,必须建设一流的安全培训机构。

安全培训机构是安全培训工作的执行单元,是安全生产培训体系中的重要组成部分,安全培训负责为安全生产提供重要的人力资源服务。安全培训机构具有如下职能:① 负责安全培训方案策划、培训组织管理及质量测评工作;② 负责安全培训师资队伍建设工作;③ 负责安全培训教材的编写和审定工作;④ 负责安全培训考核工作;⑤ 负责培训后勤服务工作。

二、我国安全培训机构的历史发展沿革

我国非常重视培训工作,新中国成立以后,国家建立了许多重要的干部教育培训机构,例如中央党校、国家行政学院,延安、浦东、井冈山干部学院,各省、自治区和直辖市都建立了直属的党校和行政学院。中石化、中石油、联想集团等大型企业都建立了自己的培训机构,其办学设施、师资队伍和知名高等院校相比,不相上下。很多高校的知名教授也是这些培训机构的任课教师。

我国的安全生产培训工作自 1952 年创立企业"三级安全生产教育体系"以来,一直向制度化、体系化和社会化方向发展。1979 年,原国家劳动总局发布《关于建立劳动保护教育室的意见》,全国大中型企业先后建立了 3 000 多个劳动保护教育室。1980 年,国家在全国建立了一些劳动保护宣传教育中心。1982 年,原劳动人事部又发出了《关于尽快建立劳动保护宣传教育中心的通知》。1980 年以来,全国建立了 82 个地(市)级以上的劳动保护宣传教育中心。1994 年,原劳动部批准成立了职业安全卫生培训中心。1998 年,国家经济贸易委员会发布《特种作业人员安全技术培训考核管理办法》。

1983 年,原煤炭工业部投资 1.7 亿元,在全国兴建了 38 所煤矿安全技术培训中心。1987 年,原煤炭工业部制定了《煤矿职工安全技术培训条例》,1994 年修订为《煤矿职工安全技术培训规定》。此外,民航、铁路、交通、建筑等行业在安全生产培训体系建设方面也取得了良好的效果。20 多年来,各级安全培训机构开展了矿长任职资格培训,区队长、班组长、

安全监察(检查)员安全工作资格培训,特种作业人员培训和新工人入矿安全教育等,全国建立了760多个煤矿安全教育室。

国家安全生产监督管理总局、国家煤矿安全监察局相继成立以后,依照中央机构编制委员会办公室(以下简称"中编办")赋予的培训监管职能,国家安全生产监督管理总局加大了对安全培训机构的监管职责,相继发布了《关于生产经营单位主要负责人、安全生产管理人员及其他从业人员安全生产培训考核的意见》(安监管人字[2002]123号)、《安全生产培训管理办法》(国家安全生产监督管理局、国家煤矿安全监察局令第20号)、《关于加强煤矿安全培训工作的若干意见》(安监总培训字[2005]91号)和《生产经营单位安全培训规定》(国家安全生产监督管理总局令第3号)等一系列规范性文件,这些文件对培训对象、培训机构设置、培训师资等培训的相关条件规定了明确标准,为安全生产培训监管提供了具体的法律依据。

目前,煤矿、非煤矿山、建筑、石油石化、航空、消防等高风险行业和系统都拥有自己的培训中心,已经初步形成了相对完善的安全培训体系。各个行业的企业负责人、安全生产管理人员都有专门的培训机构为其培训,一些培训机构的水平已经达到国际先进水平。例如,设立在重庆的武警消防培训基地,不仅负责全国的消防战士业务培训,还为企业提供培训服务,其培训设施已经可以同国外先进培训机构媲美。中国煤矿安全技术培训中心成立以来,一直探索教培相长的机制,不断加强安全培训与普通教育和科学研究工作的联系,充分利用校内师资等教育资源和科学研究的最新成果为安全培训服务,同时借助安全培训工作的开展,有效地推动了安全工程类专业的建设和学生的实习与就业工作,实现了教培相长。

三、我国的安全培训机构体系

我国安全生产培训机构分成四级,各级机构培训对象、内容和承担的培训职责既明显不同,又相互补充和衔接。其中,一级机构可以承担省级以上安全生产监督管理部门、煤矿安全监察机构的安全生产监察员、煤矿安全监察员,中央企业的总公司、总厂或者集团公司的生产经营单位的主要负责人和安全生产管理人员,危险化学品登记人员,承担安全评价、咨询、检测、检验工作的人员,注册安全工程师和一级以下安全培训机构教师的培训工作。二级机构可以承担市、县级安全生产监督管理部门的安全生产监察员,省属生产经营单位和中央企业的分公司、子公司及其所属单位的主要负责人和安全生产管理人员,危险化学品登记人员,承担安全评价、咨询、检测、检验工作的人员,注册安全工程师和二级以下安全培训机构教师的培训工作。三级机构可以承担特种作业人员,市(地)属生产经营单位的主要负责人、安全生产管理人员的培训工作。四级机构可以承担除一、二、三级机构规定以外的生产经营单位从业人员的培训工作。上一级安全培训机构可以承担下一级安全培训机构的培训工作。

目前,通过建立机构资质认定和复审评估制度及推行机构标准化建设工作,截至2010年10月,全国已有3 692家安全生产培训机构获得相应安全培训资质,其中:一级30家,二级171家,三级1 936家,四级1 559家,基本形成了覆盖全国的四级安全生产教育培训机构基地网络。表2-1是全国一、二级安全培训机构分布情况。

表 2-1 　　　　一、二级安全培训机构统计表 (截至 2010 年 10 月)

序号	省份 (直辖市)	合计	级别	
			一级	二级
合计		201	30	171
1	北京	22	10	12
2	天津	2		2
3	河北	9	1	8
4	山西	16	1	15
5	内蒙古	5		5
6	辽宁	9	3	6
7	吉林	6		6
8	黑龙江	7		7
9	上海	4		4
10	江苏	8	1	7
11	浙江	1		1
12	安徽	7	1	6
13	福建	4	1	3
14	江西	2		2
15	山东	18	4	14
16	河南	12	1	11
17	湖北	5	1	4
18	湖南	5	2	3
19	广东	4		4
20	广西	4		4
21	重庆	6	2	4
22	四川	5		5
23	贵州	10		10
24	云南	2		2
25	陕西	7	1	6
26	甘肃	5		5
27	青海	3		3
28	宁夏	5		5
29	新疆	6	1	5
30	西藏	1		1
31	海南	1		1

第二节　安全生产培训机构管理

一、安全生产培训机构资质认定与复审

(一)资质认定与复审原则

对安全培训机构的培训资质进行认定和复审是安全生产监管监察工作中的一项新内容,要做好这项工作,首先要制定好认证和复审标准,做到认证和复审工作有法可依。依据《中华人民共和国行政许可法》《安全生产培训管理办法》以及《一、二级安全培训机构认定标准(试行)》(以下简称《标准》)等有关规定,国家安全生产监督管理总局对安全培训机构的设置采取自由申报、资格审查和动态管理的原则,允许符合条件的安全培训机构按照规定程序申报一、二级安全培训资质,国家安全生产监督管理总局组织专家对申报材料进行审核,对符合条件的机构的资质依法给予认定,对已经取得资质的培训机构按规定进行复查,对培训质量差、管理混乱等不符合条件的培训机构按照规定进行淘汰。

(二)评审组织工作

每次评审检查,国家安全生产监督管理总局人事司都非常重视,认真研究,制订方案,印发评审检查工作的通知,明确具体工作安排和要求,编印有关材料,召开评审人员动员会,组织专家组成员认真学习《标准》和相关文件,使评审人员进一步加深对《标准》的理解,统一评审尺度。同时,确立"以评促改、以评促管、以评促建、以评促发展"的评审原则,反复重申"公正、公平、公开"的工作要求,强调"廉洁、回避、保密"等工作纪律。

(三)选聘专家组成员

专门选聘熟悉安全教育培训工作的同志组成专家组。2008年抽调20多名熟悉培训业务的同志,组成5个现场评审检查专家组,于2008年7月21日至8月31日对涉及全国26个省(市、区)109家一、二级安全培训机构(其中,资质到期需复审检查的91家,新申报需资质认定的18家)进行了复审检查和资质认定。2009年抽调16名熟悉培训业务的同志,组成5个专家组,于9月11日至9月30日,对资质到期的71家一、二级安全培训机构进行了复审检查。2010年抽调16名熟悉培训业务的同志,组成5个现场评审检查专家组,于10月11日至10月23日对涉及全国20个省(市、区)48家(其中,复审检查27家,资质认定21家)一、二级安全培训机构进行了复审认定现场核查。

(四)基本评审程序

一是制订评审工作方案,编印文件汇编和复审表格。二是召开复审专家动员会,明确复审原则和工作要求,强调工作纪律,并与复审专家签订责任书。三是组织专家组成员认真学习《标准》和相关文件,以提高认识,统一打分尺度。四是在复审前,书面通知省级安全监管监察部门和被复审机构。五是邀请被复审机构所在地省级安全监管监察部门培训处室负责人参加。六是专家组复审开始前向被查机构宣布复审工作规则和廉政要求,在复审结束后请被查机构填写《现场核查专家组表现情况表》,全程接受被查单位的监督。七是专家组严格按照《标准》,采取听、查、看、问、评等方式认真进行复审,即:听取被查培训机构三年来安全培训情况的自查报告及省级安全监管监察部门有关负责人的意见,查阅培训机构的法人证书、培训档案等材料,现场考察教室、实验室、计算机室、阅览室、学员宿舍等教学和生活设施,通过召开座谈会和个别谈话的方式了解有关情况。将复审情况向被复审机构及省级安

全监管监察部门进行反馈,沟通意见,提出建议;对照《标准》逐项评议打分,由小组共同研究,提出初步复审意见,撰写各机构和小组的复审报告。八是现场核查结束后,在北京召开复审专家参加的汇总会,提出复审情况总报告和打分汇总表。九是国家安全生产监督管理总局研究专家组意见并确认复审评估结果。

二、安全培训机构存在的问题

尽管我国安全培训机构建设取得了一些成绩,但是与我国安全生产状况相比,还存在很多需要改进的问题;与面临的培训任务相比,还明显存在能力不足;与国外先进培训机构相比,还存在很大差距。具体体现在以下方面。

(一)培训内容滞后

培训内容与学员培训需求存在明显的差别,很多培训机构在策划和设计培训方案时,不考虑学员的培训需求,不考虑技术进步对安全生产的推动,只是照抄照搬现存的培训大纲,课程设置单一、枯燥,不具备先进性;多数培训机构不注重培训需求调研,课程设计针对性不强,培训内容与实际贴得不紧。针对安全生产领域存在的突出问题等所开设的专题培训非常薄弱,还不能针对企业安全生产暴露的安全隐患、安全技术和管理难题,及时提供相应的培训服务,不能及时把我国安全生产领域发生的典型案例中暴露的技术问题、管理问题引入培训内容。

(二)培训设施落后

很多培训机构教学采用传统的"黑板＋粉笔"的教学模式,教学效率低下;对需要进行演示、试验验证的培训内容,缺乏实践教学设施和设备,严重影响培训效果;文体活动设施简陋,不利于学员学习之余开展必要的文体活动,住宿设施不利于学员交流。

(三)培训方法陈旧

普遍采取学历教育的灌输式教学模式,没有采用以问题为导向、以学员为主体的培训模式,效率低下。教学缺乏吸引力和感染力,培训效果差。一些中小企业没有针对员工特别是农民工文化素质低、接受能力差的特点,采取有效的方法措施对员工进行培训,培训有名无实,流于形式。

(四)机构职能单一

很多一、二级安全培训机构只能从事具体培训班的教学任务,在培训项目策划和设计、培训教材编写、项目研究等方面非常薄弱,甚至缺乏这些职能。

(五)教师队伍整体上不能适应培训需求

很多教师缺乏现场实践经验,对培训方法缺乏了解和研究,不了解学员培训需求,不能适应安全培训需要。部分安全生产培训教育机构的师资专业结构不能满足其规定的安全培训要求,各级机构理论基础扎实、实践经验丰富、熟练掌握现代培训方式方法的教师普遍比较缺乏。

(六)教材不符合培训教学特点

教材沿袭学历教育教材模式,更新速度慢,教材内容陈旧,不能反映最新安全技术、法律法规和安全管理的最新状况;教材编写模式陈旧,普遍采用叙述式,比较枯燥;教材开发缺乏统一规划,编写、审定和推荐使用良性机制尚未形成,全国安全培训优秀教材不多。

(七)行业分布不均衡

在行业分布方面,高危行业中煤矿、非煤矿山等国有重点企业相对较好,其他行业培训能力弱。在企业培训能力方面,国有企业普遍优于民营企业,大中型企业强于小企业,众多中小企业特别是非公有制小矿山、小化工等,基本不具备培训条件。

三、不同类别安全培训机构的特性

（一）我国目前的培训机构分类

按照机构性质和行业类别共有两种划分方法。

1. 按照机构性质划分

（1）高等院校举办的安全培训机构。这一类培训机构分成两种管理模式：一种是以学校（院）作为培训机构的法人,其资产和人事关系隶属于学校（院）,培训机构是学校的一个下属机构;第二种是安全培训机构作为学院的相对独立的组成部分,其资产管理、人事任命相对独立,但是管理权属于学校。

（2）安全监管监察部门直属的安全生产培训机构。

（3）大型企业直属的安全培训机构。

（4）民营企业举办的安全培训机构。

（5）其他行业部门直属的培训机构。

2. 按照行业类别划分

按行业类别共划分为6类：

（1）煤矿。

（2）金属非金属矿山。

（3）石油天然气开采。

（4）危险化学品。

（5）烟花爆竹。

（6）其他。

前5个行业为国家认定的高危行业,其他是指其他非高危行业中存在一定风险的部分生产经营单位,或者有专门部门管理的一些行业,如航空、消防、建筑、交通等行业。

（二）不同类别培训机构特性

1. 安全监管监察部门直属培训机构

此类培训机构与监管监察部门关系密切,均属于直属机构,承担着一定的监管监察部门委托的培训管理职能,培训任务比较充足,制度比较健全,培训管理比较规范。从得分情况上看,大多为良好档次,优秀较少,较差及未评分也占一定比例。其主要原因是这类机构培训场地、教学设施、实操设备不够完善,大多没有自己的培训基地,专职教师数量和专业结构与《标准》要求有一定差距。

2. 政府其他部门所属培训机构

此类机构大多数承担有政府职能,是政府的直属事业单位,领导班子健全,内设机构合理,规章制度比较完善,大多有一套较为成熟的办学模式,培训组织管理比较规范,办公场所固定,培训任务较满,工作量较大。评分皆为良好档次。但普遍存在培训场地、教学设备、实验操作设备、后勤保障设施不完善、不独立等问题,多数采取协议租用形式开展培训。

3. 大专院校和科研院所

此类机构师资力量较为雄厚,教学场所、实验、后勤服务设施等资源优势比较明显。多数院校对安全培训工作比较重视,培训任务比较饱满,安全培训、学历教学、科学研究相互促进、共同发展,产、学、研一体化,做到教培相长。从得分情况上看,大多为良好档次,优秀较少。其主要原因是没有严格把培训与学历教育区别开来,培训组织管理不够规范,培训管理人员配备较少,没有充分发挥培训机构作用等。

4. 企业培训机构

此类机构整体状况非常好,大部分为优良档次,较差的较少。其主要原因是多数大、中型企业非常重视培训工作,把安全培训工作作为一项重要工作来抓,在培训机构建设投入较大,在人员管理上有保障,并注重将一些先进管理方法和培训理念应用于安全培训领域。基础设施比较完善,培训管理制度健全,依托企业办培训针对性较强,效果明显。但这类机构师资水平总的来讲还有待提高,主要为本企业服务,作用没有很好发挥。

第三节　建立国际水平的安全生产培训机构

一、世界知名培训机构简介

世界上安全生产先进国家都建立有自己的安全培训机构。例如,设立在美国西弗吉尼亚州伯克利的美国国家矿山安全健康学院就是美国七个国家学院之一,负责全美国矿山安全监察员、矿长和安全生产管理人员的安全培训工作,学员在学院学习的课程,可以作为其在普通高校攻读硕士学位的课程。美国许多州都有适于矿工培训的专科院校,比如阿拉巴马州的比维尔州立学院。阿拉巴马州有露天和地下煤矿和非金属矿。比维尔州立学院在2000～2010年的10年中每年平均培训6 500名矿工,尤其注重为没有能力进行培训而又非常需要培训的小型独立经营的矿山提供培训服务。

南非注重全员教育和培训,尤其是新员工的安全教育和培训。南非政府强制要求煤矿工人必须在南非教育部认可的培训机构接受培训,取得合格证方可入井作业。外来参观人员也要接受培训,培训结束后要通过书面考试才允许下井。南非通过建立井下爆炸仿真模拟试验开展安全培训和教育,爆炸实验室开展的井下煤尘和瓦斯爆炸模拟试验培训课,内容形象,体会深刻,让相关人员现场感受到爆炸的威力,并"近距离"接触死亡,受训人员很容易接受和理解,提高了企业职工的安全意识和遵守规章的自觉性。雇主除按照有关规定对雇员进行企业安全生产教育外,还每周一次分批将矿工和管理人员送到爆炸实验室接受防爆安全培训。

印度实施的《矿山职工培训条例》规定,新矿工和在职矿工必须经过矿山安全技术培训。根据这一规定,矿山安全管理总局要求各煤矿公司建立健全矿山职工就业安全培训中心,新矿工下井采煤或采矿前必须在培训中心接受为期24天的安全培训,其中安全理论课12天,实际作业培训12天。培训内容主要有安全注意事项、开采方法、输送机和矿车的操作、顶板支护、通风照明等。另外还开设《炸药使用》、《爆破和瓦斯检测》等专业技术培训。培训中心还要为技术工人和在职的非技术人员开设安全技术进修培训课程。技术工人的培训期为18天,在职的非技术工人培训期为12天,安全理论和实际作业培训时间各占一半,矿工每5年接受一次安全技术进修培训。

英国对安全与健康培训与教育非常重视,在法律上也有明确要求。1974年颁布的《职业安全与健康法》要求雇主提供培训,以确保雇员在工作中的安全与健康。1992年颁布的《职业安全与健康管理法》又明确规定:雇主的主要职责是确保雇员得到足够的安全与健康培训。

波兰采矿动力部规定:大学学历是矿长必备的条件之一,各矿总工程师必须由采矿专业毕业的大学生担任,矿长和总工程师上任前必须经过最高矿业监察局考核与考试,考试内容包括专业知识、经济学、心理学、社会学等课程,成绩不合格者绝不能任职。波兰不仅拥有许多矿业中专和中等技术学校,还在普通中学设有煤矿知识课,讲授煤矿安全生产工艺等一系列煤矿专业知识。特别是所有煤矿的工作人员必须经过职业培训才能上岗。一些直接影响矿井安全生产的主要场所的工作人员,如爆破工、各类信号工、提升机司机、采煤机司机等必须持有矿业监察分局局长以上签发的操作许可证。

设立在意大利都灵的国际劳工组织培训中心也是世界知名的安全培训机构之一,培训的学员遍布世界各地,该中心提出的很多先进安全理念,已经为世界各国所认可。

二、建立我国的国际水平培训机构的思考

经过 2000～2010 年的人力、物力方面的投入及政策扶持,我国安全培训机构从数量方面已经满足需求,今后的主要任务是提高安全培训机构的培训水平及培训质量。根据安全培训流程和特点,提高安全培训质量的主要条件是:先进的培训设施,高水平的师资队伍,规范、严格、科学的培训管理,适合培训需求的教材等。

为此,建设具有国际品牌的培训机构的整体思路是:适应安全发展的要求,紧跟世界安全培训领域发展趋势,遵循"自主创新、重点跨越、支撑发展、引领未来"的指导方针,围绕基地、教师、教材、科研四大支柱,提高质量,强化管理,拓宽思路,争上手段,加强教研,创建品牌,服务社会,以创造安全的工作环境、培养从业人员作出正确的安全决策的能力为培训价值取向,创建真正具有国际水平并同我国经济社会发展相适应的安全培训机构。

1. 质量高能

一是加强培训需求调研,通过需求分析,提高安全培训工作的针对性、实效性。二是加强安全教育培训策划研究,精心组织策划,制订完善的培训方案,提高安全培训工作效能。三是加强师资队伍建设。通过强制性理论学习和现场实践,提高现有师资队伍的业务能力;完善师资库建设,形成一支以培训机构教师为主的较为稳定的专职教师队伍,并持续开展培训教学方法的培训。四是加强教材建设。具有自主开发安全培训教材的能力,加大电子教案、多媒体课件开发力度,紧跟政策法规及现场实践,能编写引领安全发展的、针对性强的高水平培训教材。

2. 管理严格,规范

借鉴高等学历教育和世界先进国家的安全培训经验,根据培训工作流程,完善相关法规和制度,建立规范、科学的培训管理流程,运用思想政治工作和经济、行政管理手段,使培训管理人员具有高度的执行力。

3. 思路宽广

培训策划、管理人员要具有宽广的世界眼光,能随时跟踪安全科技前沿,熟悉国家安全生产实际情况,策划的培训项目非常切合安全生产需要,并有引领和示范作用,培训管理人员具有良好的同政府部门、生产经营单位、各类科研机构相关工作人员沟通、协作的能力。

4. 手段先进

适应培训教学特点,创新培训方式方法,把先进教育技术引进安全培训教学和管理工作中,充分利用现代信息技术,开展虚拟现实技术安全培训,并实现培训信息的自动采集分析。

5. 教研领先

围绕培训工作需要,以培训管理、培训方法、培训质量监控和培训设施建设为内容,经常开展安全培训研究,研究成果能够及时推广到培训工作中,培训机构具有安全培训教学方法、安全文化体系建设、安全法规标准政策等方面的研究能力,形成独具特色的品牌。

6. 社会服务

树立为社会服务的价值观是培训机构生存和发展的首要问题,这种服务主要体现在培训内容非常符合安全生产需要,培训效率非常高效,培训理念和方法先进,服务领域不仅针对本国,还应当针对其他国家,即应该是作为具有国际水平安全培训机构的重要职能,在服务社会的过程中体现安全培训机构更大的价值。

第三章　安全培训机构资质认定及复审考核标准

第一节　资质认定及复审考核概述

一、资质认定及复审考核机构

根据《安全生产培训管理办法》(国家安全生产监督管理局、国家煤矿安全监察局令第20号,以下简称"20号令")规定,我国安全生产培训机构分成四级,国家安全生产监督管理总局及省级安全监管监察部门分别负责一、二级和三、四级安全生产培训机构的资质认定和评审检查。国家安全生产监督管理总局对安全生产培训机构采取这种监管办法,符合市场经济体制下政府部门对中介机构的管理规则。它具有如下优点:

(1)符合依法治国的法治原则。安全监管部门依照相关法律文件的规定,对培训机构实施监管,是依法行政的具体体现。

(2)适应了安全培训机构与政府部门之间无行政隶属关系的前提下,安全监管部门如何对安全培训机构实施监管的要求。安全监管部门根据相关法律文件规定的标准,依照法定程序,对申请培训机构的资质进行审查,对符合条件的机构依法授予培训资质,即授予其获得安全培训的权力;对不符合法律规定标准的机构不授予其资质或者取消其权力,体现了社会公平和公正。

(3)促使培训机构改善培训条件,加强培训管理,提高培训质量。由于安全培训机构获得的培训资质是有规定期限的,因此培训机构在获得资质以后,必须严格按照规定组织培训,加强培训设施建设,引进人才充实师资队伍,加强管理,提高培训质量,才能获得下一步的培训资质。因此,对培训机构的认定和复审是提高安全培训的一个重要动力。

二、完善资质认定及复审考核标准的必要性

对安全培训机构的培训资质进行认定和复审是安全生产监管监察工作中的一项新内容,要做好这项工作,首先要制定好认证和复审标准,做到认证和复审工作有法可依。

在2000年,国家煤矿安全监察局曾经参照原煤炭工业部关于煤矿安全培训机构的认定和复审标准,结合其他行业的培训机构认定标准,制定了一、二级认定和复审标准,但是在实际工作中,认定和复审人员发现该标准存在很多需要解决的问题,主要体现在以下几个方面:

(1)原标准没有体现一级和二级安全培训机构在培训职能上的差异。把一级和二级安全培训机构理解为层次上的差异,二级安全培训机构的标准实际上是将一级安全培训机构的标准作了降低处理,没有反映国家安全生产监督管理总局设立一、二级安全培训机构的目的。

(2)原标准中的很多指标已经过时。例如,要求每一个安全培训机构必须建立自己的住宿和就餐设施,实际上已经不符合现代社会实际的特点。

（3）原标准对培训设施要求多，对教学、教师队伍、教材编写、项目策划和设计方面要求少，容易导致一些安全培训机构只重视培训设施，忽视安全培训管理、教学、研究和师资队伍建设等环节。

（4）原标准缺乏操作性。很多指标规定比较原则化，设定指标的分值上限和下限差值大，导致评分结果容易产生偏差，部分指标的重要度设置不科学，没有根据安全培训特点来设定。

（5）原标准对安全培训机构资质初次认定规定比较系统，而对培训机构的复审的指标规定相对粗糙，不适用安全培训机构资质的复审工作。

基于以上原因，有必要重新研究和制定新的一、二级安全培训机构认定和复审标准。

三、完善资质认定及复审考核标准的原则

标准是指导安全培训机构加强安全培训条件建设的指南和依据，也是安全监管部门指导、监督安全培训机构开展工作的依据，因此标准必须具备系统性、科学性、综合性、创新性等特性。标准制定基于如下原则。

（一）严格遵循现行的各种安全法律法规

安全培训机构认定和复审标准的设定属于行政许可的范围，这个标准是对《安全生产法》、《安全许可证条例》、《安全生产培训管理办法》等安全培训相关法律、法规和规章的解释和延伸，所以标准不能违背相关法律文件的具体规定。因此，为了制定一、二级安全培训机构认定和复审标准，首先必须学习、掌握法律文件中关于安全培训的相关规定，标准的整体框架和具体条款遵循这些文件的精神。

（二）充分收集、吸收各个方面的意见

标准的设立关系到政府安全监管部门、企业、培训机构等各个方面的权利和责任，因此，在标准制定之初，必须制定书面调查表，征求各个方面的意见，对收集的意见分门别类进行汇总，将合理的意见纳入标准初稿中；召开安全监管部门分管安全培训的负责人、安全培训机构负责人、企业安全培训教育负责人参加的座谈会，听取他们对标准的意见；根据以上意见，形成标准初稿以后，在国家安全生产监督管理总局网站公开，广泛征求意见，对意见进行分析，在此基础上，形成标准正式稿。

（三）综合考虑各要素在培训工作中的作用

标准必须考虑安全培训是一项系统工程，一个安全培训机构如要举办一流的培训班，取得一流培训的质量，既要具备现代化的安全培训设施和设备等"硬条件"，也要具备先进的管理水平和一流的师资队伍等"软条件"。因此，标准的指标必须围绕安全培训的教学特征，综合考虑各项指标。

（四）处理好标准指标与目前培训机构现状之间的关系

标准所规定的各项条件在总体上应当超越现有的任何一家安全培训机构，但是必须保证绝大部分安全培训机构能够达到标准所规定的合格分值的下限。

（五）标准要针对目前安全培训工作中存在的突出问题

目前大部分培训机构普遍存在教学方法落后、师资队伍不适应培训需求、管理水平低下等"软条件"方面的问题，因此，必须适当突出培训质量等"软条件"的比重，达到通过认定和复审验收，促使安全培训机构提高培训水平的目的。

（六）标准要有利于操作

标准要有利于专家和安全监管部门在认定和复审培训机构的过程中使用，各项指标必须具有较好的操作性。

（七）要把初次认定和复审标准区别开来

安全培训机构培训资质初次认定是其还没有培训经历，无培训档案，因此资质认定应当把重点放在安全培训机构的硬件方面；资质复审验收是安全培训机构已经经过一定培训经历以后的检查。在复审标准制定方面，一方面要检查其培训硬件设施，另一方面要重点检查安全培训机构在培训班数量和人数、培训教学管理水平、师资队伍建设、教材编写和培训方案策划等"软件"方面的情况。

（八）将一级和二级安全培训机构标准区别开来

一级安全培训机构的培训对象在强制性培训方面承担的任务是培训安全监管监察人员、中央级大型企业负责人等高层次安全培训，培训人数少，其另一个培训领域是针对安全生产形势、事故特征所引发的安全生产突出问题，策划、开发一些安全专题培训班，因此，一级安全培训机构的标准要将培训项目策划和开发、培训方法的创新等作为审查内容，突出其在安全培训领域的示范作用。二级培训机构在强制性培训方面是培训企业负责人和安全管理人员，数量多，在专题性培训方面较少，因此对二级安全培训机构，必须审查其是否严格按照规定的培训大纲和考核标准组织培训、师资队伍是否符合规定的标准、在培训过程中是否出现违规操作的问题、在培训档案管理方面是否规范。在培训研究方面，重点检查培训方法、培训教案的设计和策划等方面。

四、构建安全生产培训评估体系的意义

针对安全生产培训工作中存在的问题，必须寻求一条有效的解决途径，构建科学合理的安全生产培训评估体系，无论是从调动安全生产企业培训的积极性方面，还是提高培训质量、优化培训资源配置方面，都将发挥积极的作用。

（一）评估体系可以发挥培训工作指南的作用

制定评估体系有利于加强对安全生产行业教育培训工作的管理，实现教育培训的规范化、制度化、科学化。建立评估体系可以看成给安全培训工作制定方向和目标，从而加大培训改革力度，增强生产经营单位主动适应社会需求和未来发展的能力，达到以评促建、评建结合的效果，促进安全生产培训的健康有序发展。

（二）可以激发安全生产企业培训的热情，起到激励作用

构建教育培训评估指标体系，制定各项评价指标的等级标准，有助于将相关环节的工作列入到具体部门、具体岗位的考核目标中，有助于对生产经营单位的培训完成情况、持证上岗情况的监督。

（三）可以实现行业内的教育资源优化和共享

评估体系的构建、评估的实施可以为安全生产培训搭建一个相互沟通的平台，便于培训管理者了解本单位的培训工作在整个系统内的位置，了解培训资源的分布情况，了解自身和其他兄弟单位在培训方面的特色，加强培训研究的区域性交流和合作，促进经验、项目、师资、设施等资源的共享。

（四）有助于提高培训质量

评估体系一般都制定了等级标准，通过评估，可以对培训效果给予正确的评判。一方

面,可以发现培训效果较差或根本不符合要求者,并采取相应措施进行整改,确保培训的基本质量,提高投入的有效性;另一方面,通过评估可以发现一些培训效果好且被大家普遍认可的培训机构,以便从经费投入及政策上给予倾斜,重点建设好一批骨干学校或特色项目,从整体上提高教育培训质量。

(五)有利于政府对安全生产行业教育培训工作的监督和指导

通过安全生产教育培训评估体系的制定和实施,有助于政府部门对安全培训状况有一个全面的了解,便于对安全生产培训工作的指导和监督。评估的结果还能为政府、安全生产主营部门在安全培训宏观管理和培训立法工作方面提供依据。

第二节　安全培训机构设置标准和指标体系

一、构建一、二级安全培训机构设置标准和指标体系的原则

(一)标准制定的原则

1. 依法行政的原则

标准所有条款符合现行法律、法规和规章的规定。

2. 科学、合理的原则

标准中所列条款,基于充分的调查研究,分析了以往对一、二级安全生产培训机构资质认定和复核工作中发现的问题,并力图予以避免纠正。

3. 便于操作的原则

标准中所列条款,征求了培训机构、评审部门和专家2个方面的意见。

4. 以评促建的原则

通过资质认定和评审,促使安全培训机构认识到自己的培训条件和国家安全生产监督管理总局要求之间的差距,以便其积极整改。

(二)指标体系确定的原则

1. 方向性原则

在制定评估指标体系时,要遵循安全生产方针、《安全生产法》以及相关的政策和规定,要符合安全生产行业教育培训改革和发展的方向,突出安全生产培训的特点。

2. 科学性原则

评估指标体系要反映安全生产教育培训的规律,符合安全培训运行实际状况,将定性评估和定量评估、自我评估和外界评估、单项评估和综合评估结合起来,既要重点评估具有共性的内容,又要突出各类机构培训工作的特色,使评估结果客观而全面。

3. 系统性原则

培训评估是一项系统工程,其结果是由多种因素综合而成的,具有整体性和关联性,各项评价指标的制定应当各有所长、相互补充,各指标之间应有一定的数量和权重关系,使整个评价体系显得统一、协调。

4. 教育性原则

评估本身不是目的,而是一种手段,意在通过评估来找差距,找出不足,明确工作方向,从而促进安全生产培训质量和效益的提高,推动安全培训改革的不断深化。评估的过程本身就是一次学习的过程。

5. 可行性原则

培训评估指标体系的制定一定要从实际出发,注重在实施评估过程中的可操作性,定性指标一定要有相关的材料作支撑,定量指标的数据则要做到可得、可测、可比,在指标制定过程中突出有价值的内容而不能盲目追求全而细,避免造成评估实施起来费力费时的局面。

二、构建安全培训机构标准评估体系的方法

一、二级安全培训机构标准评估体系的设计,首先到部分安全生产培训工作经验比较丰富的一、二级培训中心进行调研,并查阅相关资料,在评估体系初步制定之后,召开多次会议,征求部分专家的意见,同时通过国家安全生产监督管理总局网站向各省级安全生产监督管理局、各煤矿安全监察机构和所有一、二级安全生产培训机构广泛征求意见。将各地意见进行汇总归纳后,在 2007 年 8 月召开的全国安全生产培训工作座谈会期间,与会代表认真讨论机构标准,在对所有的意见和建议广泛吸纳的基础上,对一、二级安全培训机构设置标准评估体系进行适当的修改。在整个过程中,先后用到了归类研究法、实际调研法、专家调查法等。

三、标准整体结构及特点

标准由四个技术文件组成:一级安全生产培训机构资质认定标准,二级安全生产培训机构资质认定标准,一级安全生产培训机构资质复审考核标准,二级安全生产培训机构资质复审考核标准。每一个技术文件都是由一级指标、二级指标、标准、认定方法(或评分办法)组成的,在具体考核时还增加了扣分及扣分原因分析项目。

从培训功能看,一、二级安全生产培训机构是有明显区别的。一级安全生产培训机构主要从事安全生产监察监管人员、中央直属企业负责人和安全管理人员以及一、二、三级培训机构教师的安全资格培训和专题培训工作,二级安全生产培训机构主要负责集团机构下属企业负责人和安全管理人员的安全资格培训和复训工作。一级安全生产培训机构所承担的强制性培训任务相对较少,主要针对安全生产工作需要,开发、策划专题性的培训项目,二级安全生产培训机构主要培训任务是强制性培训任务。因此,必须要求一级安全生产培训机构具有较强的培训策划和研究职能,能够开发、策划针对安全生产需要、满足培训对象需求的培训项目;二级安全生产培训机构必须具有培训教学管理职能,保证培训项目能够严格执行国家安全生产监督管理总局制定的培训大纲和考核标准。从审查方式看,必须把对安全生产培训机构的资质认定和复查审核区别开来,资质认定重在审查安全生产培训机构是否具备相应培训资质的条件和设施,复查审核重在审查培训机构获得资质以后,是否严格遵守国家安全培训有关法律法规,是否按照培训大纲和考核标准进行培训。因此,根据需要,标准设置了四个文件。

四、一级安全培训机构资质认定标准结构内容和指标设计

(一)一级安全培训机构资质认定标准培训评估体系的内容

一级安全培训机构资质认定标准培训评估体系主要包括两个部分:一是安全培训机构必备条件;二是安全培训机构认定条件。安全培训机构必备条件是机构资质认定的前提,是能否取得资质的先决条件;安全培训机构认定条件是一级培训机构准入的具体要求。两者共同反映出培训机构对教育培训的重视程度、投入状况、办学条件和潜在能力。资质认定标准共包含了必备条件、培训教室、培训师资、培训管理、辅助设施和后勤服务 6 个一级指标,机构设置等 16 个二级指标和 34 项具体标准。

1. 必备条件

必备条件是机构认定的前置项目,是认定标准中的第一项一级指标,不符合一级指标中的第一项或具体标准中的任一条,即中止对该机构的审查。

标准把机构设置合法性、注册资金或开办费、管理人员及办公场所、教师、教学及生活设施作为安全生产培训机构资质认定的必备条件,认定人员在审查培训机构时,首先要对这五项条件进行审查,如果发现安全生产培训机构不具备五项条件的任何一项,即停止审查,对培训机构的其他申报条件不予受理。根据对安全生产培训机构职能的分析,这五项条件是一个培训机构从事安全培训工作必须具备的基本条件,缺少其中任何一项,安全培训工作就不能正常开展。

该一级指标的设置主要是依据20号令中第七条安全培训机构申请一级资质证书应当具备的条件规定的,具体条件有:注册资金或者开办费100万元以上;有专职的管理人员;有健全的机构章程、管理制度、工作规则;有15名以上具有本科以上学历的专职或者兼职教师,其中至少有8名具有副高级以上职称并且经国家局培训考核合格的专职教师;有固定、独立和相对集中并且能够满足同期100人以上规模培训需要的教学及生活设施,其中专用教室使用面积150 m² 以上;安全培训需要的其他条件。

(1)机构设置:机构设置主要包括培训机构能独立或经授权承担法律责任;有健全的机构章程;设置承担综合管理、策划、培训教学、教研、档案、财务管理、后勤服务等职能的内设机构;财务收支单列。

只有能独立或经授权承担法律责任,才能保证培训效果,才能增强培训机构的责任,减少培训失误,从机构自身提高培训效能。

机构章程是关于培训机构作为中介机构组织和行为的基本规范。机构章程不仅是机构的自治法规,而且是国家管理机构的重要依据。机构章程具有以下作用:

① 机构章程是机构设立的最主要条件和最重要的文件。机构的设立程序以订立机构章程开始,以设立登记结束。我国法律明确规定,订立机构章程是设立机构的条件之一。审批机关和登记机关要对机构章程进行审查,以决定是否给予批准或者给予登记。机构没有机构章程,不能获得批准;机构没有机构章程,也不能获得登记。

② 机构章程是确定机构权利、义务关系的基本法律文件。机构章程一经有关部门批准,并经机构登记机关核准即对外产生法律效力。机构依照机构章程享有各项权利,并承担各项义务,符合机构章程行为受国家法律的保护;违反章程的行为,有关机关有权对其进行干预和处罚。

③ 机构章程是机构对外进行交往的基本法律依据。由于机构章程规定了机构的组织和活动原则及其细则,包括机构设置目的、财产状况、权利与义务关系等,这就为投资者、债权人和第三人与该机构进行经济等交往提供了条件和资信依据。凡依机构章程而与机构进行交往的所有人,依法可以得到有效的保护。

鉴于机构章程的上述作用,必须强化机构章程的法律效力。这不仅是机构活动本身的需要,而且也是市场经济健康发展的需要。机构章程肩负调整机构活动的责任,这就要求机构的负责人或发起人在制定机构章程时,必须考虑周全,规定得明确详细,不能做各种各样的理解。机构登记机关必须严格把关,使机构章程做到规范化,从国家管理的角度,对机构的设立进行监督和保证机构设立以后能够进行正常的运行。机构章程缺少必备事项或章程内容违背国家法律法规规定的,机构登记机关应要求申请人进行修改;申请人拒绝修改的,应驳回机构登记申请。

内设机构是确保培训机构运转的前提,它能有效地避免个别不具备基本条件、基本能力的机构或组织进入培训领域,减少资源损失,扩大资源利用率。从一定意义上讲,它属于组织建设的内容,主要考察是否设有专门机构负责机构的全面教育培训工作,机构内的培训专职人员情况如何。

财务收支单列是国家财经纪律所规定的。

(2)注册资金或开办费:要求培训机构具备一定的经济能力,必须有100万元以上的注册资金或开办费。鉴于各类培训机构的所有制形式不同,在具体核验时区别对待,独立法人的查阅营业执照、法人证书,非独立法人的查阅授权委托书以及注册会计师事务所出具的相关证明材料。

(3)管理人员及办公场所:要求培训机构专职管理人员不少于8人,且有自主产权或长期使用权的固定办公场所。

考虑到培训机构培训规模及质量控制要求,规定专职管理人员不少于8人。既然有内设的机构,就必须有一定数量的专职管理人员。综合调查的结果,我国目前的绝大多数一级培训机构都有8人以上的专职管理人员,且在目前的培训规模下也能满足基本的培训要求。

有自主产权的固定办公场所是安全培训机构硬件配备的基本条件,是培训机构正常运转的前提。如果办公场所及设施可以租赁,那么其他条件就无从谈起,势必会造成认定复审工作的混乱,也为有些不具备条件的机构造假提供了条件,也违背了认定复审的"依法行政、科学管理、便于操作、以评促建"的基本原则。如果很多的不具备条件的机构进入高级别机构,也会给各省份的培训工作带来混乱。同时考虑到近年来有许多省市的劳动保护研究所在国家机构改革过程中,由于种种原因被分离出来,其办公场所被长期划拨给了培训机构,但产权仍然属于政府机关,这种情况也认定为有长期使用权的固定办公场所。

(4)教师:培训教师的数量、职称、学历及资质是根据国家安全生产监督管理总局的规定所确定的最低要求,是开办培训班的基本保障。

(5)教学及生活设施:要求培训机构有固定、独立和相对集中并能够满足同期100人以上规模培训需要的专用教室及住宿、餐饮等生活设施;专用教室使用面积150 m^2 以上;租用的租赁契约不少于3年。

2. 培训教室

培训教室是资质认定标准的第二项一级指标。它包括3项二级指标、6条具体标准和7项评分操作办法,从教室面积、配套设施和环境3个方面对培训教室提出了要求。安全培训教室是安全培训的基本设施和条件,安全培训对象为成人,年龄远大于学历教育的学生,为保证其能够高效完成课程学习,教室在采光、桌椅配备等方面必须满足成人特点,因此,在标准中规定了培训机构必须根据培训规模设置培训教室,同时,针对培训教学普遍采用课堂授课和研讨相结合的模式,在标准中规定了培训机构必须设置相配套的研讨室。目前国内外安全培训教学都采用多媒体教学设施,因此在标准中规定培训教室必须配备相应的多媒体教学设施。根据历次安全培训检查中部分培训机构教室存在卫生环境脏、乱、差的现象,在标准中对卫生环境从消防安全、清洁卫生和采光3个方面进行了具体规定。

(1)面积:要求教室数量和面积满足同期最大规模举办培训班需要,每间教室按合理摆放桌椅计算,每学员不少于 1.5 m²,同时必须有与培训规模相适应的研讨教室不少于 4 个,且培训、研讨场所为危房、简易建筑物或其他不适宜培训教学房屋的不得分。

规定每学员所占有的单位教室面积不少于 1.5 m²,既有利于学员在教室内活动,方便他们的学习,体现出成人教学对成人所拥有的私人空间表现出来的尊重,还有利于在万一发生异常事件时能较为方便地撤离,这也符合 20 号令的规定。

研讨作为成人教学的一种有效形式已被广大的培训机构所接受,研讨就必须有合适的场所,且从成熟的经验看,共同研讨人员以不超过 20 人为宜,考虑到每班的培训人数不得超过 80 人的情况,那就至少需要 4 个研讨场所。

培训教学是一个长期的活动,任何活动都首先需要有一个安全的环境,因此明确规定了培训教室、研讨教室必须满足教学需要,严禁将危房、简易建筑物或其他不适宜培训教学的房屋作为培训教室和研讨教室。

(2) 配套设施:要求每个教室中均配备投影仪、投影屏幕、计算机、白板、音响等设备,教室内的桌椅适合成人使用,完好无损。

随着现代教学方法、方式及教学形式的转变,单纯的"黑板+粉笔"已不能作为教学的基本工具。随着教育信息化进程的加快,世界各国都把教育信息化作为教育改革和推进教育跨越式发展的重要举措,把加强信息化基础设施建设作为重要内容。这就要求每个教室都要有相配套的多媒体设备,这是新的时期对教学发展的基本要求,因此标准就把投影仪、投影屏幕、计算机、音响等定为培训教室的必备设备。考虑到教学互动及计算机普及水平,为达到灵活教学的效果,又规定教室内应配备白板。

作为已经有一段工作经历的成人,其身体状况、心理素质等不同于普通在校学习阶段的学生,因此要求他们所用的桌椅应适合成人使用,也就是指在规格、色彩、质量、单桌椅占据空间等方面都要适合成人要求。

(3) 环境:要求每个教室都必须按标准配备消防设施并经消防部门验收合格,教室无安全隐患,干净整洁,采光、通风好。

人员聚集地区是事故高发区,同时也是发生异常事件后应急处置困难区。考虑到近年来有许多学校曾发生过多期火灾等事故,因此为强化基础设施建设和基础管理,要求每个教室都必须按标准配备消防设施,同时还必须经过消防部门验收,且有验收结论和验收合格证,从基础设施本身和法律法规方面规范办学单位的消防安全行为,堵塞源头漏洞。

干净整洁的环境是任一学习、办公和生活场所都需具备的基础条件,采光、通风效果有利于学员的身心健康。

3. 培训师资

培训师资是资质认定标准的第三项一级指标。它包括 2 项二级指标、4 条具体标准和 2 项评分操作办法,从学历和职称、教师的专业结构 2 个方面对培训机构的师资作出了具体规定。

基于安全培训教学特点,安全生产培训机构的教师必须采取专兼职教师相结合的方法才能满足培训教学需要。专职教师不仅要求承担培训教学任务,还要负责培训研究、项目开发和策划任务,为保证培训质量,要求培训机构必须配备一定的专职教师。鉴于安全培训专业性强的特点,标准要求安全培训机构必须根据申报的培训对象,在专职教师的专业方面与其相配套。一级安全培训机构的培训对象从整体上处于学历高、职称高的层次,因此,对培训机构中专职教师的学历、职称及专业结构等提出了更高的要求。

（1）学历、职称：要求专职教师中硕士研究生以上学历或副高级以上职称的不低于教师总数的 50%，且专职教师中至少有 4 名注册安全工程师。

① 教师的学历、职称。目前还没有一个有效的衡量教师基本水平的合理指标，但是学历和职称是教师任职的基本条件。将硕士以上学历和高级职称等同对待并没有拔高资质要求，而是为了更好地培养高学历的年轻教师。一级安全培训机构承担的培训任务要求一级培训机构必须具备宽广的视野和较为深厚的理论基础知识，因此规定了硕士研究生以上学历或副高级以上职称的教师不低于教师总数的 50%。对于兼职教师的学历、职称，标准没有作出规定，主要是基于多种培训层次对教师经历的不同要求。作为一级培训机构，由于培训对象的特殊性，更应该选聘那些既具有较高的学术水平，又有丰富的实践经验的专家担任兼职教师。从目前的教师资源量来看是完全可以满足要求的。但是个别兼职教师虽然学历不高，但富有的实际经验符合培训需要，若对学历职称作出硬性规定，就有可能浪费掉这些有益的资源。

② 注册安全工程师。要求专职教师中至少有 4 名注册安全工程师。根据《注册安全工程师管理规定》（国家安全生产监督管理总局第 11 号令）"安全生产中介机构应当按照不少于安全生产专业服务人员 30% 的比例配备注册安全工程师"的规定和《国家安全监管总局办公厅关于贯彻实施〈注册安全工程师管理规定〉有关事项的通知》（安监总厅人事〔2007〕44号）"要积极引导、督促生产经营单位和安全生产中介机构按规定配备和使用注册安全工程师"的要求，为推进注册安全工程师制度的实施，就专门明确了一级培训机构的专职教师中至少要有 4 名注册安全工程师，从目前全国已获得注册安全工程师执业职格的数量来看，也能满足实际需求。

（2）专业结构：要求专职教师专业结构合理，能满足法律、安全管理、安全技术、专业技术等方面的授课需要。同时要求结合申请范围，教师队伍中每缺一专业扣 10 分，扣完为止。

健全的教师队伍是保证培训机构正常运转的基本前提，而配备合理又能使教师资源等得到最大程度的配置。素质优良、规模适当、结构合理是专职教师队伍配备的基本原则。所谓配备合理，一是指必须有同所申请项目相对应的专业老师，不能有专业缺失；二是应能满足同期最大规模办班授课时的实际需要。

4. 培训管理

培训管理是资质认定标准的第四项一级指标。它包括 2 项二级指标、3 条具体标准和 3 项评分操作办法，从队伍和制度 2 个方面对培训机构的管理工作作出了具体规定。

因为对安全培训资质的认定重点考察安全培训的硬件设施，对于培训管理方面，标准从管理队伍和制度管理 2 个方面进行了规定，包含 3 个方面的目的：第一要求培训机构必须设置专门的培训管理机构，配备相应管理人员，管理人员的任职资格即其学历、职称和工作能力必须满足需要；第二要求安全培训机构必须建立相应教学管理制度和质量控制标准，且建立相应措施；第三要求安全培训机构应规范财务管理。

（1）专职或分管负责人：培训机构是一个专业性、政策性比较强的特殊机构，要求领导者应该具备较高的素质并对该领域有深刻的认识，这样才能准确把握培训的方向，确定培训的重点，因此规定了其基本任职条件是"大学本科以上学历，副高级以上职称，并有 3 年以上安全培训管理或有相关工作经历"，如此才能增强培训工作的针对性，防止外行领导内行的现象。

（2）专职管理人员：配备专职管理人员是 20 号令的明确规定，考虑到一级培训机构培训对象的层次高，为有效管理，方便沟通，有利于各方面工作的协调，因而要求专职管理人员应具有大专以上学历或中级以上职称。

（3）管理制度：标准要求一级培训机构必须健全需求分析、教学管理、教师管理、学员管理、考核管理、教学质量控制、培训评估、档案管理、设备管理、财务管理、后勤保障等方面的制度。

制度是管理的先导和保障，健全合理的制度能减少工作的盲目性，并能确保各项工作的有效落实和实施。

5. 辅助设施

辅助设施是资质认定标准的第五项一级指标。它包括 4 项二级指标、8 条具体标准和 8 项评分操作办法，从实验设备、计算机、图书资料和安全展览展示等 4 个方面对培训机构的管理工作作出了具体规定。

辅助设施是安全培训工作必不可少的条件，是培训教学工作和方式方法的延伸，是提高教学效果的保障。

标准把实验设备、计算机、图书资料和安全展览展示作为教学辅助设施。鉴于一级安全生产培训机构涉及专业领域非常宽阔，标准未具体规定各培训机构设置的实验（习）室及实验（习）设施的具体内容，强调安全培训机构必须根据培训对象、培训领域设置相关实验（习）室，配备相应设备、仪器；计算机在安全培训机构中发挥越来越重要的作用，也是体现安全培训机构培训现代化水平的一个标志，为此，标准规定了安全培训机构必须配备的计算机数量及其性能；图书资料是学员在培训期间参考、阅读重要文献的场所，也是教师备课的重要辅助材料，为此，标准中规定了安全培训机构必须设置图书资料室，且对图书资料的数量、种类都进行了明确规定；安全展览室是安全培训必须具备的重要教学辅助设施，通过图片、多媒体等形式向学员展示安全生产法律法规、安全专业知识、事故预防技术和抢险救灾方法以及应急救援装备等安全方面的知识，直观形象，易为学员掌握。

（1）实验设备：标准要求培训机构有能满足所申请培训项目需要的实验演示设备。根据不同情况，若培训特种作业人员，还必须有相应的实际操作设备。

有些特殊作业人员的培训需要实验演示设备。新技术、新工艺、新装备是作为安全监管监察人员必须了解的内容，如果不了解这些知识就无法对现场进行有效的监察。本条要求的是要具有同所申请培训项目相配套的实验演示设备，而不是所有设备。各机构可以根据培训项目要求确定设备种类，这样也便于各机构实际操作。

（2）计算机：计算机是工作学习的基本工具，网络是获取信息的重要途径，因此规定培训机构必须有独立的计算机室，且自主产权的计算机不少于 50 台，同时还必须能够上网。这些规定是保证学员拓展学习途径的一种重要手段。这就要求必须大力提高培训教师的信息技术素养，实现信息技术与学科教学的整合，打造信息技术条件下的新型培训教育模式。

（3）图书资料：现代社会纸质资料仍然是获取信息的主要手段，因此创造一定的条件让学员利用业余时间自由阅览就成为必不可少的内容。考虑到实际情况，标准提出培训机构必须有独立的、容纳人数不少于 20 人的阅览室，涉及安全类的期刊、图书及报纸种类不少于 100 种，还要有一定数量的安全教育音像资料，同时及时更新图书资料，近三年内新出版的图书资料不少于60种。

（4）安全展览展示：标准要求培训机构有与所申请项目相适应的安全生产法律法规、安全生产事故、事故预防知识以及新技术、新装备等展览展示或多媒体展示。此规定是为了让学员从直观上更进一步加深对一些知识的掌握，在某些方面、某种程度上，安全展览展示较讲授会取得更好的培训效果。展览展示内容应同所申请培训项目、受培训人员基本情况相一致，且完整、有代表性。

6.后勤服务

后勤服务是资质认定标准的第六项一级指标。它包括5项二级指标、9条具体标准和7项评分操作办法，从住宿、用餐、文体、医疗和其他等5个方面对培训机构的后勤服务工作作出了具体规定。

后勤服务是安全培训工作必须具备的基本条件，是保障教学实施的基础，是保证安全培训质量的重要条件，对于一级安全生产培训机构更是如此。

（1）住宿：标准要求一级培训机构有不少于100人住宿需要的标准间，房间内桌椅、台灯、电视、空调、电话等生活设施齐全，有卫生间，能洗浴并安全使用。本项规定的标准间数量是同基本培训规模相对应的，也是一级培训机构要具备的基本条件。对于个别房间还要能够上网。

（2）用餐：标准要求就餐场所、食堂操作间等能满足不少于100人的就餐需要，餐饮单位有卫生许可证，且清洁、卫生、安全。

（3）文体：标准要求安全培训机构设置有乒乓球、羽毛球等文体场地及设施。丰富学员业余生活、愉悦学员身心的健康活动是基本要求。乒乓球、羽毛球等文体场地及设施主要是指要有这些场地，同时具备乒乓球、羽毛球等运动设施和器材，且能免费满足学员需求。

（4）医疗：标准要求能就近就医。能就近就医是确保学员在生病时能及时得到医疗救助。如此规定主要是考虑到各地、各机构的不同情况，有条件的应设立医疗室，提供必要的常用药品，同时在附近应有一定水平的医疗机构，在车辆安排方面也要能及时提供帮助。

（5）其他：标准对其他方面要求教学及生活场所清洁、安全，绿化较好，交通便利，安全保卫好。

安全保卫是确保教学秩序正常运行的重要方面，要求一级培训机构安全保卫组织健全，人员职责清晰，保卫措施完善，学员安全感强烈。

（二）一级安全培训机构资质认定标准培训评估体系指标

1.指标等级标准的设立

设立指标等级标准是对评估对象进行评估的衡量尺度，用以检测评估对象对指标要求达到的程度。一级安全培训机构资质认定标准评估体系指标采用一级指标、二级指标、具体标准三级制，并分别赋予不同的等级分数。对于已受理的申请，国家安全生产监督管理总局按照资质认定标准对申请一级资质的机构进行现场评估，在满足必备条件的同时，得分80分以上的，授予相应资质；得分80分以下的，不再进行评估。有些指标的等级标准采用数字进行量化的，如培训机构中专职教师的职称、学历、年龄结构，教师每年参加实践教学量的状况，采用多媒体授课情况，送培单位评价等；有些指标的等级标准则采用描述性语言进行定性评价，如培训工作评估体系中的制度建设、组织建设、培训的组织与实施、安全保卫、校园绿化等；还有一些指标的等级设立采用的是定性与定量相结合的标准，如培训机构中的用餐情况、安全展览展示等。

2. 指标权重的确定

衡量评估指标重要程度的数据叫权重。权重能区分各指标在评估中的主次差别,同时可根据安全培训的目的和要求,保证重点。一级安全培训机构资质认定标准工作评估体系的指标权重是在广泛的调查研究并征求专家意见的基础上确定的。

3. 评估结果的计算

评估指标体系的内容、指标的等级标准和权重确定以后,针对某一安全生产培训机构就可以进行评估了。具体方法是:按照评估体系中各项指标内涵,逐一对照等级标准确定评估等级,再将指标权重与相对应的评估等级系数相乘得到每个指标的实际得分,然后求出各个指标的实际得分之和,即为评估总分。如果评估总分大于或等于80,评估结果为合格;如果小于80,则为不合格。

评估结果的计算方法:

$$S = \sum_{i=1}^{m} \sum_{j=1}^{n} q_{ij} d_{ij}$$

其中　S——评估得分;

q_{ij}——权重;

d_{ij}——指标分值数;

m——一级指标的个数;

n——二级指标的个数。

五、二级安全培训机构资质认定标准结构内容和指标设计

(一)二级安全培训机构资质认定标准培训评估体系的内容

二级安全培训机构资质认定标准培训评估体系主要包括两大部分:一是安全培训机构必备条件;二是安全培训机构认定条件。安全培训机构必备条件是机构资质认定的前提,是能否取得资质的先决条件;安全培训机构认定条件是二级培训机构准入的具体要求。两者共同反映出培训机构对教育培训的重视程度、投入状况、办学条件和潜在能力。

资质认定标准共包含了必备条件、培训教室、培训师资、培训管理、辅助设施和后勤服务6个一级指标,机构设置等16个二级指标和42项具体标准。

1. 必备条件

必备条件是机构认定的前置项目,是认定标准中的第一项二级指标,不符合二级指标中的任一项或具体标准中的任一条,即中止对该机构的审查。

标准把机构设置合法性、注册资金或开办费、管理人员及办公场所、教师、教学及生活设施作为安全生产培训机构资质认定的必备条件,认定人员在审查培训机构时,首先要对这五项条件进行审查,如果发现安全生产培训机构不具备五项条件的任何一项,即停止审查,对培训机构的其他申报条件不予受理。根据对安全生产培训机构职能的分析,这五项条件是个培训机构从事安全培训工作必须具备的基本条件,缺少其中任何一项,安全培训工作就不能正常开展。

该二级指标的设置主要是依据20号令中第八条安全培训机构申请二级资质证书应当具备的条件规定的,具体条件有:注册资金或者开办费80万元以上;有专职的管理人员;有健全的机构章程、管理制度、工作规则;有10名以上具有本科以上学历的专职或者兼职教师,其中至少有 5 名具有中级以上职称并经国家安全生产监督管理总局培训考核合格的专职教师;有固定、独立和相对集中并且能够满足同期 80 人以上规模培训需要的教学及生活设施,其中专用教室使用面积 120 m² 以上;安全培训需要的其他条件。

（1）机构设置:机构设置主要包括培训机构能独立或经授权承担法律责任,有健全的机构章程,设置承担综合管理、策划、培训教学、教研、档案、财务管理、后勤服务等职能的内设机构,财务收支单列。

本部分的规定同一级机构的内容、要求及目的完全一致。

（2）注册资金或开办费:要求培训机构具备一定的经济能力,必须有 80 万元以上的注册资金或开办费。鉴于各类培训机构的所有制形式不同,在具体核验时区别对待,独立法人的查阅营业执照、法人证书,非独立法人的查阅授权委托书以及注册会计师事务所出具的相关证明材料。

（3）管理人员及办公场所:要求培训机构专职管理人员不少于 5 人,且有自主产权或长期使用权的固定办公场所。

根据二级安全培训机构的办班规模及质量控制要求,规定专职管理人员不少于 5 人。综合调查的结果,我国目前的绝大多数二级培训机构都有 5 人以上的专职管理人员,且在目前的培训规模下也能满足基本的培训要求。

考虑到近年来有许多省市的劳动保护研究所、省级安监局、省级煤监机构的教育培训中心在国家机构改革过程中,由于种种原因被分离出来,其办公场所被长期划拨给了培训机构,但产权仍然属于政府机关,这种情况也就认定为有长期使用权的固定办公场所。

（4）教师:培训教师的数量、职称、学历及资质是根据 20 号令的规定所确定的最低要求,是开办培训班的基本保障。

（5）教学及生活设施:要求培训机构有固定、独立和相对集中并能够满足同期 80 人以上规模培训需要的专用教室及住宿、餐饮等生活设施;专用教室使用面积 120 m² 以上;租用的租赁契约不少于 3 年。

2. 培训教室

培训教室是资质认定标准的第二项一级指标。它包括 3 项二级指标、6 条具体标准和 7 项评分操作办法,从教室面积、配套设施和环境 3 个方面对培训教室提出了要求。这些要求的具体内容、制定目的、考核办法同一级机构相类似。主要的区别在于研讨教室的规定上,要求必须有与培训规模相适应的研讨教室不少于 3 个。

3. 培训师资

培训师资是资质认定标准的第三项一级指标。它包括 2 项二级指标、3 条具体标准和 2 项评分操作办法。二级安全培训机构的培训对象从整体上仍然处于学历、职称较高的层次,因此,对培训机构中专职教师的学历、职称及专业结构等同以往相比也提出了更高的要求,但低于一级培训机构的标准。

（1）学历职称:要求专职教师中硕士研究生以上学历或副高级以上职称的不低于教师总数的 30%,且专职教师中至少有 2 名注册安全工程师。

① 教师的学历、职称。二级培训机构的培训对象主要在于一个省份或一个区域,是安全培训的中坚力量。企业负责人和基层安全监管人员的整体素质是比较高的,这就要求二级培训机构必须具备较为宽广的视野和较为深厚的理论基础知识,因此规定了硕士研究生

以上学历或副高级以上职称的教师不低于教师总数的30％。对于兼职教师的学历职称,标准没有作出规定,主要是基于多种培训层次对教师经历的不同要求。作为二级培训机构,由于培训对象的特殊性,更应该选聘那些具有丰富的实践经验和一定的理论水平的专家担任兼职教师。从目前的教师资源量来看是完全可以满足要求的。

② 注册安全工程师。要求专职教师中至少有2名注册安全工程师。

(2)专业结构:本项标准设置的原因及具体要求同一级机构相同。

4. 培训管理

本项标准设置的原因及具体要求同一级机构相类似,主要区别在于相应人员的资质规定。

(1)专职或分管负责人:同一级培训机构所要求的必须具有副高级以上职称相区别,降低了任职条件,规定了其基本任职条件是"配备大学本科以上学历,中级以上职称,并有3年以上安全培训管理或有相关工作经历"。

(2)专职管理人员:考虑到二级培训机构培训对象的层次,为有效管理,方便沟通,有利于各方面工作的协调,因而要求专职管理人员应具有大专以上学历或助理级以上职称。

5. 辅助设施

包括4项二级指标、8条具体标准和8项评分操作办法,从实验设备、计算机、图书资料和安全展览展示等4个方面对培训机构的管理工作作出了具体规定。

(1)实验设备:标准要求培训机构有能满足所申请培训项目需要的实验演示设备。根据不同情况,若培训特种作业人员,还必须有相应的实际操作设备。

(2)计算机:二级培训机构必须有独立的计算机室,且自主产权的计算机不少于40台,同时还必须能够上网。

(3)图书资料:标准提出培训机构必须有独立的、容纳人数不少于20人的阅览室,涉及安全类的期刊、图书及报纸种类不少于80种,还要有一定数量的安全教育音像资料,同时及时更新图书资料,近三年内新出版的图书资料不少于40种。

(4)安全展览展示:标准要求培训机构展览展示内容应同所申请培训项目、受培训人员基本情况相一致,且完整、有代表性。

6. 后勤服务

后勤服务是资质认定标准的第六项一级指标。它包括5项二级指标、9条具体标准和7项评分操作办法,从住宿、用餐、文体、医疗和其他等5个方面对培训机构的后勤服务工作作出了具体规定。

(二)二级安全培训机构资质认定标准培训评估体系指标

1. 指标等级标准的设立

二级安全培训机构资质认定标准评估体系指标同一级机构相同,也采用一级指标、二级指标、具体标准三级制,并分别赋予不同的等级分数。

2. 指标权重的确定

二级安全培训机构资质认定标准工作评估体系的指标权重是在广泛的调查研究并征求专家意见的基础上确定的。

3. 评估结果的计算

按照评估体系中各项指标内涵,逐一对照等级标准确定评估等级,再将指标权重与相对应的评估等级系数相乘得到每个指标的实际得分,然后求出各个指标的实际得分之和,即为评估总分。如果评估总分大于或等于80,评估结果为合格;如果小于80,则为不合格。

评估结果的计算方法与一级机构相同。

第三节 安全培训机构资质复审标准和指标体系

一、一级安全培训机构资质复审考核标准结构内容和指标设计

（一）一级安全培训机构复审考核标准培训体系的内容

一级安全培训机构复审考核标准培训体系主要包括五大部分。复审考核标准共包括师资、培训教学研究、培训组织实施、培训业绩和规章制度执行5个一级指标,能力建设等13个二级指标和40项具体标准。

1. 师资

师资是复审考核标准的第一项一级指标。它包括3项二级指标、9条具体标准和9项评分操作办法,从管理、能力建设和绩效3个方面对师资提出了要求。师资在复审考核标准中是一个重要条件,在复审考核标准中,重点审查5个方面的问题:第一,培训过程中教师的档案、资历等方面的资料及教学情况和教学质量等方面制度的建立和执行情况;第二,教师的业务培训是否执行了国家安全生产监督管理总局的有关规定;第三,对培训机构教师的能力审查,讲授课程、授课时间等方面是否适应其培训资质和培训领域的需要;第四,要求培训机构必须保持教师队伍的稳定,防止有些培训机构在认定过程中在专职教师队伍建立方面"凑数",获得资质后则另行一套,为此要求师资队伍中专职教师3年变动不得超过40%;第五,对专兼职教师的授课时间作出了明确的规定,防止个别机构教师授课时间不规范。

（1）管理:要求对专兼职教师实行选聘、考核、奖惩及淘汰制度,结合认定标准实行动态管理;要求教师队伍稳定,3年内专职教师总变动率不超过40%,新任专职教师必须取得安全培训教师岗位证书;要求授课情况登记表、教学质量评估记录、学历、职称等证书复印件、劳动关系证明等档案资料齐全。

规定对专兼职教师进行选聘并实行动态管理,目的是为了进一步提高教师的教学水平,保证优秀教师能及时充实到培训教学队伍中,且让不胜任此项工作的人员及时调离,确保培训教学最基础的部分的有效实施,从而增强教师的危机感、责任感,这也符合20号令的规定精神。

优胜劣汰同保持教师队伍的相对稳定并不矛盾,目的都是为了促进教学工作的有效开展。基于成人教学的特点,专业经历和个人阅历需要一定时间的积累,因此规定3年内专职教师总变动率不得超过40%,尤其是严禁超过80%。

经过国家安全生产监督管理总局的专门培训并取得培训教师岗位证书既是由培训教学的特殊性决定的,也是20号令所明确规定的要求。

建立一整套授课情况登记表、教学质量评估记录、学历、职称等证书复印件、劳动关系证明等档案资料,对于规范教学活动、规范培训管理、提高对培训教学的动态监控、严把培训过程的各个关口都是极为重要的基础性工作。

（2）能力建设:要求有提高教师授课水平的措施并认真实施,培训机构每年开展4次以上培训教学研讨活动,同时专职教师每年不少于一周的现场调研,并撰写调研报告。

进行培训教学研讨是提升教学水平、搞好教学环节行之有效的基本形式,作为培训教学工作也应该遵循该形式。

鉴于安全生产培训教学的特殊性,授课老师必须了解现场情况,如此才能发现实践中的问题,增强讲授的针对性。为此,标准要求专职教师每年不少于一周的现场调研,并撰写调研报告,通过调研报告更深刻地了解现场的安全生产问题,及时改进教学方式方法,并通过调研了解培训需求。

(3)绩效:要求专职教师年平均授课时间不少于 48 学时,每期培训班专职教师授课时间不少于总授课时间的 25%;兼职教师有明确的工作任务和内容,年平均授课时间不少于 16 学时。

确定专兼职教师授课时间,一是根据目前一些机构专职教师不参与授课,聘请兼职教师应付检查,为此要求专职教师的年平均授课时间不少于 48 学时,兼职教师年平均授课时间不少于 16 学时,每期培训班专职教师授课时间不少于总授课时间的 25%;二是为了防止个别机构没有专职教师形成空架子现象;三是防止教师业务通而不精现象。

2. 培训教学研究

培训教学研究是复审考核标准的第二项一级指标。它包括 2 项二级指标、6 条具体标准和 6 项评分操作办法,从培训教研和成果两个方面对培训教研提出了要求。作为一级培训机构,在复审考核标准中,重点审查 6 个方面的问题:第一,培训理论和项目策划研究开展情况;第二,制订策划方案书;第三,培训方案和培训计划;第四,开展社会服务职能;第五,科技攻关;第六,培训产品开发。

(1)培训教研:一级机构的培训教研侧重于策划研究,要求培训机构开展培训理论和项目策划研究,有研究计划、方案、人员和资金,每年有不少于一个研究项目立项,每类培训项目都制作包括需求分析、培训对象、培训组织、课程设置、培训方式等内容的策划方案书,每类培训项目都制订培训方案,并按培训方案设计教学计划。

培训项目策划是其区别于一般学历教育的一个重要标志,一个(类)培训项目能否达到预期培训目的,保证培训效果,培训前是否做好策划工作事关重要。策划工作包括确定培训对象、培训内容、培训教师和重要课程培训方法等一系列工作,在培训初始阶段还必须针对培训过程中出现的问题,对培训方案进行调整、优化,同时培训策划部门还必须针对所在培训机构一年的培训任务,提出培训教材、试题(卷)库的开发计划。具备一定的研究能力是作为一级培训机构应该具备的基本内在素质,因此,标准要求一级培训机构每年不少于一个研究项目立项。为保证研究工作,要求培训机构必须对科研工作在人员、资金等方面提供支持。

对每类培训项目都制作策划方案书和完整的书面培训方案并予以落实是培训教学的先决条件,因此标准规定了具体内容。

(2)成果:研究成果是衡量一个机构的研发水平的重要标志,标准要求一级培训机构应该为政府机构或大型企业提供含制定大纲、考核标准、管理软件、开发题库等安全培训方面的政策咨询服务,3 年内相关成果不少于 3 个;同时应鼓励教师开展积极撰写培训教研论文,3 年内发表的培训方面的研究型论文不少于 3 篇;此外还应该具有培训教材或音像制品的开发能力,3 年内相关产品不少于 3 套。这些规定都是为了进一步提高一级安全培训机构的研究水平和科研能力。

3．培训组织实施

培训组织实施是复审考核标准的第三项一级指标,包括 4 项二级指标、15 条具体标准和 15 项评分操作办法,从教学管理、教学方法、质量控制和效果评估 4 个方面对培训组织实施工作提出了要求。作为一级培训机构,在复审考核标准中,重点审查 3 个方面的问题:第一,培训班专职班主任配备情况;第二,教学方式方法;第三,培训人数要求;第四,教师单班授课时间规定;第五,教学效果评估方式及要求。

(1)教学管理:标准要求每期培训班要配备专职管理人员担任专职班主任,班主任有专科以上学历或中级以上职称,在课堂管理方面必须严格学员考勤并实行跟班听课制度。

专职管理人员担任班主任能有效防止个别不具备培训基本条件的单位随意委任他人代管而造成班级管理混乱的现象,达到对班级整体情况实施监控和对教学质量了解的目的。鉴于培训对象的特殊性及机构的级别,为达到更好地为学员服务的目的,要求班主任有专科以上学历或中级以上职称。

为了深化教学管理的各环节,标准规定要实行跟班听课制度。实行跟班听课制度能较为直接地了解教师的授课情况、学员的课堂状况,对确保教学反馈制度的有效执行具有重要意义。

(2)教学方法:标准要求每期培训班都要制订教学计划,合理选用讲授、研讨、角色扮演、案例、模拟等教学方法,同时课堂讲授全部采用多媒体。

(3)质量控制:标准要求严格按大纲要求的时间和内容实施培训,并为学员提供有针对性的教材、讲义和相关资料;每班培训人数不超过 80 人,且每位教师每期班连续授课时间不超过 1 天,担任课程不超过两门。此外要组织学员参观安全展览展示,图书资料室、计算机室向学员开放并有记录。

如何做好安全培训教学质量控制,是目前安全培训工作中存在的普遍问题,也是培训机构健康发展的重要条件。

单班人数过多必然影响教学效果,不利于课堂互动,同时也不安全。综合各方面的因素,确定了每班不超过 80 人的规定。

只有图书资料室、计算机室向学员开放才能达到学员课外学习的目的,而只有组织学员参观安全展览展示,才能达到设置安全展览展示的效果。

(4)效果评估:标准要求每期培训班都对教师、课程设置、教材及后勤服务等进行评估,每期培训班都进行书面总结,查找问题,提出改进措施并认真整改,每期培训班都召开学员座谈会,听取意见和建议,同时要求通过座谈会或调查问卷等方式,每年至少听取一次学员及所在单位对培训质量与效果的意见。

效果评估是实现培训目的的重要手段,也是现代培训的重要一环,只有如此,才能做到持续改进。

4．培训业绩

培训业绩是复审考核标准的第四项一级指标。它包括 2 项二级指标、5 条具体标准和 5 项评分操作办法,从培训效果评价和培训数量 2 个方面对培训业绩提出了考核要求。作为一级培训机构,在复审考核标准中,重点审查 3 个方面的问题:第一,学员、单位及地方安全监管部门的满意率;第二,培训合格率;第三,培训总人数及培训计划完成情况。

(1)学员及有关部门的满意率:标准要求学员对课程设置、教师、授课内容、组织管理和后勤服务的满意率不低于85%,学员所在单位对培训质量与效果满意度高,所在地安全监管部门或煤矿安监机构评价较高。

学员、送培单位及地方安全监管部门对培训效果的评价较为全面客观地反映出了培训的整体效果,因此标准专门作出了规定。这在某种层次上也起到了一种社会监督的作用。

(2)培训合格率:标准要求培训合格率不低于90%,目的是促使培训机构注重培训效果和培训质量,关注每一名受训学员的基本情况,能有效开展因材施教、因人施教,承担起一级机构应当承担的社会责任。

(3)培训数量:标准要求培训机构完成每一年度的培训计划,且3年内年平均培训标准人数不少于800人。

培训数量是判断一个培训机构是否能真正发挥其作用的重要指标。考虑到安全生产工作的连续性,以最低的培训要求,一级机构应确保平均每年不低于800人,否则就会浪费培训资源。按期完成年度培训计划既显示了一个培训机构的预测、管理等综合水平,也能有效防止教学资源浪费和教学资源紧张现象。

5. 规章制度执行

规章制度执行是复审考核标准的第五项一级指标。它包括2项二级指标、5条具体标准和5项评分操作办法,从规章制度落实和档案管理2个方面对规章制度执行工作提出了考核要求。作为一级培训机构,在复审考核标准中,重点审查4个方面的问题:第一,各项制度的严格执行情况;第二,财务管理情况;第三,教学档案管理;第四,学员档案管理。

(1)制度执行情况:标准要求结合教学管理、校容环境、人文气氛等对制度执行情况进行评价,严格执行各项制度并有相关记录。从考核方式到标准内容作出了全面规定,所说的制度包括了培训机构应当建立的各项制度。

(2)财务管理情况:标准要求严格按照有关规定收费,实行收支两条线。按规定收费和实行收支两条线是国家财经纪律的明确规定,能有效规范培训市场,杜绝乱收费现象。

(二)一级安全培训机构复审考核标准体系指标

1. 指标等级标准的设立

一级安全培训机构复审考核标准评估体系指标的建立是基于优胜劣汰的管理机制,按照安全培训机构的申请和有关规定定期对安全培训机构进行复审考核。复审考核按照资质认定标准和复审考核标准同时进行评估,最终得分为培训机构的实际得分。对于受到举报或学员违章造成生产安全事故的培训机构要重点考核。对培训不规范、达不到质量要求的培训机构,及时淘汰,并向社会公布。作为复审考核标准采用一级指标、二级指标、具体标准三级制,并分别赋予不同的等级分数。有些指标的等级标准采用数字进行量化,如专职教师年平均授课时间、培训人数等;有些指标的等级标准则采用定性的描述性的语言,如教学计划实施、组织学员参加安全展览展示等;还有一些指标的等级设立采用的是定性与定量相结合的标准,如培训业绩评价、策划研究方案等。

2. 指标权重的确定

衡量评估指标重要程度的数据叫权重。权重能区分各指标在评估中的主次差别,同时可根据安全培训的目的和要求,保证重点。一级安全培训机构复审考核标准体系的指标权重是在广泛的调查研究并征求专家意见的基础上确定的。

3. 评估结果的计算

按照评估体系中各项指标内涵，逐一对照等级标准确定评估等级，再将指标权重与相对应的评估等级系数相乘得到每个指标的实际得分，然后求出各个指标的实际得分之和，即为复审标准部分得分。评估总分为资质认定标准得分的 35% 与复审考核标准得分的 65% 之和。在满足认定标准必备条件的同时，最终得分 80 分以上的保留资质；60～79 分的限期整改；60 分以下的注销资质。

评估结果的计算方法：

$$T＝资质认定标准得分×35\%＋复审考核标准得分×65\%$$

二、二级安全培训机构资质复审考核标准结构内容和指标设计

（一）二级安全培训机构复审考核标准培训体系的内容

二级安全培训机构复审考核体系主要包括五大部分。从大的框架上，复审考核标准共包含了师资、培训教学研究、培训组织实施、培训业绩和规章制度执行 5 个一级指标，能力建设等 13 个二级指标和 40 项具体标准。从体系框架到内容形式同一级复审考核标准有许多类似之处，但在关键环节的设置上又有很大的区别。

1. 师资

师资是复审考核标准的第一项一级指标。它包括 3 项二级指标、9 条具体标准和 9 项评分操作办法，从管理、能力建设和绩效 3 个方面对师资提出了要求。师资在复审考核标准中是一个重要条件，在复审考核标准中，重点审查的内容及条款具体要求同一级培训机构的复审考核标准完全一致，主要是考虑到这些指标是任何一级培训机构都必须满足的基本条件，一、二级机构不应该有区分。

2. 培训教学研究

培训教学研究是复审考核标准的第二项一级指标。它包括 2 项二级指标、5 条具体标准和 5 项评分操作办法，从培训教研和成果 2 个方面对培训教研提出了要求。作为二级培训机构，在复审考核标准中，重点审查 4 个方面的问题：第一，培训教研的开展情况；第二，培训方案和培训计划制订；第三，培训研究论文；第四，培训产品开发。这同一级机构所要求的条件区别较大。

（1）培训教研：二级安全培训机构承担的主要培训任务是负责生产经营单位主要负责人和安全生产管理人员的安全资格培训，属于强制性培训。国家安全生产监督管理总局已经制定了相应的培训大纲和考核标准，安全培训机构培训教学管理的重点在于严格按照培训大纲和考核标准开展培训教学活动，为此，标准要求培训机构必须开展教学方式方法等研究，3 年内不少于 2 个研究项目立项，每类培训项目都制订培训方案，按培训方案为每期班制订包括培训目标、内容、时间、教师选择等内容的教学计划。

（2）成果：研究成果是衡量一个机构的研发水平的重要标志，但考虑到二级培训机构的实际研发能力和精力，标准要求二级培训机构 3 年内发表的有关培训教学、管理方面的研究论文不少于 2 篇，且研究成果应用于本机构培训教学实践，此外要求根据自身实际情况，结合区域培训重点，3 年内至少开发出 1 套培训教材或音像制品，这些规定都是为了进一步提高二级机构的理论水平。

3. 培训组织实施

培训组织实施是复审考核标准的第三项一级指标。它包括 4 项二级指标、15 条具体标准和 15 项评分操作办法,从教学管理、教学方法、质量控制和效果评估 4 个方面对培训组织实施工作提出了要求。作为二级培训机构,在复审考核标准中的审查内容及具体标准同一级培训机构相同,主要考虑到这是培训机构教学质量控制的基本要求。主要的区别在于评分办法上的 5 点不同:一是一期班教学方法单一扣 5 分,而一级标准规定一期班少于 3 种教学形式扣 5 分;二是在教师连续授课时间上,规定一期班 1 位老师授课时间超过 1 天扣 5 分,超过 2 天扣 10 分,而一级标准规定一期班 1 位老师授课时间超过 1 天扣 5 分,超过 2 天扣 20 分;三是在安全展览展示参观和图书室、资料室的开放方面,规定没有向学员开放扣 5 分,不组织学员参观展览展示扣 5 分,而一级标准规定没有向学员开放扣 10 分,不组织学员参观展览展示扣 10 分;四是关于学员及所在单位意见反馈记录,规定缺 1 次扣 10 分,而一级标准规定缺 1 次扣 2 分;五是在跟班听课方面,规定一期班没有听课记录扣 10 分,而一级标准规定一期班没有听课记录扣 15 分。

4. 培训业绩

培训业绩是复审考核标准的第四项一级指标,包括 2 项二级指标、5 条具体标准和 5 项评分操作办法,从培训效果评价和培训数量 2 个方面对培训业绩提出了考核要求。作为二级培训机构,在复审考核标准中,重点审查 3 个方面的问题:第一,学员、单位及地方安全监管部门的满意率;第二,培训合格率;第三,培训总人数及培训计划完成情况。

(1)学员及有关部门的满意率:标准要求学员对课程设置、教师、授课内容、组织管理和后勤服务的满意率不低于 85%,同一级机构相同。学员所在单位对培训质量与效果较满意,所在地安全监管部门或煤矿安监机构评价较好。

学员、送培单位及地方安全监管部门对培训效果的评价较一级机构低,符合实际情况。

(2)培训合格率:标准要求培训合格率不低于 80%,同一级机构相比,降低了 10%的要求,主要考虑到培训层次不一样。

(3)培训数量:标准要求培训机构完成每一年度的培训计划,且 3 年内年平均培训标准人数不少于 1 000 人。

年培训数量定为不低于 1 000 人,相比一级机构多了 200 人,也是考虑到应受训人员多的实际,这有利于培训资源的合理配置。

5. 规章制度执行

规章制度执行是复审考核标准的第五项一级指标。它包括 2 项二级指标、5 条具体标准和 5 项评分操作办法,从规章制度落实和档案管理 2 个方面对规章制度执行工作提出了考核要求。作为二级培训机构,在复审考核标准中,重点审查的内容、标准同一级机构相似,也是考虑到这属于机构建设和管理的基本要求。但考虑到装备及管理水平,对实行计算机档案管理方面的扣分作了区别,规定二级培训机构不实现计算机管理扣 10 分,而一级培训机构不实现计算机管理扣 15 分。

(二)二级安全培训机构复审考核标准体系指标

二级安全培训机构复审考核标准体系指标与一级相同,不再赘述。

第四节　资质认定及复审考核标准的特点

一、研究方法非常具有科学性

新标准的制定过程中,采用了归类研究法、实际调研法、专家个人调查法、机构调查法、智暴法、反头脑风暴法和德尔菲法等综合研究方法,因此使标准更具科学性、合理性。

二、指标设计比较合理

(1)资质认定和复审考核均设定了否决指标,作为认定和复审的前置条件,并首次把培训机构违法违章违纪纳入了考核范围。

(2)复审考核得分同资质认定标准相关联,这就促使培训机构必须持续重视基础设施的建设。

(3)资质认定重点考核机构的硬件设施,而复审考核重点检查的是培训机构的运行水平。而以往的所有标准,资质认定和复审考核都是采用的同一标准,本次完全区别开来。

三、评估体系特点突出

1. 方向性明确

在制定 4 个文件的评价指标体系时,完全依据党的教育方针、《中国教育改革和发展纲要》、当前我国煤矿安全培训的现状以及相关的政策和规定,符合安全生产行业教育培训改革和发展的方向,突出了安全培训的特点。

2. 科学性强

指标体系反映安全生产行业教育培训的规律,符合行业教育培训实际,将定性评估和定量评估、自我评估和外界评估、单项评估和综合评估结合起来,既重点评估具有共性的内容,又突出各行业安全培训工作的特色,使评估结果客观而全面。

3. 系统性强

资质认定和复审考核是一项系统工程,其结果是由多种因素综合而成的,具有整体性和关联性,各项评价指标的制定各有所长、相互补充,各指标之间有一定的数量和权重关系,使整个评价体系显得统一、协调。

4. 教育导向明显

资质认定和复审考核本身不是目的,而是通过评估来找差距,分析不足,明确努力的方向,从而促进安全教育培训质量的提高,推动培训教育改革的不断深化。认定和复审的过程本身就是一次教育的过程。

5. 可操作性强

安全培训标准指标体系的制定坚持了从实际出发,充分考虑了在实施评估过程中的可操作性,定性指标都有相关的材料作支撑,定量指标的数据也可得可测可比,既方便专家的评估,又有利于各培训机构的具体实施。

6. 评估权重设置科学

根据目前我国安全生产教育培训的现状和国家对安全生产的要求,用权重来对评估指标的主次轻重加以区分。

四、级别差异区别显著

一、二级安全培训机构在资质认定的复审考核方面都有明显的区别,表现在以下几个方面。

1. 注册资金

一级机构要求 100 万元以上,二级机构要求 80 万元以上。

2. 人员配备

一级机构要求专职管理人员不少于 8 人,专兼职教师不少于 15 人,注册安全工程师不少于 4 人,取得培训资格的教师不少于 8 人。而二级机构要求专职管理人员不少于 5 人,专兼职教师不少于 10 人,注册安全工程师不少于 2 人,取得培训资格的教师不少于 5 人。

3. 人员资质

一级机构要求专职教师中硕士研究生以上学历或副高级以上职称的不低于教师总数的 50%;专职或分管负责人必须具有副高级以上职称,专职管理人员应具有大专以上学历或中级以上职称。而二级机构要求专职教师中硕士研究生以上学历或副高级以上职称的不低于教师总数的 30%;专职或分管负责人必须具有中级以上职称,专职管理人员应具有大专以上学历或助理级以上职称。

4. 基础设施

一级机构要求专用教室的使用面积 150 m² 以上,专用教室及住宿、餐饮等生活设施能够满足同期 100 人以上规模培训需要,研讨教室不少于 4 个,计算机不少于 50 台,涉及安全类的期刊、图书及报纸种类不少于 100 种且近 3 年内新出版的图书资料不少于 60 种。而二级机构要求专用教室的使用面积 120 m² 以上,专用教室及住宿、餐饮等生活设施能够满足同期 80 人以上规模培训需要,研讨教室不少于 3 个,计算机不少于 40 台,涉及安全类的期刊、图书及报纸种类不少于 80 种且近 3 年内新出版的图书资料不少于 40 种。

5. 教研策划

一级机构要求开展培训理论和项目策划研究,有研究计划、方案、人员和资金,每年有不少于一个研究项目立项,每类培训项目都制作包括需求分析、培训对象、培训组织、课程设置、培训方式等内容的策划方案书,并按培训方案设计教学计划。而二级机构要求开展教学方式方法等研究,3 年内不少于 2 个研究项目立项。

6. 教研成果

一级机构要求为政府机构或大型企业提供安全培训等方面的政策咨询服务,3 年内相关成果不少于 3 个,3 年内发表的培训方面的研究型论文不少于 3 篇,3 年内相关培训产品不少于 3 套。而二级机构要求 3 年内发表的有关培训教学、管理方面的研究论文不少于 2 篇,具有培训教材或音像制品的开发能力,3 年内相关培训产品不少于 1 套。

7. 教学方法

一级机构要求每期班至少要选用讲授、研讨、角色扮演、案例、模拟等 3 种以上的教学方法。而二级机构要求每期班至少要选用讲授、研讨、角色扮演、案例、模拟等 1 种以上的教学方法。

8. 培训规模

一级机构要求 3 年内年平均培训标准人数不少于 800 人,而二级机构要求 3 年内年平均培训标准人数不少于 1 000 人。

9. 培训绩效评价

一级机构要求培训合格率不低于 90%,而二级机构要求培训合格率不低于 80%,此外,学员、送培单位和当地安监部门对培训效果的评价要求也有区别。

10. 评分办法

根据一、二级安全培训机构的情况,对同一类别的项目,在评分办法上也有明显差距。

第四章　安全培训机构后勤管理

安全培训后勤服务主要包括学员住宿、就餐、文体活动、医疗和其他等5个方面。完善的后勤服务设施是安全培训的基本条件,要求学员宿舍能就近就医,有文体设施,有相应的管理制度,规定培训机构的住宿、就餐地点能够满足同期最多培训人数。

住宿条件,基本要求是必须为标准间。就餐条件,基本要求能够提供卫生、方便、兼顾各地区学员基本需要的餐品。文体活动条件,能够提供健身、一般性活动和娱乐活动,主要应该配备健身房、桌球室、乒乓球、羽毛球,以及室外活动场所。提供棋牌室、游艺室等娱乐设施。医疗条件,能够对一般常见疾病应急处理。其他条件,对一些专题性培训,还需要提供必要的其他条件,如室外队列训练、拓展训练场地等。

第一节　客房服务管理

一、客房产品的基本要求

客房主要是满足学员休息、睡眠需要的场所,是培训后勤最重要的服务之一,学员对培训后勤的基本要求,也是对客房的基本要求。

（一）安全培训对后勤服务的基本要求

清洁、舒适、方便、安全是后勤服务部门服务业的追求目标,也是安全培训对后勤服务的最基本要求。

（1）清洁。清洁是每一个后勤服务部门消费者十分关切和重视的基本需求。美国康奈尔大学饭店管理学院对3万名旅游者的调查获悉,60%的人把清洁列为第一需求。清洁主要体现在:① 环境整洁;② 设施、设备清洁卫生,无破损,用具清洁卫生,无污渍,无破损;③ 后勤服务部门食品清洁卫生,操作清洁卫生;④ 后勤服务部门装饰、地面洁净;⑤ 无虫、鼠等。

（2）舒适。后勤服务部门主要是一个休息场所,作为学员的家外之"家",应创造舒适、安静的环境和条件。舒适就是要满足学员休息和心理上消费的需要。因此,后勤服务部门应注意店址的选择、隔音设施的采用、装饰材料色彩的协调以及服务工作的轻声化。

（3）方便。学员入住时考虑的一个重要因素即是方便。当然,随着社会的发展,学员对"方便"的要求会越来越多,涉及的面也会越来越广。比如,预订的程度、结算的速度、特殊要求的满足程度,乃至现代化的服务手段等。

（4）安全。学员的安全要求不仅体现在人身、财产安全上,还体现在健康的安全上。为保障学员的人身、财产安全,后勤服务部门应有严格的防火、防盗措施和设施,有一批训练有素的消防、保安人员,还应有一批技术精湛的工程人员和设施、设备监控措施,以防发生意外人身事故。为保障学员的健康安全,服务部门应有严格的食品卫生措施和高质量、高标准的饮食卫生环境,让学员看着舒心,吃着放心。

（二）客房的基本要求

客房作为服务的产品,有 6 个方面的基本要求。

（1）客房空间。客房空间是客房作为商品的基础。我国旅游后勤服务部门星级标准规定:标准间客房净面积（不含卫生间）不能小于 14 m²;卫生间面积不能小于 4 m²;标准间高度不能低于 2.7 m。

（2）客房设备。客房设备,如床、地毯、电视、电话、空调及家具等,是构成客房商品有用性的重要条件之一,因此,必须做到保质保量,而且要方便学员使用和服务人员操作。

（3）供应物品。房间的供应物品,包括客用消耗用品、客用租借用品等。对此,在不同星级和档次的后勤服务部门有不同的要求。但只要是该后勤服务部门等级规格要求的,哪怕一张纸、一个信封都应符合要求,缺一不可,否则会给学员的生活和起居带来不便。供应物品也是构成客房商品有用性的必要条件。

（4）客房运转。客房的设施、设备,只有在正常运转状态下,才能为学员提供良好的服务。如果设施、设备维修保养差,例如,马桶漏水、空调失灵等,必然引起学员的不快。客房部必须执行严格的岗位责任制,协调与其他部门的关系,组织员工共同劳动,使客房保持清洁高雅、温度适中、美观有序、设施设备齐全有效的状态,为学员提供规范性和针对性相结合的优质服务,客房商品的价值才能得以实现。

（5）客房卫生。客房档次不同、价格不同,对清洁卫生的要求当然也有所不同。但客房陈设再简朴,卫生间不能不洁净;后勤服务部门档次低,卫生质量的基本标准不能降低。后勤服务部门的客房整洁,已成为学员对住宿的首要要求。

（6）客房安全。学员外出考虑的主要问题是安全。居住客房的学员也会有一种在陌生地的不安全感。饭店的客房区域创造一种安全的气氛,如设置完好的设施、设备,以便防火、防盗、防疾病;保护学员的隐私,尊重学员对房间的使用权,让学员不受到骚扰和侵犯等。客房的安全状况是客房商品的重要组成部分。

符合以上 6 个方面的基本要求,客房才具备了接待学员的基本条件,学员才会得到最低限度的满足。

二、客房产品的特点

随着现代旅游业的迅猛发展,旅游市场竞争更加激烈。培训学员已不仅仅满足于能有一个栖身之地,而且对客房环境、客房的设备设施、清洁卫生质量以及服务质量等都提出了更高的要求;同时客房业务又必须在保证客房规格和满足学员需要的前提下,加强客房费用的控制,这就给客房服务与管理提出了新的课题。因此,要搞好客房的工作,不仅要了解客房作为商品的基本要求,而且还必须研究客房经营在新形势下的特点。

（一）价值不能贮存

客房产品却是不可贮存的。没有顾客的消费,客房的价值和使用价值就无法实现。客房产品的时间性很强,其价值具有不可贮存性,价值实现的机会如果在规定的时间内丧失,便一去不复返。

（二）所有权不发生转移

客房商品的特殊性,主要表现在它是出租客房和提供劳务,而不发生实物转移。学员付出房租而获得的仅仅是房间暂时的使用权和居住权,而房间的所有权仍然归安全培训机构。

（三）以"暗"的服务为主

后勤服务看得见的服务为"明"，见不到的服务即为"暗"。

客房作为学员休息、睡眠的区域，后勤服务部门必须为学员创造一个安静的环境；同时客房作为学员的私人领域，学员们是不愿让别人干扰自己的私生活的；学员住店期间，喜欢按自己的习惯安排起居，出于无奈才求助后勤服务部门的服务员。因此，客房服务不能像餐饮服务那样，注重场面的渲染，服务于学员眼前，忙碌于学员左右，而是应该注意服务过程的"三轻"，将服务工作做在学员到来之前或不在房内期间，让学员感到后勤服务部门处处都在为自己服务却又看不到服务的场面，如同在自己家里一样方便、称心。

（四）随机性与复杂性

客房业务工作的内容是零星琐碎的，从客房的整理、补充物品、设备维修到学员的进店、离店，都是一些具体琐碎的事务性工作，具有很强的随机性。学员在何时何地，在什么情况下，需要哪些服务，事先都难以掌握；再加上学员来自全国各地，风俗和兴趣爱好不一，从而使客房业务增加了复杂性。客房工作的随机性与复杂性，需要客房职工既要主动，也要善于揣摩学员心理，进行规范性和个性化相结合的服务。客服服务的好坏，取决于服务人员的素质和经验。

三、客房设计的基本原则

客房是生活的室内环境，综合反映客房室内环境的基本原则是安全、健康和舒适。

（一）安全性

安全性首先表现在对火灾的预防上。为此，客房设计时应考虑以下防火措施：

（1）设置火灾报警系统：烟感报警、温感报警与自动喷洒报警是当前常用的早期报警系统。其中，烟感报警对烟雾反应最为灵敏，温感报警的误报率最低，自动喷洒报警除报警外还能发挥早期防止火灾蔓延的作用。

（2）减少火荷载：火荷载是指后勤服务部门内可燃烧的建筑材料、家具、陈设、布草等的总和。客房设计时应尽量采用难燃或不燃的建筑、装修材料。

除了对火灾的预防以外，后勤服务部门客房设计时还应注意保护学员的隐私。客房是学员休息的场所，要求安静、不受干扰。有些后勤服务部门楼层走廊两侧，客房门对着门，容易引起互相干扰，因此，建筑设计时可考虑将走廊两侧客房门错开。

（二）健康性

环境直接影响人的健康。噪声公害威胁人的听觉健康；照度不足影响人的视觉健康；生活在全空调环境内，如新风不足、温湿度不当会损害人的身体健康。因此，在客房设计时，必须重视隔声、照度和空调设计，控制视觉、听觉和热感觉等环境刺激。

（三）舒适感

客房是学员休息的场所，也是学员在安全培训机构停留时间最长的地方，因此，客房的设计一定要使学员有方便、舒适感。提高客房的舒适度可以从以下几个方面考虑。

1. 空间尺寸

一般来讲，客房的面积越大，舒适度就越高。对一个双床间而言，国际上流行的开间为 3.6～4.2 m，进深为 7.6～10 m。

后勤服务部门客房净高通常应为 2.5 m 左右。剖面中，开间 3.6～4.2 m 与净高 2.5 m 所形成的比例为 1.44～1.68，是接近黄金分割的矩形剖面比例，利于形成亲切、舒适的客房空间气氛。

2．家具的摆设

客房家具摆设是否得当，是否有利于学员行走和在房内的生活起居需要，也会影响客房的舒适感。21世纪的安全培训后勤服务注重实用功能，客房的设计、家具的摆设一定要给学员以方便、舒适之感。

3．窗户的设计

客房开窗是为了采光、日照，但与观景也有直接关系。"窗即景框"，宜"嘉则收之，俗则屏之"。面对绚丽风光，窗越大越能感到环境之优美，舒适感越强，因而，有的高层后勤服务部门客房设计落地玻璃窗，使客房与环境融为一体。

窗户的大小还应考虑后勤服务部门所在地的气候条件。一般来讲，炎热地区的后勤服务部门窗户宜大，以便使学员有视野开阔、心情舒畅的感觉；而位于寒冷地区的后勤服务部门，则窗户宜小不宜大，以便学员在客房内有温暖、舒适、亲切之感，同时还可以在一定程度上为后勤服务部门节省资源。

4．装修风格

根据人对色彩的感觉，色彩的和谐原理以及满足学员需要心理的客房装修风格也能为学员提供舒适感。

四、客房的功能设计

（一）睡眠空间

1．床

睡眠空间是客房最基本的空间，其中配备的最主要的家具是床。我国旅游涉外酒店所用的床都是由床架、床垫和床头软板组合成的。床的质量要求是重量轻、牢度好，弹簧床垫（席梦思）软硬度适宜；床架底部有活动走轮和定向轮，可以方便移动，以及有优美的造型，为增加床的美观还可以专门配置床裙。

2．床头柜

床头柜是客房中必不可少的家具之一。床头柜可分为单人用床头柜和两人共用床头柜。传统的床头柜，只是作为学员摆放书籍及小物品的家具；而现代后勤服务部门的床头柜的功能则可满足学员在就寝期间各种基本需要：上面放有一部电话、便条纸和一支削好的铅笔，为学员通讯联络提供便利。有的后勤服务部门还在床头柜上放有晚安卡和常用电话号码卡。

床头柜配有各种开关和按钮，如：电视机、地灯、床头灯、房间灯、中央空调的开关，"请勿打扰"牌，时钟以及唤服务员的按钮等。床头柜的长度为 60 cm 左右，过小会使两床之间的距离过短，给学员的活动带来不便。床头柜的高度必须与床的高度相匹配，通常在 50～70 cm 之间，以便人躺在床上，眼睛能平视床头柜上的平面。床头柜的宽度，单人用的为 37～45 cm，两人用的为 60 cm。

（二）盥洗空间

盥洗空间即浴室，又称卫生间。客房的卫生间一般是"背靠背"设置，目的是使相邻房间的两个卫生间可以共用一个排（供）水道。卫生间的墙壁起到屏风的作用，可以遮挡住摆放在浴室隔壁卧室的睡床。卫生间的设计要注意宽敞、明亮、舒适、安全、方便、实用和通风。

卫生间的主要卫生设备有洗浴、便器、洗脸盆三大件。此外，卫生间应有通风换气设备，地面还应有泄水的地漏口。

起居空间应在标准间的窗前区。这里放置着软座椅、茶几（或小圆桌），供学员休息、会客、观看电视等。此外还可供学员在此饮茶、吃水果及简便食品。

（三）书写和梳妆空间

标准间的书写与梳妆空间在床的对面，沿墙设置一长条形的多功能柜桌，一般包括行李架、写字台和电视机柜。

1. 行李架

所有客房都应设有行李架或行李台。它可以设计成写字台、化妆台的扩充部分或者作为单独的一件家具。行李架高 45 cm、宽 65 cm、长 50～90 cm。

2. 写字台、化妆台

客房使用的写字台和化妆台一般为全木制品。标准间的写字台和化妆台可分开配置或兼作两用，并装有抽屉，可放置文具。它的宽度应与其他家具统一，在 40～50 cm 之间，其高度为 70～75 cm，相应的梳妆凳高度为 43～45 cm，最小的膝盖净空为 19 cm。

写字台和化妆台所靠的墙面应设有梳妆镜，梳妆镜的高度应能使学员站在写字台前照全其头部。为了达到好的化妆效果，上方应装有照明灯以提高亮度。

3. 电视机柜

电视机柜（架）是每个房间的必备物品，有木制、金属和金属与木料混合结构三种类型。电视机柜上方放电视机，下方柜内往往是放置各种饮料的小冰箱，即 mini-bar。

电视机台上配有可转动的 47 cm 或 51 cm 电视机的托盘，一般为圆形或方形，底托的重量越大，其稳定性就越强。

（四）贮存空间

贮存空间主要是指设在房门进出小过道侧面的壁橱。

壁橱设在客房入口的小过道内侧，便于学员在离开时检查橱内东西是否取完。壁橱的长度应不小于 100 cm，进深不少于 50 cm。为了方便挂衣，同时又保证长衣服不致触地，挂衣棍高度应为 170 cm，棍上部应留有 7.5 cm 的空间，以便衣架的移动取挂。橱门可以用推拉门，也可用折叠门。壁橱内应有照明灯。采用随门开启而亮的照明灯是节约用电、方便学员的一种举措。有的橱内还设有鞋箱、私人保险箱等。

此外，客房内的主要设备还有：房门安全装置，客房门上装窥视镜（警眼）和安全链（安全环）以及双锁；门后张贴安全指示图，标明学员现在所在的位置及安全通道的方向；消防装置，房内天花板上设有烟感报警器和温感喷淋头，供报警和自动灭火之用；空调，中央空调系统或房间空调器，可调节房内的温度和湿度，并有提供新鲜空气的出风口。

后勤服务部门标准间客房必须具备以上功能，才能满足学员住宿的基本要求。

第二节　餐饮服务管理

后勤服务部门餐饮机构是充分利用餐饮设施为学员提供餐饮实物产品和餐饮的服务部门。餐饮业是一个古老而又充满活力的行业，其发展水平不仅仅反映着一个国家和地区的经济发展水平及开发和利用自然资源方面的能力，而且也是一个国家物质文明和精神文明的重要标志。

后勤服务部门作为学员的"家外之家",其最主要的两大基本功能就是为学员提供饮食和住宿服务。随着我国经济的发展,人们的需求由低级向高级转变,即追求舒适豪华的享受,饭店业、餐饮业随之繁荣,从配套设施转变为旅游资源,并形成与市场相适应的特点。

一、餐厅及餐饮服务

(一)餐厅及餐饮服务的概念

餐厅是通过出售菜肴、酒水、服务来满足客人饮食需求的场所。服务,是指借助人的劳动创造产品的使用价值,并实现产品价值的有效转移。美国旅游业先驱埃尔斯沃思·密尔顿·斯塔特勒(Ellsworth Milton Statler)曾说过:"饭店从根本上说,只销售一样东西,那就是服务,提供低劣服务的饭店是失败的饭店,而提供优质服务的饭店则是成功的饭店。饭店的目标应是向学员提供最佳服务,而饭店的根本经营宗旨也就是为了使客人得到舒适和便利。"

餐饮服务是餐饮产品的重要组成部分,它与餐饮设施设备、菜点酒水、餐厅的环境气氛等共同为学员创造一种愉快的就餐经历。在餐饮消费日趋多元化的今天,消费者愈加注重餐饮产品之外的无形餐饮服务,它将是饭店餐饮品牌建设的重要基础。

餐饮服务的构成内容如下:

(1)辅助性设备设施,如餐桌、餐椅、餐具器皿、服务用品等。

(2)使餐饮服务易于实现的产品,如菜肴酒水等。

(3)明显的服务,即消费者感觉到的各种利益。

(4)隐含的服务,即消费者的心理感受或附属于服务的特征。

(二)微笑服务

餐饮服务是一种特殊的商品,它有极其丰富的精神内容。微笑服务是满足学员精神需要的主要方式,是良好服务态度的重要组成部分和外在表现形式。发自内心深处的微笑是一种真情流露,带给个人的是温暖、真诚、热情、友好和健康;给自己一个微笑,会使自己心情舒畅地工作;给同事一个真诚的微笑,会营造一个融洽的工作氛围。

二、餐饮部在后勤服务部门中的地位和作用

餐饮部是后勤服务部门的重要组成部分,它不仅满足了学员对餐饮产品和餐饮服务的需求,而且是后勤服务部门对学员服务的窗口。餐饮部的地位和作用表现在以下几个方面:

1. 餐饮部是后勤服务部门的重要组成部分

餐饮部所管辖的范围包括各类餐厅、酒吧等传统的经营场所。所有这些餐饮经营场所和餐饮设施都是学员经常活动的地方,是学员在后勤服务部门的活动中心。

2. 餐饮服务直接影响后勤服务部门声誉

餐饮部工作人员,特别是餐厅服务人员,直接为学员提供面对面的服务,其服务态度、服务技能都会在学员心目中产生深刻的印象。学员可以根据餐饮部为他们提供的餐饮产品的种类、质量以及服务态度等来判断饭店服务质量的优劣及管理水平的高低。因此,餐饮服务的优劣不仅直接关系到后勤服务部门的声誉和形象,而且直接影响培训的效果。

3. 餐饮部的工种多,用工量大

餐饮部的业务环节众多而复杂,从餐饮原材料的采购、验收、储存、发放到厨房的初步加工、切配、烹调,再到餐厅的各项服务销售工作,需要各部门各岗位的许多员工配合和协调,才能发挥其职能作用。因此,餐饮部的多工种和用工量大的特点为社会创造了众多就业

机会。

餐饮部的任务是在餐饮部经理领导下,以经营计划为指导,以经营责任制为基础,全面筹划餐饮产品的生产、销售、服务等活动,科学合理地组织厨房生产和餐厅服务;降低成本消耗,提高服务质量,满足学员的餐饮需求。

随着社会生产的高度发展和人们生活价值观念的改变,餐饮需求日益多样化,人们对餐饮产品的质量、用餐环境和就餐气氛、餐饮服务质量要求越来越高。为了满足学员的这些需求,餐饮部在饭店的经营中所起的作用越来越大,所肩负的责任也越来越大。

三、餐饮产品的特点

餐饮部作为后勤服务部门唯一的生产部门,肩负着为学员提供优质的餐饮实物产品的重任。与其他产品的生产相比,餐饮生产、管理和服务有其自身的特点。

（一）餐饮生产的特点

餐饮企业既生产有形的实物产品（如名目繁多的美味佳肴）,又生产无形的服务产品（如优雅的就餐环境和热情周到的餐饮服务）。与其他产品的生产相比,具有以下特点。

1. 餐饮生产属于个别定制生产,产品规格多,批量小

只有在学员进入餐厅根据菜单分别点菜后,才能组织菜肴等餐饮产品的生产、销售和服务。这与工业产品大批量、统一规格的生产不同。餐饮产品的生产是以手工制作为主,它既是厨师的技术性操作过程,同时又是烹饪艺术的构思创作过程,这给餐饮产品标准的统一和质量管理带来了难度。

2. 餐饮生产过程时间短

餐饮产品的生产、销售和服务几乎是同时进行的,学员从点菜到消费的过程相当短暂,能否在较短的时间内生产出令学员满意的优质产品,这对厨房的管理水平和厨师的技术水平都提出了较高的要求。

3. 餐饮产品及原料容易变质

餐饮产品具有一次性消费的特点,相当一部分餐饮产品是用鲜活的餐饮原料烹制成的,具有很强的时间性和季节性,若处理不当极易腐败变质,从而失去食用价值。因此,必须加强管理才能保证产品质量并控制餐饮成本。

4. 餐饮产品生产过程环节多,管理难度较大

餐饮产品的生产从餐饮原材料的采购、验收、储存、加工、烹制、服务、销售到结收账款,整个过程的业务环节较多,任一环节出现差错都会影响餐饮产品的质量,因此,餐饮产品生产过程的管理难度较大。

5. 生产成本的多变性

餐饮生产从原料的加工、切配到烹制、装盘销售,经历了多个环节,每个生产环节的管理和控制都会对生产成本造成影响。因此,在生产过程中必须建立一整套完整的操作规程和生产标准,减少成本,确保应有的经营利润。此外,原材料季节性变化较大,市场价格波动也会造成生产成本的变化,从而影响到餐饮生产成本的控制。

（二）餐饮服务特点

餐饮服务是餐饮部门的员工为就餐学员提供餐饮产品的全过程。餐饮服务可分为直接对客的前台服务和间接对客的后台服务。前台服务是指在餐厅、酒吧等餐饮设施中面对面地为学员提供的服务;后台服务则是指在学员视线所不能达到的场所为学员提供的服务,如

厨房、管事部等部门工作人员为生产、加工菜点和保障前台工作进行的一系列工作。前台服务与后台服务相辅相成,任何一方出了问题都会影响餐饮服务质量。后台服务为前台服务奠定了物质基础,前台服务是后台服务的继续和完善。只有精美的菜点,没有高质量的服务不行;只有高质量的服务,没有精美的菜点也不行。因此,美味佳肴只有配以热情、礼貌、周到的服务,才会受到学员的赞赏和欢迎。

餐饮服务具有无形性、一次性、同步性和差异性的特点。

1. 无形性

餐饮服务和其他任何服务一样不能够量化。餐饮服务的无形性是指餐饮服务只能在就餐学员购买并享用餐饮产品后,根据其满足程度来评估其优劣。

2. 一次性

餐饮服务的一次性是指餐饮服务不能贮存,只能当次享用,过时则不能再使用。这就要求餐饮企业应接待好每一位学员,提高每一位就餐学员的满意程度,从而使他们在培训期间生活愉快。

3. 同步性

餐饮服务的同步性是指餐饮产品的生产、销售、消费几乎是同步进行的,即企业的生产过程就是学员的消费过程,这就要求餐饮企业既要注重餐饮产品生产的质量和服务过程,又要重视销售环境。餐饮生产与销售的同步性的特点还为饭店创造了极好的现场推销的机会,使餐厅服务员有机会直接向学员介绍、推荐餐饮产品,从而促进销售。

4. 差异性

餐饮服务的差异性主要表现在两个方面:一方面,服务员由于年龄、性别、性格、受教育程度、工作经历等诸多方面存在一定的差异,因此在服务过程中所表现出的服务态度、服务技巧、服务经验等都会有所不同,最终产生的服务质量也必然存在差异;另一方面,同一个服务员在不同时期或场合,因个人情况、工作条件的变化,或者其他外界因素的影响,向学员提供的服务也存在一定的差异。差异性存在要求餐饮部门应制定出相应的餐饮服务的规范、程序和标准,并加强对员工的培训和对服务过程的控制。

餐饮部门的业务经营活动环节繁多,但从总体上讲,主要表现在两个方面:一是为顾客提供食品、饮料等有形产品;二是在提供上述有形产品的同时,为就餐宾客提供面对面的餐饮服务。前者是通过餐饮产品外形、质量、装饰、声誉及其本身的食用价值来赢得顾客;后者则是通过餐饮服务员热情、周到的服务为顾客创造一种精神上的满足感。基于在餐饮生产、销售经营上的特点,"餐饮服务"这个特殊消费品就显得更为重要。

餐饮产品的销售过程就是服务人员的服务过程,餐饮服务是与销售同时进行的,餐饮服务的优劣,直接影响着销售的结果。服务管理是餐饮管理体系的重要组成部分,搞好餐饮管理是饭店管理的最重要的任务之一。

四、餐饮服务质量管理的内容与特点

优质服务可以提高后勤服务部门的知名度和美誉度,因此,后勤服务部门都非常重视服务质量管理,希望通过较高的服务质量使餐饮经营在竞争中立于不败之地。

(一)服务质量的概念

服务质量是指服务能满足服务需求的特性的总和。这里所指的"服务",是包含由餐厅为学员所提供的有形产品和无形产品;而"服务需求"是指被服务者学员的需求。学员的需求既有物质方面的,也有精神方面的,具体反映在学员对食品饮料的价格、质量、卫生和服务是否及时、周到、热情、礼貌等要求上。

服务工作能否满足学员的要求,很大程度上取决于进行服务工作的人的素质和能力的发挥,即是由服务工作质量所决定的。

服务需求质量,即学员对服务工作质量的要求,亦即为满足学员需求而进行的工作方式的水平或能力,两者紧密结合构成了"服务质量"的完整概念。

（二）提高服务质量的意义

提高餐饮服务质量,把精湛的烹饪技术与完美的服务艺术有机地结合起来,是餐厅赢得信誉的根本所在。在餐饮管理工作中确保制作质量和服务质量具有十分重要的意义。

（1）服务质量是后勤服务部门的生命线;

（2）提高服务质量是保证培训效果的需要;

（3）服务质量是判断管理水平的重要标志。

餐饮管理的目标是利用人力资源、物资资源和信息资源为学员提供第一流的服务,并训练和培养一批高水准的从业人员和管理人员。

餐饮管理以提高服务质量为中心。要提高服务质量,必须使管理的各种职能充分发挥作用并相互配合协调。服务质量的提高有赖于计划、业务、物资、设备、人事、财务、工程、安全等方面工作的配合,可以说服务质量水平是餐饮管理水平的综合反映。从服务质量的优劣表现可以判断出后勤服务部门管理水平的高低。

（三）餐饮服务质量的内容

餐饮服务质量包含两方面的内容,即餐厅的设施条件和服务水平。餐饮产品服务质量除去硬件设施和餐饮产品外,主要体现在服务人员的仪容仪表、礼节礼貌、服务态度、服务技能、服务效率和清洁卫生等方面。

1. 仪容仪表

饭店服务员必须着装整洁规范、举止优雅大方、面带笑容。根据饭店规定,饭店服务员上班前须洗头、吹风、剪指甲,保证无胡须,头发梳洗整洁;牙齿清洁,口腔清新;胸章位置统一,女性化妆淡雅,不戴饰物。要时时、事事、处处表现出彬彬有礼、和蔼可亲、友善好客的态度,为宾客创造一种入店如归的亲切之感。

2. 礼节礼貌

礼节礼貌在服务工作中十分重要。礼貌是人与人之间在接触交往中相互表示敬重和友好的行为规范,它体现了时代风格和人的道德品质。礼节是人们在日常生活和交际场合中,相互问候、致意、祝愿、慰问以及给予必要的协助与照料的惯用形式,是礼貌的具体表现。

餐饮服务中的礼节礼貌,是通过服务人员的语言、行动或仪表来表示对宾客的尊重、欢迎和感谢的。礼节礼貌还可用来表达谦逊、和气、崇敬的态度和意愿。

对宾客的礼节礼貌主要表现在语言和行为上。语言,特别是服务用语标志着一个饭店的服务水平。掌握服务用语是提供优质服务不可缺少的媒介。服务动作快速敏捷、准确无误,举手投足训练有素也是对宾客的尊重和有礼貌的体现。

餐饮部门的所有人员要将礼貌服务贯穿于服务过程的始终。

3. 服务态度

整个餐饮的销售过程,从迎宾、开餐到送走宾客,自始至终一直伴随着服务员的服务性劳动。作为服务员,不仅要担任出售食品饮料的技术性劳动,还应把供餐的服务性劳动作为自身的职责。

服务员为学员服务的过程,是从接待开始的。通常,学员对服务员的印象,首先来自服务员的外表,其次是服务员的言行、举止等。服务员要用良好的服务态度去赢得学员的信任与好感,从双方一开始接触就建立起友善的关系。因此,我们说良好的服务态度是进一步做好服务工作的基础,是贯彻"宾客第一"和员工"服务意识"的具体表现。

在餐饮管理中应特别注重处处体现"服务意识",并且不断地灌输给所有员工,使之形成一种思想、一种下意识融入职业习惯,并作为服务工作的指南。

4. 服务技能

服务员的服务技能和服务技巧是服务水平的基本保证和重要标志。如果服务员没有过硬的基本功、服务技能水平不高,即使服务态度再好、微笑得再甜美,宾客也只好礼貌地加以拒绝,因为学员对这种没有服务质量和实际内容的服务是根本不需要的。服务技能的掌握是一个由简单到复杂、长期磨炼、逐步完善的过程。

5. 服务效率

服务效率是服务工作的时间概念,是服务员为学员提供某种服务的时限。它不但反映了服务水平,而且反映了管理的水平和服务员的素质。服务效率是服务技能的体现与必然结果。

消费心理的统计表明,对就餐学员来说,等候是最感到头痛的事情。等候会抵消服务员在其他服务方面所作出的努力,较长时间的等候,甚至会使服务员的努力前功尽弃。因此,在服务中一定要讲究效率,尽量缩短就餐宾客的等候时间。缩短学员的候餐时间是客我两便的事情。学员高兴而来满意而去,餐厅的餐位利用率提高,营业收入增加的良性循环将会逐步形成。

餐饮部门有必要对菜肴的烹制时间、规程、翻台时间、学员候餐时间作出明确的规定并将其纳入服务规程之中,在全体服务人员都达到时限标准后,再制定新的、先进合理的时限要求来确定新的效率标准。餐厅应该把尽量减少甚至消除学员等候的现象作为服务质量的一个重要目标来实现。

6. 清洁卫生

餐饮部门的清洁卫生工作是服务质量的重要内容,必须认真对待。餐饮清洁卫生工作,首先必须制定严格的清洁卫生标准,这些清洁卫生标准应包括:

(1) 厨房作业流程的卫生标准;

(2) 餐厅及整个就餐环境的卫生标准;

(3) 各个工作岗位的卫生标准;

(4) 餐饮服务员的个人卫生标准。

其次,要制定明确的清洁卫生规程和检查保证制度。清洁卫生规程要具体地规定设施用品、服务人员、膳食饮料等在整个生产、服务操作程序各个环节上的清洁卫生标准以及为达到这些标准而应采取的方法及时间限制。

在检查清洁卫生方面,要坚持经常性检查和突击性检查相结合的原则,做到清洁卫生工作制度化、标准化、经常化。

第三节　康乐服务管理

一、康乐项目是后勤服务部门的重要内容和必备条件

《中华人民共和国评定旅游涉外饭店等级的规定和标准》对饭店康乐活动的建筑、设备、设施和服务项目等必备条件有了具体的要求,三星级饭店的主要条件是具有综合服务项目和设施,除具有总服务厅、餐厅服务、客房服务外,还必须有康乐中心、健身房等设施设备与服务。

新颖的康乐项目是吸引学员的重要手段。由于安全培训时间相对较长,学员在白天完成培训课程后,晚上有较长的空余时间,需要开展一些康乐活动。目前仅提供一般食宿功能的后勤服务部门在竞争中的优势是有限的,必须以服务项目、设备功能以及价格、营销方式为特色吸引学员。所以,后勤服务部门有必要通过增加康乐项目、改善康乐设备条件或开展独特的康乐活动,以谋求在竞争中取胜。例如,高寒地区度假饭店设立高山滑雪项目;海滨度假饭店设立海上帆板运动;城市商务饭店增加氧吧,让学员在紧张的学习之余回归自然,迅速恢复体力和精神。

所以,现代饭店要强调统一协调的对客服务,要使分工的各个方面都能有效地运转,都能充分发挥作用。

康乐部门作为饭店的重要配套附属部门,承担着接待好住店学员的在店健身和娱乐的服务工作,其主要任务有:第一,根据后勤服务部门和学员的主要构成,提供具有特色的康体娱乐休闲项目,以满足学员的在店生活完整体验。第二,和餐饮、商场等部门共同开发具有本地特色的组合产品,积极地参与到社会化竞争中去。第三,在业务运转过程中,根据学员的需求和后勤服务部门的情况,不断地修正调整运营中出现的新课题,加强同各营业和职能部门间的协调和沟通。此外,在接待过程中,还要将学员的投诉意见和建议及时反馈给有关部门,以确保后勤服务部门的总体服务质量。

二、康乐项目的设置要具有一定的特色

1. 以民族、地方特色来体现项目特色

任何饭店在项目选择时,都应该考虑将地区特定的文化与现代康乐方式结合起来,形成全新的、独特的康乐方式来吸引顾客。如在设立桑拿项目时,可根据当地条件或习俗,将木盆浴、温泉浴、中药浴、足疗、修脚、搓澡、按摩等各项服务集中考虑,形成特色。

2. 从规模上、档次上凸现康乐项目特色

有些康乐项目在引进时,要以高档次、高规格来突出特色,这对高消费、高档次的康乐场所(如高星级饭店的康乐场所)尤为重要。另外,可通过扩大规模来突出特色,如建立 KTV 广场、台球城、保龄球中心等。

3. 以服务方式突出康乐的特色

任何康乐活动项目都是通过一定的服务方式来完成的,在服务上突出个性,在服务质量上提高水平,就能创造独有特色来吸引顾客。

总之,饭店在选定康乐项目时,必须注意分析自己与竞争对手的差别、优势,时刻关注目标市场需求的变化。另外,饭店还应设法在康乐项目上追求新奇,开发独特的产品,在时间上和规模上优于竞争对手;而对于相同的康乐产品,应在服务上使自己与竞争对手区分开来,以树立独一无二的形象。

4. 发挥后勤服务部门的优势

任何饭店都有自己的优势,有的体现在经营规模上,有的体现在齐全的项目配备方面,有的体现在服务项目的新颖,有的体现在服务质量的优良,有的合理利用区位优势,有的合理利用价格优势,有的通过设备的现代化体现规格和档次,有的则通过管理的优势来吸引顾客。总之,饭店必须发挥自己的优势,取长补短。

三、康乐项目的选择

后勤服务部门一般要以市场细分作为基础,通过对细分层的各个子市场进行分析比较,从中选择一个或几个最适合自己进入和占领的子市场。

1. 选定主营项目

根据本部门优势和培训对象的需求,将潜力最大的项目确定为主营项目,主营项目必须具备一定的规模或一定特色,能成为吸引学员的重要康乐活动。主营项目必须是优势项目。

2. 确定配套项目

在后勤服务部门主营项目确定以后,接下来就应该安排相应的配套项目。配套项目是主营项目的补充和完善,在确定配套项目时,既要考虑为学员提供服务功能的完整性,又要考虑与主营项目的一致性。

3. 发挥综合优势

有的后勤服务部门没有明显的康乐主营项目,康乐设施作为后勤服务部门的辅助、服务项目来经营。这种没有特色的项目,难以吸引学员,更不能发挥后勤服务部门的综合优势,应在突出主营项目的同时,发挥辅助项目的补充、完善作用。

第四节　中国煤矿安全技术培训中心的安全培训后勤管理

一、中国煤矿安全技术培训中心的安全培训后勤管理的基本情况

中国煤矿安全技术培训中心是以华北科技学院的资源为依托办学条件的。中心的办学场所,除几间教室在学院教学楼内之外,安全培训处办公室和健身体能训练室设在华北科技学院下设的兴安苑交流中心内,其物业管理和安全培训所需的住宿、餐饮和康体娱乐等均由兴安苑交流中心承担。

兴安苑交流中心的前身是华北科技学院招待所。为了建设一流的安全培训基地,提高接待服务水平,华北科技学院投资新建了一个集培训办公、餐饮住宿、康体健身等功能于一体的建筑,使中国煤矿安全技术培训中心拥有国内较高水平的硬件设施。兴安苑交流中心于 2006 年底竣工,2007 年 3 月投入使用,兴安苑占地面积 16 亩,建筑面积近 18 000 m^2,整体的硬件设施按三星级酒店的标准配备,下设客房部、餐饮部和康体中心。

客房部有标准间客房 150 套,豪华及普通套间客房 8 套,能同时接待 300 余人住宿。客房部还设有 6 个大小不等的会议室。

餐饮部下设自助餐厅和宴会厅,自助餐厅可同时容纳近 400 人就餐。宴会厅环境优美,装修典雅,设施精良,设有 10 个风格各异、豪华典雅的包间,以及可容纳 150 人就餐的大厅。为保证菜品质量,餐厅高薪聘请了多名厨师,烹饪粤、川、湘等菜系的菜品。

康体中心设有棋牌室、桌球室、乒乓球室、健身室以及室外羽毛球、篮球场等。另外,如需安排大型体育活动,可直接使用华北科技学院的室内体育馆、游泳池、田径场、网球场、篮球场、排球场等体育设施。

二、主要经验

中国煤矿安全技术培训中心成立以来,兴安苑交流中心就一直承担着后勤服务管理工作,自建立以来,兴安苑交流中心以良好的设施条件、优质的服务有力地保障了安全培训的正常进行,给参加培训的学员留下了很好的印象,多次受到国家安全生产监督管理总局领导的称赞。总结其后勤服务工作,有以下经验。

(一)探索科学的管理体制,形成有效的制度保障

与普通高校的学历教育不同,安全培训的后勤服务工作的要求更高,难度更大,中国煤矿安全技术培训中心的领导在充分调查研究的前提下,努力探索并最终确定了科学的管理体制,为安全培训工作的健康发展提供了制度保障。中国煤矿安全技术培训中心将安全培训工作分由两个部门负责。安全培训处负责安全培训策划、教学组织、管理、研究等工作,兴安苑交流中心负责安全培训处办公用房和部分教学用房的物业管理以及培训学员的住宿、餐饮和康体娱乐活动等。这种制度安排一方面使安全培训处专心从事培训教学工作;另一方面,兴安苑交流中心则模拟现代酒店的模式运行,以实现管理服务的专业化、正规化、高效化。

(二)深化改革,引入市场机制,提高运行效率

中国煤矿安全技术培训中心为兴安苑交流中心确立了"在面向安全培训、面向党校办学、面向学校接待服务的前提下,模拟酒店企业运行,积极开拓市场,提高经济效益"的指导思想。首先,兴安苑是安全培训服务管理部门,要以为安全培训提供住宿、餐饮、康乐服务为第一要务,确保安全培训工作的正常进行。第二,兴安苑交流中心要模拟酒店企业运行,要按照星级酒店的要求规范管理和服务,实现管理正规化、专业化、标准化,提高服务的质量和水平,满足中高级培训的需要。第三,在确保"三个面向"的基础上,积极开拓市场,提高经济效益。由于安全培训具有明显的阶段性特点,在低谷阶段培训后勤服务部门会出现大量闲置资源,如不充分利用,培训的效益就难以保证,服务的人才队伍和服务水平也都无法保证。在不影响"三个面向"的前提下,开拓市场,提高资源的利用率,保证经济效益,是培训工作健康发展的重要保证。

(三)科学管理,规范服务,不断提高服务水平

(1)建章立制,按照三星级酒店的标准建立完善的规章制度体系,建立健全内部管理控制制度,提高管理水平。首先,建立了相对完善的内部管理制度。按照现代企业制度的规范要求,针对原招待所管理中存在的问题,规范了采购、库存管理、物品领用、员工培训、服务规范等管理制度。其次,完善财务核算体系,调整了相关岗位,明确了责任,堵塞了漏洞,加强了过程管理和财务监督,理顺了内、外部流程,使工作更加规范化、正规化。第三,加强对采购环节的管理,完善了三方询价制度,保证采购物品的质量,降低采购成本。严格执行供应商索证制度和台账管理。为保证学院接待的质量,改革海鲜采购模式,保证了高档海鲜的及时供应。第四,探索后厨管理的新模式,在充分调动厨师积极性的基础上,将责任落实到人,保证菜品质量。

(2)进一步完善市场化运行机制,按照现代企业制度的规范要求进行体制改革,建立了适合市场化运作的组织体系。理顺内部管理关系,在用人制度、分配制度、内部晋升制度、激

励制度等方面按照市场化的要求运行。增强经营意识,努力降低成本,提高经济效益。努力克服物价上涨,特别是农副产品价格上涨的困难,增强成本意识、节约意识,努力降低成本。

　　(3) 努力提高服务质量,提升服务水平。为规范服务,正式启动了 ISO 9000 质量认证工作,按照认证体系的要求,健全完善了各项管理制度,使后勤服务管理工作正规化、标准化、专业化。高度重视后勤服务管理卫生工作,采取各种措施保证服务卫生,获得了餐饮卫生 A 级单位和客房公共卫生 A 级单位称号,成为当地少数几家餐饮客房卫生"双 A 级"单位。加强对员工培训,请星级酒店人力资源经理,按国家旅游局规范标准,购置大量专业书籍、影像资料培训员工,进行员工岗位练兵,提高技能,并进行客房技术比武,评选出岗位能手。

第二篇

安全生产培训模式

第五章　现代安全生产培训模式

模式是一种工作方法的指导,在模式的指导下,有助于某一类具体工作和任务的完成,有助于人们对拟开发的项目制订一个科学、合理的设计方案,达到事半功倍的效果,而且会得到解决问题的最佳办法。安全培训是职业培训的一种,有多种类型,每一个培训机构每年要举办多个培训班,这些培训班在培训对象、培训时间、培训内容、培训方法等方面差别很大,如何提高安全培训质量和效率是一项重要工作。如果我们能够根据培训项目组成要素,构建相应模式,分门别类进行管理,则可以极大地提高培训质量,也有利于监管部门提高监管效果。

第一节　安全生产培训模式

一、安全生产培训模式的内涵

（一）模式的概念及含义

模式(Pattern)是指解决某一类问题的方法论。从管理学范畴来讲,"模式"一词指出了构成某一事物总体之间的各要素之间的规律关系。模式强调的是形式上的规律,而非实质上的规律,是已经开展的工作中积累经验的抽象和升华,也就是从重复出现的事件中发现和抽象出的规律,作为解决问题经验的总结。凡是重复出现的事物,就可能存在某种模式。模式的经典定义是:每个模式都描述了一个在我们的环境中不断出现的问题,然后描述了该问题的解决方案的核心。通过这种方式,你可以无数次地使用那些已有的解决方案,无需再重复相同的工作。模式有不同的领域,建筑领域有建筑模式,软件设计领域也有设计模式。当一个领域逐渐成熟的时候,自然会出现很多模式。

（二）安全生产培训模式

根据模式的含义,我们可以方便地确定安全生产培训模式的概念。安全生产培训模式就是关于某一类安全生产培训相关内容的总称,是针对某一类型培训的有关要素运行结果的上升和升华。

根据安全生产培训模式的概念可以看出,要准确把握安全生产培训模式,必须首先确定一个培训项目或者一个培训活动由哪些要素组成。第一,确定安全培训模式的内涵。即:一个或一类安全培训项目包括哪些活动？需要准备哪些文件？文件以什么方式下达？安排哪些人员参加？这些人员需要什么样的任职资格和条件？其职责和任务是什么？同时需要准备哪些物资？其要求标准是什么？培训过程中,是否要安排会议、讲座、课堂教学等活动？第二,安全生产培训是在社会环境中开展的一项社会活动,我们还必须了解一项安全培训活动从开始到结束受哪些因素影响,即确定安全生产培训的外延。

（三）研究安全生产培训模式的目的

研究安全生产培训模式的目的可以体现在三个方面：

（1）为安全培训监管提供技术咨询。与学历教育一样，安全培训也有其内在运行规律，研究安全生产培训模式，就是确定安全生产培训必须具备的条件，确定衡量安全生产培训质量的重要和关键指标，从而为安全生产培训监管提供定量和定性方法。

（2）为安全生产培训管理提供指导。总结安全生产培训的内在规律。大量培训案例说明，安全培训作为职业教育的一个重要类型，从培训计划策划与制订、培训教学管理和培训质量评估等方面都有其内在规律性，总结这些规律，可以为开展相关培训和管理部门对培训进行监督提供指导。

（3）寻求提高安全生产培训质量的方法和措施。研究安全生产培训模式，通过增加投入、提高管理水平、加强安全培训关键环节的研究，寻求提高安全生产培训质量的有效方法，以及提高安全生产培训质量的技术、管理和法律措施。

二、美国企业安全培训模式

在美国，安全培训的目标是防止员工发生工伤事故和患职业病，并且强调真正的"培训"和简单的"教育"之间的差别。人们可以通过"教育"向员工提供大量的信息；而"培训"则是在向员工提供大量信息的基础上，通过科学的方法，使这些信息为员工所充分吸收，从而形成安全行为习惯。从这个角度来看，安全培训其实就是帮助员工成为具有安全生产作业能力和行为方式的人，并最终帮助企业实现安全生产。

（一）美国的安全培训类型

安全培训是美国职业安全卫生协会的强制性规定，要求企业员工每年必须接受特定内容的安全培训。从培训时间上，分为以下类型：

（1）定期培训。一般是一年一次，根据企业的具体情况，也会不定期地增加半年期甚至季度性的培训。很多地方州政府也通过立法要求企业每月必须有一次安全会议，很多企业会利用安全会议的机会进行培训。

（2）入职培训。美国企业对新进入公司的员工要进行入职培训。根据政府法规和企业的要求，对于新员工往往要做更为扎实和范围更宽的培训，并且一般都安排专门指派的安全生产管理人员进行指导。

（3）合作培训。美国企业也非常重视对企业的合作伙伴，例如进入本企业施工的承包商进行培训。这类培训对象的情况更为复杂，公司往往要和承包商公司的安全管理部门合作来完成这项工作。尤其重要的一点是，公司在就安全生产和管理方面，往往肩负着监管和督促方面的更多责任。

公司在发包时就把承包公司的安全生产管理水平作为重要的考核和约束条件，前者在后者中标后严格按照本企业对待员工的培训标准对其进行安全培训，并保持施工期间进行严格和持续的监管。

（二）美国的安全培训策划

（1）设立明确的培训目标，并取得管理层的承诺。若管理层对培训目标没有清楚的理解和承诺，又缺少培训所需的时间和其他资源，安全培训就难以取得显著的效果。

（2）选择适合参加培训者的教材，循序渐进并且周期性地进行安全培训是保障培训效果的必要手段。

（3）建立畅通的反馈渠道，收集培训后员工的反馈意见，特别是对培训内容的具体修改意见，使培训内容不断改进，迅速达到更高水平。

（三）美国企业安全培训方式

美国公司的安全培训方式从 2000 年以后发生了很大的变化。之前，大多数公司都是采用在教室进行口头授课的方式，大约有 20～30 名员工集中在一起听老师讲授某一个特定的安全专题。这样的讲授方式存在一些缺点：一是如果教师在某个方面并不是很有经验，那么这次培训的效果就大打折扣；二是即使是教师对此次培训的内容很专业，培训效果也会受这个教师当天情绪的影响；三是有时教师在某些课堂会忘记给员工传递一些重要的信息。

对公司的员工进行集中的定期安全培训，通常是利用教室或会议室设施，在企业安全主管或管理人员的指导下进行。为了保证培训效果和便于组织讨论，一般每次培训（每班）为几十个员工。并且每次培训并非平铺直叙地全面浏览一遍，而是选择一些和培训学员所在企业生产作业特别相关的课程，有重点、有目标地选择课程进行培训。

根据对人的认知测试研究，人们从单一的文字或听觉等文本和听力获得的信息不超过 25％，而通过听、看这样听觉加视觉获得的信息则可以超过 80％。因此，目前美国几乎所有的公司都会利用视频形式为员工提供安全培训。很多培训仍然是在教室里进行，但指导教师会首先给学员播放一张 DVD 光盘，然后他们开始共同探讨学员在 DVD 光盘中第一次看到的内容，以及这些内容如何应用于他们的工厂和每个人的工作中。

在制定培训目标和选择课程时，企业一般都要考虑学员所在企业近期发生的人员伤害事故或设备事故，无论是已经发生并造成后果的事故，还是未遂事故，都可以作为计划安全培训、确定重点或目标的依据。另外，企业自身的生产作业特点也是考虑的要点。

另外，美国企业非常重视在培训结束时进行测试，这样可以再次加深学员对课程主要知识点的记忆。同时，每次培训完成后对每个参加培训的员工都有详细的关于此次培训情况的记录存档。有一部分美国企业也开始使用基于计算机网络平台的培训产品进行安全培训。这种培训也使用 DVD 光盘，但加入了互动形式，员工可以通过回答问题来更深入地学习 DVD 光盘里面提供的安全培训知识。有一些公司还通过网络采用师生互动形式对员工进行安全培训。

三、我国现行的安全生产培训模式

2000 年以后，我国的安全生产培训走上了法制化、规范化、科学化的快速发展道路，安全培训的规模、类型、方式方法、培训基础条件和设施都得到了改进和发展。国家安全生产监督管理总局所属培训机构及各地方安全监管部门所属安全培训机构相继举办了多类型的安全培训班。这些培训班归类如下。

（一）资格类培训

资格类培训是一种岗位技能培训，主要是针对在安全生产重要岗位上任职的主要负责人、安全管理人员、特殊岗位技术人员和负责安全管理事务的领导干部实行的一种上岗资格培训。这类培训，一般都制定相应的培训大纲和考核标准，培训结束，安全监管部门会颁发相应的任职资格证书，作为任职的依据。

1. 培训对象

目前，我国对以下工作岗位的人员已经实行安全资格培训：

（1）各级安全监察监管机构从事安全监察监管具体工作的专业人员；

（2）煤矿、非煤矿山、危险化学品、烟花爆竹和建筑等高危行业的企业负责人和安全管理人员；

（3）煤矿、非煤矿山、危险化学品、烟花爆竹和建筑特种作业人员，特种设备操作和管理人员；

（4）安全培训机构教师、安全检测检验机构和安全机构的评价人员；

（5）安全培训机构的专职教师；

（6）应急救援机构的负责人、专职救援队员。

2. 培训目的

安全资格类培训负有向培训对象传授如下几个方面知识和技能的任务：

（1）在相关岗位任职必须掌握和熟悉的法律、法规、标准和政策；

（2）在相关岗位任职必须掌握的专业知识、管理知识；

（3）在相关岗位任职必须具备的素质和意识；

（4）典型经验和教训总结。

3. 培训特点

（1）一般具有统一的培训大纲和考核标准；

（2）一般具有统一的培训教材；

（3）传授知识占有一定的比例。

（二）专题培训

专题培训是围绕安全生产某一方面的内容开展的专项培训。

1. 培训内容

这类培训内容通常围绕以下情况：

（1）新出台的法律法规和标准、政策的宣传贯彻；

（2）新技术、新装备的推广；

（3）典型经验总结和典型事故案例剖析；

（4）其他需要培训的内容。

2. 培训特点

专题培训方式、培训时间通常需要根据培训目的、培训对象和培训内容确定，授课方式根据培训课程特点确定，通常包括课堂讲授、分组研讨、实验、现场演示等多种方式。专题培训一般没有固定的培训大纲和考核标准，培训地点根据培训需要选定。

（三）委托式培训

委托式培训又称为"订单式培训"，它是送培单位根据自身的工作需要，向培训机构提出培训目的和需求，同时提供培训对象的基本情况资料，培训机构根据这些基础资料，确定培训时间、内容、课程设置、授课方式、考核方式等培训要素。委托式培训具有如下特点。

1. 目的性强

委托式培训是解决生产经营单位全部或者部分人员的工作需要而开设的培训项目，因此，培训内容、课程设置和培训方式应该紧密围绕培训目的展开，与培训目的不紧密，即使在一般意义上非常重要，都不应开设。

2. 具有强烈的个性化色彩

委托式培训一般具有明显的送培单位的痕迹，例如，我们为某一全部采用放顶煤开采的煤矿企业培训采煤技术,在采煤方法方面的课程,即以放顶煤知识为主,其他采煤技术应略讲或者不讲。

3. 培训方式多样性

课程讲授方式、课程类别根据培训目的等因素确定,例如,根据学员文化程度、课程特点需要采取现场演示、现场操作等方式。

四、我国安全生产培训模式的特点

(1)自 2000 年以来,伴随国家安全监管监察体制的建立,我国安全培训吸取了国外发达国家的先进经验,逐步改变以往照搬学历教育的教学模式,适应我国安全生产法律体系、安全监管体制,初步建立了基于我国国情的安全生产培训体系。

(2)我国目前在高危行业的企业"三项岗位人员"安全资格培训方面已经形成了一套相应固定的培训模式,而在其他培训方面,水平差异很大,发展极不平衡,突出表现在培训教材、教师和考核标准等软件方面,同时,在培训设施、培训手段等方面,如发达地区和不发达地区就存在很大的差异。

(3)我国目前在培训模式方面,突出表现在两个方面:一是培训项目与安全生产需要关联性差,培训项目的设计仅仅是为了完成上级交给的任务,而对培训的目的研究较少。二是培训项目与安全生产需求存在一定的差异,目前,我国在安全生产培训机构的管理方面,套用学历教育管理模式,安全生产培训机构的教师很少参与安全生产管理、监管监察等工作,培训内容在整体上与企业安全生产实际有一定差距;培训设施等方面也与先进企业有一定的差距。

(4)在专题培训、委托式培训等方面,还缺乏针对我国安全生产需要的培训方法和手段,例如在实现师生互动方面,采用研讨式与实践式教学方法等方面,把最新的安全装备、安全技术和安全管理方法介绍给学员,向学员介绍最新发生的案例等方面,还有很多的工作要做。

(5)在创立安全培训模式方面,完全套用国外的经验是不实际的想法,由于我国生产力水平与发达国家存在一定的差距,国民的教育程度与国外发达国家相比还处于低层次,因此,必须基于我国的安全生产需要创立我国自己的安全培训模式。

第二节　安全生产培训流程

一、安全生产培训流程简述

1. 典型的安全生产培训流程

安全生产培训流程是指一个安全培训项目从开始启动到项目结束的工作步骤和内容。根据我国安全生产法律法规和标准的相关规定,一个典型的安全生产培训流程如图 5-1 所示。

2. 安全生产培训工作内容

根据图 5-1 所示的安全生产培训流程,我们可以从时间上将一个安全生产培训项目的流程分成两个模块:第一个模块是指培训前准备,也就是培训项目的启动,简称为准备模块;第二个模块是培训项目的执行,简称为执行模块。两个模块在时间上存在交叉和重叠现象。根据安全生产培训项目的运行特点,一个安全生产培训项目一般包括以下要素:

(1)培训需求分析;

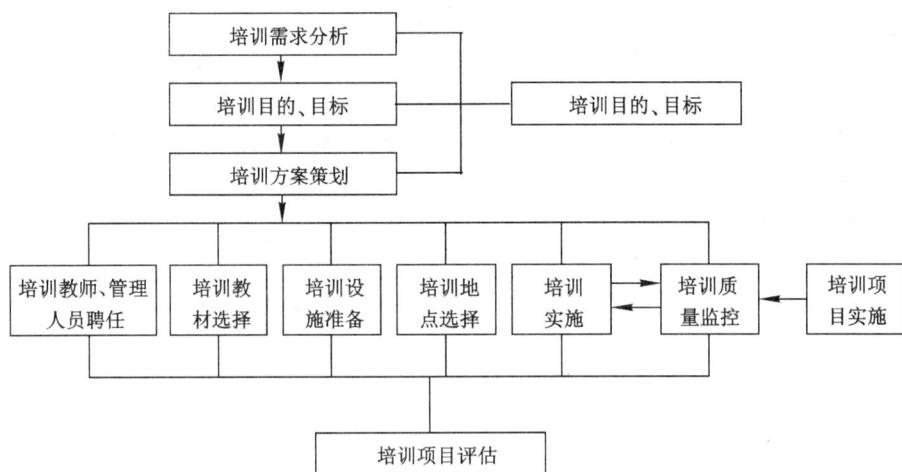

图 5-1 安全生产培训流程

（2）培训目的与培训目标；

（3）培训方案策划与设计；

（4）培训教师与管理人员的选择；

（5）安全培训教材和课件；

（6）培训内容及课程设置；

（7）培训地点及培训设施、设备；

（8）培训方式方法；

（9）培训考核和认定标准及方式；

（10）培训绩效评估；

（11）安全培训管理。

以上内容中，前七项属于第一模块，后四项属于第二模块。

二、安全生产培训流程的准备模块

（一）培训需求分析

1. 安全培训需求分析的内容

策划或者开发一个安全培训项目，必须进行安全培训需求分析。需求分析通常采用问卷调查方式，以下方面的问题是调查中必须采用的：

（1）该安全培训项目是非常必要吗？

（2）培训对象的岗位、学历、职称等基本情况。

（3）培训对象现在的业务状况（优点/缺点分析）。

（4）培训要解决的问题（知识、技能、意识或者素质）。

（5）造成这些问题的原因是什么？

（6）以前开展相关的培训吗？

（7）目前最需要解决的问题是什么？

（8）培训的地点、时间以及培训方式（脱产、半脱产、不脱产）。

（9）培训的考核方式。

（10）培训结果的验收方式。

（11）培训费用和培训成本。

（12）培训项目和企业（部门）的工作远期目标、近期目标的关系是什么？

2．需求结果分析

（1）培训项目能帮助培训对象缩短的差距在哪里？（差距＝目标）

（2）受训者要学什么？

（3）谁接受培训？

（4）培训类型和培训次数。

（5）培训项目的策划与设计。

（6）分析学员：他们是谁？工作背景与工作职能、知识水平如何？他们自愿来参加培训吗？他们的态度如何？是初训还是复训？

（二）培训目的与培训目标

培训目的根据培训需求分析结果确定，安全生产培训目的通常包含以下内容：

（1）对即将从事安全生产某一个（类）岗位的相关人员进行岗前培训，使其掌握从事该岗位工作必须具备的安全生产专业知识和技能；

（2）针对安全生产方针与政策、安全生产法律法规、安全生产规划等文件组织开展的宣贯教育；

（3）安全生产的先进经验和发生的典型事故案例的教训总结；

（4）推行安全生产新设备、新技术、新理论；

（5）安全生产特定岗位人员的知识、技能和思维更新；

（6）安全素质、安全意识的培养等。

安全生产的培训目的或者培训目标，是依据培训需求而拟定的，要依照培训对象的需要和基础条件而决定，既要避免出现遗漏，也要避免重复培训。

（三）培训方案的策划与设计

1．培训方案的内容

培训方案设计又称为培训方案策划，它是以培训需求分析结果为依据，在此基础上，根据国家有关政策和安全生产培训的教学特点设计的一套书面方案，包括以下内容：① 培训对象应该掌握什么；② 学员的基本情况和数量；③ 安全培训的目标；④ 培训内容与课程设计；⑤ 培训教材与课件；⑥ 培训模式、教学活动、效果评估设计；⑦ 实验、讲课、技能训练等反馈与修订；⑧ 考核方式；⑨ 效果评估。

2．安全培训项目的策划和开发

项目策划是一种具有建设性、逻辑性思维过程，在此过程中，总的目的就是把所有可能影响决策的决定总结起来，对未来起到指导和控制作用，最终借以达到方案目标。它是一门新兴的科学，以具体的项目活动为对象，体现一定的功利性、社会性、创造性、时效性和超前性的大型策划活动。

项目策划的原则有以下几点：

（1）可行性原则：项目策划，考虑最多的便是其可行性。"实践是检验真理的唯一标准"，同样，项目策划的创意也要经得住事实的检验。

（2）创新性原则：安全培训目的就是让学员掌握新知识、新技能，创新还体现在培训方法、培训教材、培训管理创新。

（3）无定势原则：世界万物都处在一个变化的氛围之中，没有无运动变化的事物，事物就是在这种运动的作用下发展的。培训策划必须打破传统模式的限制，追求卓越和创新。

（4）价值性原则：项目策划要按照价值性原则来进行，这是其功利性的具体要求与体现。

（5）智能放大原则：人的能量是无穷的，策划中的创意与构思也是无止境的，因此说项目策划要坚持智能放大的原则。

（6）信息性原则：收集原始信息力求全面，在收集原始信息时，范围要广，防止信息的短缺与遗漏。收集原始信息要可靠真实，一个良好的项目策划必然是建立在真实、可靠的原始信息之上；信息加工要准确、及时，对一个项目的策划人来说，掌握信息的时空界限，及时地对信息加以分析，指导最近的行动，才能保证策划效果完善；保持信息的系统性及连续性，对一事物发展的各个阶段的信息进行连续收集，从而使项目策划更具有弹性，以应对形势的变化。

3. 安全生产培训项目策划书撰写

在以上前期工作结束后，应着手编写安全生产培训项目策划书。安全生产培训项目策划书的主要构件有以下几项：

（1）封面：策划组办单位；策划组人员；日期；编号。

（2）序文：阐述此次安全生产培训策划的目的，主要构思、策划的主体层次等，语言要精练。

（3）目录：策划书内部的层次排列，给阅读人以清楚的全貌。

（4）内容：策划创意的具体内容。文笔生动，数字准确无误，运用方法科学合理，层次清晰。

（5）预算：为了更好地指导安全生产项目活动的开展，同时便于加强管理，需要把安全生产培训项目经费预算作为一部分在策划书中体现出来。

（6）项目进度表：包括策划部门的时间安排以及安全培训工作进展的时间安排，时间在制定上要留有余地，具有可操作性。

（7）安全生产培训策划书的相关参考资料：项目策划中所运用的二手信息材料要引出书外，以便查阅，包括引用的有关数据、培训拟采用的教材和参考资料等，都需要在附件中按照规定格式予以注明。

（8）编写安全生产培训项目策划书要注意以下几个要求：文字简明扼要；逻辑性强、顺序合理；主题鲜明；运用图表、照片、模型来增强项目的主体效果；有可操作性。

安全生产培训项目策划书编写出来之后，应制定相应的实施细则，以保证项目活动的顺利进行，要保证策划方案的有效应做好三方面的工作：

（1）监督保证措施：科学的管理应从上到下各环节环环相扣，责、权、利明确，只有监督才能使各个环节少出错误，以保证项目活动的顺利开展。

（2）防范措施：事物在其发展过程中有许多不确定的因素，只有根据经验或成功案例进行全面预测，发现隐患，防微杜渐，才能把损失控制在最低程度内，从而推动项目活动的开展。

（3）评估措施：项目活动发展到第一步，都应有一定的评估手段以及反馈措施，从而总结经验,发现问题,及时更正,以保证策划的事后服务质量,提高策划成功率。

(四)培训教师与管理人员的选择

一项安全培训活动必须依靠培训教师和管理人员实施,才能使培训目标变成现实。安全培训教师是指在安全培训项目中从事安全培训教学的人员,具体包括培训课程讲授、培训研讨、培训技能训练等具体业务活动的人员;而安全培训管理人员是指在安全培训项目中负责培训事务管理的人员,具体包括培训方案策划、培训班级管理、后勤事务管理的人员。

培训教师与管理人员同等重要,都是培训项目人员整体不可缺少的组成部分,轻视培训管理人员和培训管理工作的倾向比较普遍,也是影响培训目标有效实施的重要原因。在很多培训机构,一个人可以兼任培训教师与管理人员。

1. 安全培训教师及其聘任

(1)安全培训教师类型

安全培训教师有专职教师和兼职教师两类,缺一不可。

① 专职教师

专职教师是指人事和工资关系在培训机构的教师。

每一个安全培训机构必须配备相应数量的专职教师,教师的专业和培训机构的培训领域及其承担的培训教学内容要相适应。

② 兼职教师

兼职教师是指业余时间或者部分时间从事培训工作的教师。每一个安全培训机构要根据培训需要,聘任一定数量的兼职教师。

(2)安全培训师资任职条件

① 安全培训机构的专职教师:安全培训专职教师应当具备一定的职称、学历;具备所从事专业相应的一段时间的工作经历;接受职业培训教师岗位任职资格培训,掌握现代教育技术;热爱安全培训工作,愿意投身于安全培训工作;具备良好的心理素质。

② 安全培训机构的兼职教师:一个培训机构配备一定数量的兼职教师是必要的,这是由安全培训的特点决定的;兼职教师应当热爱安全培训工作,并具有良好的敬业精神;在安全生产的相关领域有较深的专业或者理论造诣;具有良好的表达能力,掌握现代教育技术;兼职教师可以采取临时聘用和长期聘用的办法。

(3)安全培训师资的来源

独立的培训机构从高等院校、政府部门、科研院所和大型企业招聘;高等院校和科研院所所属的培训机构可以从本单位其他部门聘请一部分专业人员作为安全培训教师;每一个机构都需要外聘教师。

(4)安全培训教师的特点

① 针对安全生产领域某一问题讲述,教学内容具有强烈的针对性和时效性;

② 熟练掌握现代教育技术和设备,发挥现代教育技术的效能;

③ 认真分析培训对象、培训目的,准备培训课程,准备的时间远远大于讲课时间;

④ 启发式教学,留有一定的师生互动时间,讲课开门见山。

(5)安全培训教师的管理

① 及时告之教师授课对象、时间、培训目的和内容以及培训要求;

② 采取适当方式向教师反馈学员对教师的意见;

③ 尽量满足教师的合理要求,教师的聘任以长期聘任为佳;

④ 及时与教师沟通,客观、公正分析教师和学员的意见。

（6）安全培训教师的培训

① 培训教师最常遇到的问题就是知识更新,因此定期参加培训是培训教师的义务和职责;

② 培训可以采取多种培训模式和方式开展;

③ 对教师应当提出明确的要求,使其指导培训的目的、内容和要求;

④ 教师的培训分成资格培训和岗位技能更新培训两种类型。

2. 安全培训管理人员

（1）安全培训管理人员的特点

① 安全培训管理人员是指安全培训的组织、策划和日常教学管理人员,在一些安全生产培训机构中,部分人员同时具有教师和管理人员的两重身份。

② 安全培训管理人员职责是按照培训项目计划规定的内容、时间和进度,组织培训项目的实施,并不断进行总结,在必要条件下,建议对培训项目进行适当微调。

③ 安全培训管理人员管理对象不仅包括培训项目,还包括安全培训教师。安全生产培训管理特点在于要做到精细化、过程化和人本化管理。

（2）安全培训管理人员的要求

① 敬业:把培训工作作为一项崇高事业来做。

② 学习:不断更新知识,与时俱进。

③ 加强安全生产实践技能的培养。

④ 不断研究培训方式和完善自己。

⑤ 资料的收集、整理和完善。

⑥ 善于听取各种意见,包括自己反对的意见。

⑦ 从学员的角度思考问题。

（五）安全培训教材和课件

1. 安全培训教材特点分析

（1）知识的新颖性:教材的内容要有目前的新技术、新知识、新装备、新法规。

（2）实用性:教材围绕培训大纲编制,所提供的内容具有操作性。

（3）时效性:所提供的案例是最新发生的案例,且具有典型性。

（4）规范性:教材围绕培训大纲和培训计划编制。培训教材与培训资料既有联系,又有区别。

2. 培训教材配备原则

（1）配备的培训教材是培训期间适用的。

（2）每一个培训机构应当根据自己的培训任务编制、开发相应用的培训教材。

（3）编制培训教材是教师工作量的一个重要组成部分。

（4）"少而精"是培训教材的基本原则,教材在格式、语言等方面要体现培训教学特色。

（六）培训内容及课程设置

1. 培训课程的特点

（1）新颖性:观点创新、技术创新、方法创新、设备创新。

（2）实用性：围绕培训目标设置课程，培训是解决技能欠缺，不是素质教育。

（3）科学性：培训方案是一个整体，包括方法、教师、评估都是精心考虑的。

（4）完整性：学员到达培训地点以后的一切活动都必须考虑。

2．安全生产培训课程的设置

（1）要严格、完整地按照培训策划方案设置安全培训课程。

（2）培训课程的设置必须注意知识的衔接，避免遗漏与重复。

（3）每一门培训课程时间不宜超过两个教学日。

（4）课程设置不可太密，否则会导致学员学习紧张，精疲力竭，也不可太松。

（5）根据培训内容，设置课程的教学形式。

（6）不要设置培训需求以外的课程，即使这门课程非常好。

（7）要根据师资条件设置课程的内容。

（七）培训地点及培训设施、设备

1．安全培训设施类别

（1）安全培训教学设施。

（2）安全实验和技能训练设施。

（3）学员文化娱乐设施。

（4）后勤服务设施和交通设施。

（5）安全培训教室器具。

（6）军训与拓展训练设施。

（7）安全培训用房：安全培训教室、安全培训研讨室、安全培训技能训练室、安全培训资料档案室、安全培训机房、安全展室、安全培训办公室、安全培训宿舍、安全培训餐厅。

2．配备安全培训设施的原则

（1）以人为本，从学员需求、培训效能的需要配备相应设施。

（2）围绕培训对象、培训内容和培训目的配备培训设施。

（3）着力提高培训设施使用率，避免资源浪费。

（4）培训机构既不是普通高等学校，但是也不是一般意义的宾馆和饭店。

（5）及时更新设备。

三、安全生产培训流程的执行模块

（一）培训方式与方法

1．培训方式

培训方式是指培训地点、培训管理方法等方面的内容，目前安全培训方式主要有以下几种：

（1）脱产集中培训。培训在培训机构或培训机构选定的培训地点举行，学员一律离开工作岗位，培训结束并且通过考核以后，表示培训结束。

（2）间断式集中培训。这类培训是指学员在工作时间不离开工作岗位，利用业余时间，分成若干次集中培训，培训结束并且通过考核以后，表示培训结束。

（3）远程培训。培训机构把培训计划、培训课程相关内容及培训课件挂在相应网站，学员自己选择时间，在规定期限内，完成培训课程学习。

每种培训方式都有其适用条件，必须根据培训内容、培训目的选择相应的培训方式，一般地,培训效果与培训集中程度成正比,而培训成本与培训集中程度成反比。

2. 培训方法

(1)课堂讲授法:在讲授时,可以尽量地用通俗化语言和既能让人听懂又能引起兴趣的语言,在讲课时,要强调重点。讲师要形成良好的演讲习惯,直接指出学生应该注意哪些问题,知识的传授更加系统、全面。

(2)角色演练法:提供一个情景,让部分学员来担任各个角色并出场表演,观看表演的重点是要注意与培训目的有关。表演结束后,角色扮演者、观察者和培训讲师可以联系情景讨论角色扮演者所表现出的行为,制订提高和改善培训学员能力的发展计划。

(3)游戏法:使学员产生"顿悟"的活动方式。需要注意的是,在游戏之后,教师应当对游戏目的、意图和内容给予恰当的解释,激发学员的兴趣。

(4)档案/案例研讨法:档案/案例研讨是指对某一些特定管理情境加以典型化处理,并形成供学员思考、分析和决断的书面描述或介绍。在企业安全培训中使用档案/案例研讨法对学员进行培训是一种非常有效的方法,它通过独立研究和相互讨论的方式来提高学员分析和解决问题的能力。档案/案例一定要适合课程的内容,并且讨论之后一定要引申出必要的工具。案例包括事故案例和实例,要认真选择案例。

(5)录影辅助/回馈法:通过在课堂上放映事先制作的与课程内容紧密相关的电影、录影表现,使学员更容易地发现自己的优点,同时也容易见到需要改善的地方。

(二)培训考核和认定标准及方式

1. 安全培训考核

包括试卷考核、论文考核、面试等几种考核方式。安全培训考核必须根据培训类型、对象、目的确定考核方式和成绩评定方式,培训机构应当结合学员在培训过程中的表现和最终考核结果,综合评定学员的安全培训成绩。

安全培训考核是提高安全培训质量、效果的措施,精心制订培训策划方案,按照培训目标选定培训教师,加强培训过程管理,管理人员应当经常听课,定期开展培训质量评估,根据评估结果及时调整培训方案。

2. 安全培训质量控制

安全培训质量控制指安全培训质量的界定指标、安全培训质量控制方法、质量评价方法、指标获得方法等方面。

安全培训质量是一个系统的概念,包含多个方面的内容:培训目标的实现,培训课程,培训教材,培训考核方法。培训质量应当考虑主管部门、培训教师、培训管理人员和学员的综合评价。

安全培训质量的界定指标由定性指标和定量指标组成,指标应当结合培训目标、对象等方面确定。

(三)培训绩效评估

1. 评估内容

(1)培训课程的目的是否确立?

(2)培训是充分需要吗?

(3)学员的选择适当吗?

(4)培训课程设计合理吗?

（5）培训师的选择适当吗？培训场地合适吗？

（6）培训方法合适吗？

（7）学员的情绪高昂吗？

（8）培训课程的管理顺利吗？

2．培训效果评估的方案

（1）简单评估：只在培训后进行一次。

（2）前后评估：培训前后各进行一次评估，两者的差距即为评估效果。

（3）多重评估：① 培训前进行多次评估，取其平均值；② 在培训后测定多次，取其平均值；③ 两个平均值之间的差距为培训效果。

（四）安全培训管理

1．过程概念

过程概念是现代组织管理最基本的概念之一，在 ISO 9000：2000《质量管理体系基础和术语》中，将过程定义为：一组将输入转化为输出的相互关联或相互作用的活动。过程的任务在于将输入转化为输出，转化的条件是资源，通常包括人力、设备设施、物料和环境等资源。增值是对过程的期望，为了获得稳定和最大化的增值，组织应当对过程进行策划，建立过程绩效测量指标和过程控制方法，并持续改进和创新。

2．过程方法

ISO9000"过程方法"中指出：系统地识别和管理组织所应用的过程，特别是这些过程之间的相互作用，称为"过程方法"。为使组织有效运行，组织应当采用过程方法识别和管理众多相互关联和相互作用的过程，对过程和过程之间的联系、组合和相互作用进行连续的控制和持续的改进，以增强顾客满意和过程的增值效应。

3．过程管理 PDCA 循环

过程管理，是指使用一组实践方法、技术和工具来策划、控制和改进过程的效果、效率和适应性，包括过程策划、过程实施、过程监测（检查）和过程改进（处置）四个部分，即 PDCA 循环四阶段。PDCA(Plan-Do-Check-Act)循环又称为戴明循环，是质量管理大师戴明在休哈特统计过程控制思想的基础上提出的。

（1）过程策划(P)

① 从过程类别出发，识别组织的价值创造过程和支持过程，从中确定主要价值创造过程和关键支持过程，并明确过程输出的对象，即过程的顾客和其他相关方。

② 确定过程顾客和其他相关方的要求，建立可测量的过程绩效目标（即过程质量要求）。

③ 基于过程要求，融合新技术和所获得的信息，进行过程设计或重新设计。

（2）过程实施(D)

① 使过程人员熟悉过程设计，并严格遵循设计要求实施之。

② 根据内外部环境、因素的变化和来自顾客、供方等的信息，在过程设计的柔性范围内对过程进行及时调整。

③ 根据过程监测所得到的信息，对过程进行控制，例如：应用 SPC（统计过程控制）控制过程输出（产品）的关键特性，使过程稳定受控并具有足够的过程能力。

④ 根据过程改进的成果，实施改进后的过程。

（3）过程监测（C）

① 过程监测包括过程实施中和实施后的监测，旨在检查过程实施是否遵循过程设计，达成过程绩效目标。

② 过程监测可包括：产品设计过程中的评审、验证和确认，生产过程中的过程检验和试验，过程质量审核，为实施 SPC 和质量改进而进行的过程因素、过程输出抽样测量，等等。

（4）过程改进（A）

过程改进分为两大类："突破性改进"是对现有过程的重大变更或用全新的过程来取代现有过程（即创新）；而"渐进性改进"是对现有过程进行的持续性改进，是集腋成裘式的改进。

4．安全培训管理内容

（1）安全培训质量监督；

（2）安全培训计划制订；

（3）安全培训工作的组织和协调；

（4）安全培训班的管理；

（5）安全培训事务管理。

5．安全培训管理要点

（1）培训机构的职责：开发和策划培训项目，制订培训计划，评估培训质量，做好日常培训服务。

（2）培训机构管理的完善：管理制度、运行机制。

（3）培训教师：但求我所用、不求我所有的原则。

（4）培训信息交流：学员、培训机构之间，教师、管理部门之间信息交流。

（5）培训设施建设的现代化：围绕培训目的、培训对象和培训内容。

（6）配置培训设施。

第三节　适用于安全生产需要的培训模式

一、安全培训流程中各要素重要性分析

（一）培训需求

培训需求是一个（类）安全生产培训项目能够开展的首要条件。安全培训是一项安全生产公益性活动，既有一定的公益性，同时也有市场特性。只有存在培训需求，才可能保证其他培训要素存在的条件，因此，我们在设计开发培训项目时，必须把握以下原则：

① 任何一项安全培训项目都是基于特定的需求而发生的；

② 准确把握安全培训需求，是保证一个（类）培训项目成功的关键；

③ 把握安全培训需求，需要根据安全生产培训特点，采用适当的方法开展。

（二）培训目的

培训目的是围绕培训需求确定的，它将培训需求具体化，安全培训作为一种职业化教育特点明显的活动，其目的性具体、明确，因此，设计和开发一个（类）安全培训项目，首先必须确定培训目的，需要把握以下原则：

① 安全培训目的是在准确掌握培训需求的基础上确定的，而不是凭空想象出来的，需

要进行调查研究,掌握全面的信息后确定;

　　② 安全培训目的非常具体,在培训策划方案中需要明确。

　　③ 一个(类)培训项目的目的不要太大或者太宽,培训项目只能解决一个或者若干个问题。

　　(三)培训内容

　　培训内容上实现培训目的的具体化,在确定培训内容时需要掌握以下原则:

　　① 在培训需求和培训目的规定的范围内;

　　② 目前的培训条件可以实现。

　　(四)培训课程

　　培训课程与培训内容密切相关,又有差别,在一定意义上说,安全培训课程是培训内容的量化,在设计培训课程时,需要注意以下问题:

　　① 培训课程根据培训内容安排,超出培训内容以外的内容不要安排在培训课程中;

　　② 每一门培训课程时间要适当均衡,一门课程过长或者过短,都极大影响培训效果;

　　③ 培训课程设置要考虑培训效果,与培训方法联系起来;

　　④ 培训课程设置要考虑现有师资条件;

　　⑤ 培训课程的难易程度要考虑学员的知识基础。

　　(五)培训方式方法

　　培训方式受培训目的、培训成本和培训需求等因素的决定和制约,对于安全资格(资质)类的培训、宣传贯彻某一类战略思想和重要政策等方面的安全培训,一般采取脱产学习、集中培训方式效果比较好;而对于专题类的培训,可以在学员所在单位集中培训为好。

　　培训方法取决于培训课程的特点,目的是通过合适的培训方法,增强培训效果,需要注意如下原则:

　　① 培训方法是根据课程内容要求而设计的,不存在哪一种方法优劣的问题,培训方法只有与培训课程联系起来,才能评价其效果;

　　② 培训方法必须在培训教师和学员都掌握的情况下,才能发挥其效果;

　　③ 在必要的条件下,要在培训方案中专门安排时间,让培训对象理解和掌握培训方法。

　　(六)培训成本

　　培训成本是一个(类)培训项目中要考虑的关键因素之一,用最低的成本取得最好的培训效果,是安全培训项目中的一个重要原则,降低培训成本,以保证培训质量为前提。要做到这一点,必须注意以下问题:

　　① 在认真调研的基础上,细化和认真审核培训项目的开支,并将其纳入培训方案中;

　　② 每一个培训教师和管理人员都要承担节约培训成本的责任;

　　③ 提高执行力,切实保证培训项目开支在计划内执行。

　　(七)培训对象

　　安全培训项目成功与否,研究培训对象非常重要,作为一个(类)培训项目的策划者和管理者,要在培训项目实施之前,准确掌握培训对象的有关信息,这包括以下内容:

　　① 培训项目参加人数;

　　② 每一个培训对象的个人信息;

　　③ 每一个培训对象对本培训项目的态度;

④ 本培训项目培训对象的基础知识;

⑤ 培训对象对本次培训项目的期望。

信息可以通过问卷调查、训前测试等方法获得。

（八）培训时间

培训时间受培训内容、培训对象的基础条件和培训成本等因素制约,一般原则是尽可能用短的时间完成培训项目的实施。要做到这一点,必须注意以下事项:

① 在培训方案设计和策划时,要周密设计,提高培训效率,时间安排要有张有弛;

② 以达到培训目的为前提因素。

（九）培训考核

安全培训考核与学历教育有明显区别,有多种方式,需要根据培训需求、培训目的和培训内容设计来确定采用何种考核方式。一般说有以下方式:

① 卷面考试,以 100 分计算考试成绩;

② 论文考核,学员围绕培训内容,运用所学知识,撰写一篇论文;

③ 口试,组织专家组对学员进行测试;

④ 现场实际技能操作。

（十）培训绩效评估

培训项目结束以后,对培训效果进行评估是非常重要的,培训评估方法要根据培训目的、培训方法和培训对象等要素来选择,评估的目的是为了以后的项目避免发生前面的错误,吸取现有项目的经验。评估指标要围绕培训策划方案设计,定性和定量相结合,对指标的分析,要采取专家、培训管理者、培训对象共同评估,分值比例加权的方式进行。

二、基于安全生产需要的安全培训模式设计

通过以上分析,我们可以判定,在培训项目的设计和策划中,安全培训需求是一个安全生产培训项目最为关键的因素,安全培训模式的设计应当以安全生产培训需求为中心,在考虑其他要素的基础上,设置相应的安全生产培训模式。

（一）安全素质培训模式

以提高培训对象安全生产相关知识、技能为目的,这类项目因培训需求涉及的内容广度和深度要求高,时间较长,培训一般采取脱产方式进行,培训课程设置系统性强,考核采取分阶段、分课程等方式进行,同时在结业时采取答辩方式,对培训对象进行综合考核。

（二）安全技能培训模式

这一类培训项目有两类:一类主要使培训对象掌握某一方面的专门安全技能、安全知识,这类培训项目因为培训内容专门性强,因此培训时间一般比较短,课程设置目的明显,考核一般采取论文方式进行。另一类是为特定的培训对象从事某一个（类）安全生产岗位任职必须具备的专业知识和技能而开设。

（三）安全专题内容培训模式

这类培训项目主要是要求培训对象掌握某一方面的专门知识,或者是有关机构为了使特定岗位上的培训对象理解某些专门政策而设计的培训项目。这一类培训项目目的性强,围绕专门问题而展开,课程少,一般采取讲授和研讨各一半的方式进行,师生共同参与是此类培训班的重要特色。这一类培训班因培训时间短,一般不安排专门的考核。在有些培训班,还安排"学员论坛"等方式。

第四节　安全生产培训质量的定量测评

由于安全培训是一项系统工作,涉及的环节众多、关系复杂,同时反映培训质量的评价因素很多具有模糊性,不能用某一确定的定量值来表示,因此培训质量的测评缺乏统一标准,通常依据人为经验来定性评价,其结果必然带有一定的局限性,不仅对培训过程缺乏深入分析,不同类型的培训也没有可比性。根据安全培训的特性,本书介绍一种定量测评方法,通过构建培训质量评价指标体系,并应用模糊数学理论,将评价因素量化处理,最终计算出培训质量的结果,从而为客观评价安全培训质量提供一种分析方法。

一、研究方法简介

模糊综合评价是以模糊集合理论为基础,通过模糊矩阵的合成运算,将系统中多个相互影响的因素化为有规律的定量数据,以达到综合评价的目的。

1. 建立评价因素集

将评价因素 U 分成为 m 个因素子集 U_i,$i=1,2,\cdots,m$,即

$$U = \{U_1, U_2, \cdots, U_m\}$$

其中每个 U_i 又可分为 n_i 个因素,即

$$U_i = \{u_{i1}, u_{i2}, \cdots, u_{in_i}\},\ i=1,2,\cdots,m$$

其中 u_{ij} 表示第 i 类因素集中的第 j 个因素,$j=1,2,\cdots,n_i$。

2. 建立权重集

既要考虑各类因素子集的权重,又要考虑每一类因素子集中各个因素的权重,因此要建立两方面的权重集。

(1) 因素子集的权重集

根据各因素子集的重要程度,赋予每类因素子集相应的权值,即

$$A = \frac{a_1}{U_1} + \frac{a_2}{U_2} + \cdots + \frac{a_m}{U_m}$$

(2) 各因素的权重集

根据每一类因素子集中各个因素的重要程度,赋予其相应的权值。设第 i 类因素子集中第 j 个因素的权值为 a_{ij},$i=1,2,\cdots,m$,$j=1,2,\cdots,n_i$,则该类子集中 n_i 个因素的权重集为:

$$A_i = \frac{a_{i1}}{u_{i1}} + \frac{a_{i2}}{u_{i2}} + \cdots + \frac{a_{in_i}}{u_{in_i}}\quad i=1,2,\cdots,m$$

3. 建立备择集

备择集也称评价集,是评价者对评价对象可能做出的各种评判结果组成的集合,不论因素分为多少类,作为各种可能评价结果的备择集只有一个。设有 p 种评价结果,则备择集可用 V 表示为:$V=\{v_1, v_2, \cdots, v_p\}$。

4. 一级模糊综合评价

一级模糊综合评价是指对每一类因素子集中的各个因素进行综合评价。设第 i 类因素集 U_i 中的第 j 个因素为 u_{ij},它对于评价对象来说属于备择集中第 k 个元素 v_k 的隶属度为 r_{ijk},其中 $i=1,2,\cdots,m$,$j=1,2,\cdots,n_i$,$k=1,2,\cdots,p$,则可以得到 m 个一级评价矩阵 R_i,即

$$R_i = \begin{bmatrix} r_{i11} & r_{i12} & \cdots & r_{i1p} \\ r_{i21} & r_{i22} & \cdots & r_{i2p} \\ \vdots & \vdots & & \vdots \\ r_{in_i1} & r_{in_i2} & \cdots & r_{in_ip} \end{bmatrix} \quad i = 1, 2, \cdots, m$$

这样,对第 i 类因素进行模糊综合评价,就可以得到评价集 B_i:

$$B_i = A_i \cdot R_i = (a_{i1}, a_{i2}, \cdots, a_{in_i}) \cdot \begin{bmatrix} r_{i11} & r_{i12} & \cdots & r_{i1p} \\ r_{i21} & r_{i22} & \cdots & r_{i2p} \\ \vdots & \vdots & & \vdots \\ r_{in_i1} & r_{in_i2} & \cdots & r_{in_ip} \end{bmatrix} = (b_{i1}, b_{i2}, \cdots, b_{ip})$$

5. 多级模糊综合评价

一级评价仅是对每一类子集中的各个因素进行综合,还需要考虑各类因素子集的综合影响,因此在各类子集之间进行综合评价,称为多级模糊综合评价。它是在一级评价结果的基础上进行的,以二级模糊综合评价为例,其评价矩阵为:

$$R = \begin{bmatrix} B_1 \\ B_2 \\ \vdots \\ B_m \end{bmatrix} = \begin{bmatrix} A_1 \cdot R_1 \\ A_2 \cdot R_2 \\ \vdots \\ A_m \cdot R_m \end{bmatrix} = \begin{bmatrix} b_{11} & b_{12} & \cdots & b_{1p} \\ b_{21} & b_{22} & \cdots & b_{2p} \\ \vdots & \vdots & & \vdots \\ b_{m1} & b_{m2} & \cdots & b_{mp} \end{bmatrix}$$

二级模糊综合评价可以表示为 $B = A \cdot R$,即

$$(b_1, b_2, \cdots, b_n) = (a_1, a_2, \cdots, a_m) \cdot \begin{bmatrix} B_1 \\ B_2 \\ \vdots \\ B_m \end{bmatrix}$$

二、安全培训质量的模糊综合评价应用

为提高矿井安全监测监控水平,有效预防和控制煤矿瓦斯事故,中国煤矿安全技术培训中心于 2005 年 4 月 3 日至 8 日在贵阳举办了矿井安全监测监控系统相关人员培训班。本书以本次培训为例来说明模糊综合评价法在测评培训质量中的应用。

1. 评价指标体系的构建

对安全培训质量进行评价时,从培训的特性出发,将整个培训过程划分为四个一级评价因素,每个一级评价因素中包含若干个二级评价因素,其评价模型如图 5-2 所示。

2. 权重集的建立

依据不同指标对评价结果的不同影响程度,由若干专家分别对一级评价指标和二级评价指标进行打分,然后按照加权平均法对这些分数进行量化处理,即可得到各因素子集和各因素的权值,其结果如下:

$A = (0.3, 0.15, 0.2, 0.35)$

$A_1 = (0.2, 0.3, 0.3, 0.2)$ $\qquad\qquad$ $A_2 = (0.2, 0.2, 0.1, 0.15, 0.35)$

$A_3 = (0.15, 0.15, 0.2, 0.3, 0.2)$ $\qquad$ $A_4 = (0.3, 0.2, 0.2, 0.3)$

3. 备择集的建立

将安全培训质量的测评结果分为五个级别,其相应的区间值及量化值如表 5-1 所列。

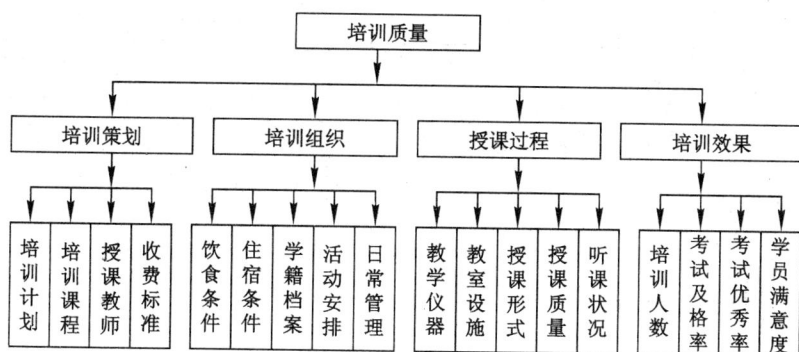

图 5-2　安全培训质量测评指标模型示意图

表 5-1　　　　　　　　　　　　　培训质量结果对照表

培训质量级别(V)	优	良	中	及格	差
区间值	(90,100]	(80,90]	(70,80]	(60,70]	(0,60]
量化值(V')	95	85	75	65	30

4. 一级模糊综合评价

　　按照评价指标相对于评价结果的隶属关系,由培训组织人员按照实际情况对本次培训的各个环节进行归类,将归类结果进行归一化处理后可得本次培训质量模糊综合评价体系,如表 5-2 所列。

表 5-2　　　　　　　　　　　　培训质量模糊综合评价体系

一级评价指标			二级评价指标			隶属关系				
名称	权值	评价值	名称	权值	评价值	优	良	中	及格	差
培训策划	0.3	87.3	培训计划	0.2	88	0.4	0.5	0.1	0	0
			培训课程	0.3	91	0.6	0.4	0	0	0
			授课教师	0.3	80	0.1	0.4	0.4	0.1	0
			收费标准	0.2	92	0.7	0.3	0	0	0
培训组织	0.15	85.15	饮食条件	0.2	82	0.2	0.4	0.3	0.1	0
			住宿条件	0.2	92	0.7	0.3	0	0	0
			学籍档案	0.1	86	0.3	0.5	0.2	0	0
			活动安排	0.15	80	0	0.5	0.5	0	0
			日常管理	0.35	85	0.3	0.4	0.3	0	0
授课过程	0.2	86.9	教学仪器	0.15	75	0	0	0.4	0.3	0
			教室设施	0.15	79	0	0.4	0.6	0	0
			授课形式	0.2	90	0.5	0.5	0	0	0
			授课质量	0.3	92	0.7	0.3	0	0	0
			听课状况	0.2	91	0.6	0.4	0	0	0

一级评价指标			二级评价指标			隶属关系				
名称	权值	评价值	名称	权值	评价值	优	良	中	及格	差
培训效果	0.35	89.1	培训人数	0.3	89	0.4	0.6	0	0	0
			考试及格率	0.2	95	1	0	0	0	0
			考试优秀率	0.2	85	0	1	0	0	0
			学员满意度	0.3	88	0.3	0.7	0	0	0

对第一类因素子集的各指标进行模糊综合评价,可得评价集如下:

$$B_1 = A_1 \cdot R_1 = (0.2, 0.3, 0.3, 0.2) \cdot \begin{bmatrix} 0.4 & 0.5 & 0.1 & 0 & 0 \\ 0.6 & 0.4 & 0 & 0 & 0 \\ 0.1 & 0.4 & 0.4 & 0.1 & 0 \\ 0.7 & 0.3 & 0 & 0 & 0 \end{bmatrix}$$

$$= (0.43, 0.4, 0.14, 0.03, 0)$$

同理可求出其他因素子集中各评价指标的评价集:

$$B_2 = (0.315, 0.405, 0.26, 0.02, 0) \qquad B_3 = (0.43, 0.375, 0.15, 0.045, 0)$$

$$B_4 = (0.41, 0.59, 0, 0, 0)$$

5. 多级模糊综合评价

对各类评价子集进行矩阵运算可得总体评价集如下:

$$B = A \cdot R = (0.3, 0.15, 0.2, 0.35) \cdot \begin{bmatrix} 0.43 & 0.4 & 0.14 & 0.03 & 0 \\ 0.315 & 0.405 & 0.26 & 0.02 & 0 \\ 0.43 & 0.375 & 0.15 & 0.045 & 0 \\ 0.41 & 0.59 & 0 & 0 & 0 \end{bmatrix}$$

$$= (0.406, 0.462, 0.111, 0.021, 0)$$

6. 模糊评价结果的定量表示

求出各个评价子集和评价因素的评价集后,与备择集中相关级别的量化值相乘即可得出评价结果。

(1) 各评价因素的评价结果

以培训计划为例,其因素集为 R_{11},则对该评价因素的评价结果为:

$$V_{11} = V'R_{11} = (95, 85, 75, 65, 30) \begin{pmatrix} 0.4 \\ 0.5 \\ 0.1 \\ 0 \\ 0 \end{pmatrix} = 88$$

同理可分别计算出其他各个评价因素的评价结果,见表 5-2 中相关内容。

(2) 各评价子集的评价结果

以培训策划为例,其评价集为 B_1,则对该评价子集的评价结果为:

$$V_1 = V'B_1 = (95,85,75,65,30)\begin{pmatrix} 0.43 \\ 0.4 \\ 0.14 \\ 0.03 \\ 0 \end{pmatrix} = 87.3$$

其余各评价子集的评价结果见表 5-2 中相关内容。

（3）培训质量整体评价结果

综合考虑各类评价子集的相互影响,对整个培训质量测评体系进行总体评价,其评价结果为:

$$V = V'B = (95,85,75,65,30)\begin{pmatrix} 0.406 \\ 0.462 \\ 0.111 \\ 0.021 \\ 0 \end{pmatrix} = 87.53$$

7. 模糊综合评价结果的分析

从总体评价结果看,本次培训属于优的比例为 40.6%,属于良的比例为 46.2%,属于中的比例为 11.1%,属于及格的比例为 2.1%,总体得分 87.53,按照评价级别和相应区间值的关系,本次培训总体上培训质量属于良。

从各个评价子集的评价结果看,培训策划得分 87.3,培训组织得分 85.15,授课过程得分 86.9,培训效果得分 89.1,各子集的得分较为均衡,均属于良。

从各个评价指标的评价结果看,培训课程、收费标准、住宿条件、授课质量、学员听课情况、考试及格率等方面得分均在 90 分以上,属于优,说明这些环节组织较好;而教学仪器、教室设施得分较低,属于中的级别,说明在授课环节中硬件设施还需要进一步改进。

应用模糊综合评价法对安全培训质量进行测评,可将带有模糊性的定性指标转化为具体的量化值,依据模糊数学的相关理论计算出测评结果。通过对结果的深入分析,可找出培训过程中存在的不足之处,从而为目标明确、有的放矢地改进培训工作提供理论依据。

第六章　安全生产培训模式实例

第一节　矿山救护队大中队指挥员培训

一、概述

1. 方案制定的目的和意义

为规范培训班管理，进一步明确班主任的工作职责，理顺各科室之间的相互关系，有效总结培训过程中的成功经验，改进存在的不足，使培训工作实现目标化、流程化，特制定本方案。

2. 方案实施的关键步骤（见图 6-1）

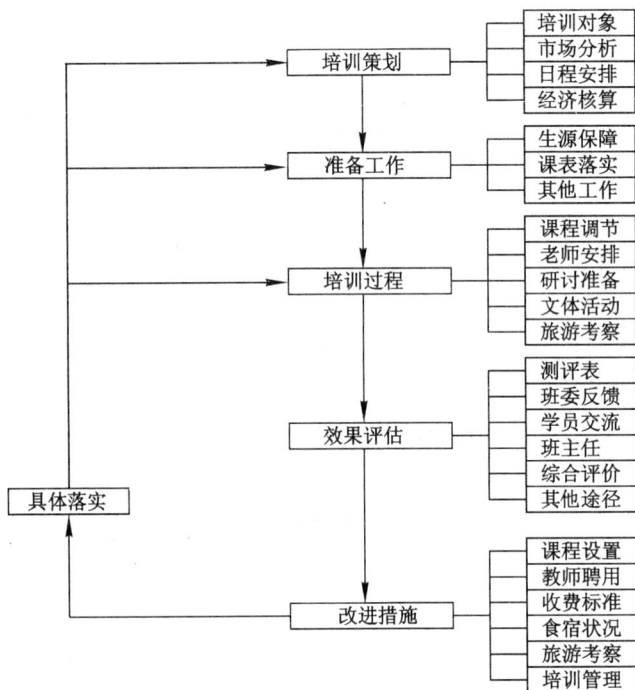

图 6-1　方案实施的关键步骤

二、前期准备

1. 联系生源

（1）整理联系方式：有两种途径，一是对最近两年参加中国煤矿安全技术培训中心培训的救护队联系方式进行分类整理；二是从矿山救援中心查找相关信息。

（2）电话联系：对照联系表，安排专人进行电话联系。

2．补充通知

（1）起草：必须明确注明报到时间、报到地点、联系人及联系方式、乘车路线、培训相关费用、要求所带的物品和资料等。

（2）审核：由处长审核补充通知，修改后即可发文。

（3）发文：按照学院相关发文规定办理发文手续。

（4）传真至所有参加培训的相关单位。

3．确定课表

（1）授课邀请函：对某些授课老师，需给本人或单位发授课邀请函，详细注明该老师的讲课时间、详细内容、具体要求等。

（2）确定培训日程：电话联系每位授课老师，统筹安排上课时间。基本原则外聘老师尽量安排在前，校内老师安排在后，对临时变动的情况需有应急准备。

（3）课表制作：综合考虑休息、研讨、旅游、军训等环节，制定课表。

（4）分发课表：课表经领导审核后，打印若干份分别送至相关领导、校内授课老师、研讨老师、本处各科室、院办公室等。

4．学员手册

（1）制定学员须知：注明上课地点、上课时间、就餐时间和地点、培训期间的注意事项等相关内容。

（2）制定学员手册：包含整个培训班期间的总体安排、课程介绍、研讨内容和研讨方法、结业论文的格式和要求，并将培训日程表和学员须知附在学员手册中。

5．准备资料袋

（1）复印：将学员手册复印若干份并装订。

（2）装袋：领取资料袋、笔记本、签字笔、稿纸、学员登记表，并和学员手册一起装袋。

6．准备教材

（1）领取：按照策划要求，清点并领取教材。

（2）摆放：将教材搬运至教室并摆放。

7．联系财务收费

起草收费说明，注明收费标准、收费时间、收费地点等具体事宜，经领导审核后送至财务处。

8．领取文体用品

领取文体用品，并由专人保管和发放。

9．制定接待安排

按照培训日程，制订接待安排计划，详细注明用车、住宿、招待等相关事宜，送至院办和有关科室。

10．制定学员报到须知

注明收费标准、发票开据说明、就餐地点和时间、第二天的典礼及上课安排情况，需特别强调某些骗子利用报到初期人员相互不熟悉而进行诈骗行为，报到当天将此通知摆放至招待所大厅。

11. 领导讲话稿

应根据培训形式、培训班类型和培训对象,准备领导讲话稿。对讲话稿中所用到的有关数据必须进行查询和确定,讲话稿经多次修改,最终由领导确认。

12. 确定出席典礼的领导

确定领导名单、用车计划、招待安排、桌签准备、典礼费用。

13. 制定典礼流程

制作开班典礼幻灯片和典礼流程,确定主持人、讲话次序。

14. 典礼准备其他工作

桌签摆放顺序,联系宣传部进行摄像和照相,联系花房摆花,联系典礼后的合影,准备茶叶、纸杯和矿泉水,检查话筒、电脑、投影仪等设备情况。

15. 办理借款

大体测算本期培训班的花费情况,按照程序办理借款事宜,并准备好授课教师的课酬单、复写纸等。

16. 准备测试题

按照学员人数,复印好训前测试题。

三、培训过程

(1) 学员签到和训前测试。

为保证培训效果,制定签到表每天进行学员签到。培训初期要进行训前测试,以分析学员对基本知识的了解程度,大体掌握学员在哪方面知识欠缺,以便有针对性地调整培训课程和培训内容。

(2) 收取学员登记表和照片。

学员登记表的审核、照片的粘贴。

(3) 数据库录入和制作学员通讯录。

按照学员登记表内容进行录入,登记不清楚的内容找学员核实。录入后打印所有信息贴在教室,让学员核实本人的每项内容,错误之处经改正后重新输入计算机数据库。由于登记表内容将直接作为办证依据,因此该工作一般至少要经过三次核对。

学员所有信息核实无误后,联系制作学员通讯录。

(4) 确定班委。

为加强培训班管理,及时获取学员各方面意见,需确定临时班委。一般根据学员登记表信息,选择职务较高、表达和沟通能力较强的学员担任。班委确定后需开一个小会,明确各自分工,一般会后由处领导出面招待一次。

(5) 研讨分组。

按照学员人数进行分组,一般每个班委负责一个小组,同时由班委确定本小组的组长,共同做好研讨工作。

(6) 文体活动。

培训班期间适当安排几次文体活动,一般由文体委员配合班主任开展活动安排。

(7) 学员食宿问题。

整个培训期间,学员饮食是最大的问题,班主任需及时将学员反馈的意见进行整理,并和招待所沟通。

（8）授课老师的招待。

提前安排好老师的接送、招待和住宿等事项。

（9）外出考察。

联系用车、门票、保险、用餐等相关事宜,特别要强调人身安全。

（10）培训费的催缴。

学员自己需到财务缴纳培训费,班主任要及时督促学员尽快办理缴费手续。

（11）刻录光盘。

将所有上课教师的课间刻录成光盘。

（12）制作证书。

联系救援指挥中心进行有关资料准备和证书的打印、盖章等事宜。

（13）收集学员论文。

（14）为学员办理返程车票。

（15）归还文体用品。

（16）统计送站、安排车辆。

四、结业及后续工作

（1）训后测试及培训效果测试表。

（2）考试。

（3）结业典礼。

其准备工作同开班典礼。此外还需安排好学员发言、优秀学员证书及奖品、文体活动的奖品发放等。

（4）送站。

（5）整理学员论文。

（6）训后测试和考试卷的分析统计。

（7）归还各物品和教材。

（8）账目结算。

（9）培训班校验表及档案。

（10）培训班总结。

（11）本期培训班的宣传报道。

（12）分析培训效果测试表。

第二节　教育部高职高专安全类专业师资培训

一、开展安全类专业师资培训班的背景

1. 高职高专安全师资队伍建设的需要

随着国家和全社会对安全生产重视程度的提高,安全类专业技术人才需求量逐年上升,截至 2008 年,目前全国设置安全工程学科的本科院校 86 所,其中 49 所院校具有硕士和博士授予权;约 70 所高等专科和高等职业院校开设有"工业环保与安全技术"、"安全技术管理"、"应急救援技术"等安全类专业,为安全生产、安全监管和应急救援等安全生产单位和机构提供了人才保障。但安全科学是一门正在成长中的交叉性学科,安全问题本身又具有复杂性和多样性的特点,目前全国尚未形成统一的教学大纲和课程体系。鉴于各院校开设安全类专业的历史都较短,带有相关行业的特点,由于其所开专业课程的侧重面不同而导致所培养出的学生知识结构片面、单一,且存在着明显的行业特点。此外,安全类专业的发展需要大量的专业教师,而相当一批教师过去并没有从事过安全技术、安全研究和安全管理工作,加之新的社会形势迅猛变化和发展,在教学的方式方法等方面也对安全专业教师提出了更高的要求,因此,迫切需要对高职高专安全师资队伍进行系统培训,积极改革以课堂和教师为中心的传统教学组织形式,将理论知识学习、实践能力培养和综合素质提高三者紧密结合起来,建设一支适应时代发展需要的高水平的师资队伍。

2. 职业技术教育形势发展的需要

《国务院关于大力发展职业教育的决定》明确了今后一个时期职业教育改革与发展的指导思想、目标任务和政策措施。职业教育担负着为社会主义现代化建设服务,培养数以亿计的高素质劳动者和数以千万计的高技能专门人才的神圣重任。如何落实该决定提出的"坚持以就业为导向,深化职业教育教学改革"的任务,推进职业教育办学思想转变,推动职业院校更好地面向社会、面向市场办学,强化职业院校学生实践能力和职业技能的培养,切实加强学生的生产实习和社会实践,重要的是要加强职业教育基础能力建设,实施好"职业院校教师素质提高计划",全面提升教师队伍整体素质。

3. 教育改革发展的需要

《教育部关于加快高等职业教育改革促进高等职业院校毕业生就业的通知》(教高[2009]3号)要求有关院校积极调整专业方向,优化专业结构,适应就业市场要求,通过更新、调整及增加必要的专业技术课程和实训实习项目,提高学生的就业能力和适应性。高等职业教育必须适应社会需要,以培养技术应用能力为主线来设计学生的知识、能力、素质结构和培养方案,使培养出来的学生具有直接上岗工作的能力。同时,要按劳动和社会保障部门有关职业技能考核标准,对学生实施职业技能考核鉴定,使学生毕业时能同时获得相应的学历证书和职业资格证书。职业教育要贴近当前产业转型、调整和企业人力资源需求变化,有针对性地灵活调整专业设置,优化高职院校专业结构,改革人才培养方案,适应国家经济社会发展对紧缺型高技能人才的需求,而这一切都使我们的安全类专业教师面临新的挑战,必须适应形势,采取新的方式方法。

4. 安全生产形势对人才需求的需要

我国安全生产形势整体上稳定,但安全事故总量仍然居高不下。现阶段我国的安全生产突出表现为总体稳定、趋于好转的发展态势与依然严峻的现状并存。事故原因统计分析表明,事故原因基本上是由于关键的技术问题没有解决,从业人员的安全意识淡漠,职工的整体技术素质仍然不能适应形势发展的需要。随着国家法制体系的逐步完善和执法手段的强化,今后安全将成为高危行业企业竞争和优胜劣汰的主要因素,这也加大了有关企业对安全类专业人才的强劲需求。扩大与高危行业安全紧密相关专业的人才培养规模,采取有力措施,加强人才培养工作,不断提高人才培养质量,建立安全类专业人才引进使用的有效机制,使其专业人才数量基本满足发展的需要。

二、培训条件

1. 安全生产教育培训基地

华北科技学院是国家安全生产监督管理总局直属的唯一一所以安全科技为办学特色的

普通高等本科学校,中国煤矿安全技术培训中心与华北科技学院实行"一套机构、两块牌子"的管理方式,具有安全生产和煤矿安全两个一级培训资质,也是国家安全生产应急救援指挥中心的培训基地和中国煤炭工业劳动保护科学技术学会确定的培训基地。

2. 培训经历

中国煤矿安全技术培训中心自1984年成立以来,围绕安全生产需要,开展了大量培训工作。2000年以后,伴随国家安全生产监管体制、国家煤矿安全监察体制和国家安全生产应急救援体系的建立和完善,中心举办了以煤矿安全监察员、矿山救援大中队指挥员为主要培训对象的多个培训班,为煤矿安全监察队伍、矿山应急救援体系的建立和完善作出了应有的贡献。

中国煤矿安全技术培训中心形成了一套适合适应中国国情的安全技术培训模式,年培训规模在100余个班次,培训人数达到5 000人左右。

3. 师资培训

在师资培训方面,中心也进行了积极的实践和探索,举办了多个师资培训班,积累了一定的经验,同美国劳工部合作先后进行了矿工师资、救护师资和监察员师资培训,取得了较好的效果。

4. 教师

中国煤矿安全技术培训中心在采煤、掘进、机电、计算机、自动化、防治水、安全管理等专业上教师齐全,配备合理,其中具有硕士和博士学位的专职教师占教师总数的50%以上,且许多教师既具有深厚的理论水平,又具有丰富的实践经验。中心在建立高水平师资队伍的同时,充分利用北京地区人才密集的优势,聘请在京多名专家为兼职教授。

5. 培训管理

过程管理是培训管理的核心,环节管理是培训管理的根本,把完善机构建设作为实现培训宗旨的前提,全面构建培训管理体系框架。该中心内设培训策划、教学管理、档案管理、后勤服务等内设机构,配备了一批具有现场工作经验的硕士、博士,同时建立了完善的培训管理制度。在具体教学实践过程中,按照以培训需求为导向,以获得最佳培训效果为目的的原则,从需求分析入手解决培训策划问题,在制订详细的培训方案基础上,根据培训目标、对象和设计内容,精心设计了训前训后测试、培训方法创新、研讨教学体系、学员需求反馈、培训计划修订调整等教学环节,从而提升了培训管理水平。

6. 场地设施

该中心在注重理论知识培训的同时,还十分重视实践教学设施、课程建设和后勤保障。目前,中心建有人机工程实验室、瓦斯煤尘检测仪器仪表室、矿山救护技能模拟训练室、水文地质分析室,将矿山救护技能训练、事故勘察及预测作为实验室建设的重点,力求通过实验技能培训,使学员掌握矿山救护、各类矿山事故勘察与分析技术、安全仪器仪表使用等技能。

三、培训计划

1. 培训对象

高等学校、高职高专院校的分管领导及安全类专业负责人、教学人员、实训人员和教学管理人员。

2. 需求分析

该中心在举办其他类型的培训班时,广泛征求了各方面的意见,同时通过教育部高职高专教学指导委员会对高等职业技术学院、高等专科学校进行了调查了解,许多安全专业教师普遍反映缺乏对安全生产法律法规和安全新技术、新工艺的了解,迫切需要了解针对性强的安全工程教学方式方法,同时建议把师资培训班作为各地经验交流的一个平台。因此,高职高专师资培训非常必要,也极有意义。

3. 培训目标和培训理念

针对开设安全技术及工程、应急救援、工业安全与环保属等新专业的院校,大部分教师、管理人员和实验人员对安全类专业的教学、实验和管理不熟悉的特点,重点培训内容包括:一是安全生产相关法律、法规、标准和政策;二是安全生产最新技术、工艺和装备,安全生产理论和科学;三是职业技术教育的理论、方法和技术。参加培训的人员,通过培训可以熟悉国家安全生产法律法规的基本要求,了解安全新技术、新工艺的具体规定,熟练掌握安全工程专业教学的方式方法,探讨安全专业教育的基本规律,提高安全教学的实用性、针对性。

培训理念:针对成人学习和高职高专教师素质高的特点,充分调动每个学员学习的积极性,采用参与式学习方法,每个学员同时又是老师(他们都有自己某一方面的特长),要同时注重提供和开发知识、技能和行为方式,满足其工作需求,要以学员为主题,以问题为导向,以研讨为重要形式,以提高能力为目的,开展多样化的学习。

4. 教学内容和教学形式

培训内容主要是安全生产法律法规与方针政策,安全生产新技术、新工艺,安全专业教育方法,安全学科体系建设等。采取的主要形式有:课堂讲授、研讨、经验交流等,包括开学及结业典礼在内培训时间总共为7天。培训的整体分配如下:报到和拓展训练1天,上课与研讨5天,经验交流及结业1天。

培训的主要内容为:政策与法规,安全学科体系及人才培养,安全专业教育方法,安全专业教学质量监控,教学经验交流。

5. 课堂讲授

课程安排如表6-1所列:

表6-1　　　　　　　　教育部高职高专安全类专业师资培训课程安排

课程名称	主要内容	课时
安全生产政策、法规与安全生产形势	全国安全生产形势,安全生产特点,安全生产成就和问题;煤矿安全生产法律体系及主要法律制度;安全生产监管监察体制、安全生产应急救援体系。	8
安全学科体系和人才需求	安全学科建设;安全专业人才培养模式分析;人才需求。	4
安全培训	安全培训的作用,安全培训方法,安全培训方案的策划和设计,安全培训管理,安全培训教案、课件和教材的开发,安全培训考核,安全培训质量监控和评估,安全培训机构	4
安全专业教育方法	安全专业的学科体系,主干课程组成,安全专业人才培养模式,安全专业人才知识结构和能力结构分析。	4
安全专业教学质量监控	高职高专安全专业教学质量指标体系及其关联分析;教学质量监控方法和评价体系;人才评价方法。	4

课程名称	主要内容	课时
安全新技术与新装备	现代科学技术的创新方法,安全新技术,安全新装备,高危行业安全新技术进步评述	4
职业教育方法研究	职业教育心理学与教育管理学;人才教育模式分析;理论课程设置及教学方法;实践类课程设置及教学方法;培养目标定位。	4
合 计		32

对课堂讲授提出以下要求:

课堂讲授的内容要有针对性、实用性和可操作性,要注重能力的培养。

培训方式方法要根据成人学习的特点去组织;要注意教学的趣味性,寓教于乐;双向性,学员有丰富的工作经验和深厚的理论基础,要组织学员参与到学习中来,每半天的课程要有不少于 30 分钟的互动;授课老师要编制课件和教案,由培训处专家组成员提出修改建议并及时反馈给授课老师,课件为 PPT 格式。

6. 研讨方案

研讨课设计为 2 次共 8 个学时,根据每期参加人数的多少来分组,每组不要超过 20 人,研讨指导老师从培训处中选任有研讨经验的老师担任,根据具体情况,从下面 4 项研讨题目中通过问卷调查的形式选择 1～2 项内容。研讨方案见表 6-2。

表 6-2　　　　　　　矿山救护队大中队指挥员培训研讨方案

研 讨 内 容	研讨课时
安全学科体系和专业设置	4 课时
安全专业教育方法;教育教学特点;安全专业教育的基本规律;课程设置	4 课时
安全专业教学质量监控;教学质量监控方法和评价体系;高教国家精品课程	4 课时
人才培养和就业	4 课时

7. 经验交流

发送培训通知时即告知学员准备一份经验交流材料。材料要结合自己的实践经历,谈正反两个方面的体会。经验交流时间为 8 个学时,每人介绍 5 分钟,具体由培训处组织。具体围绕以下内容进行交流:课程设置;教材编写;考核方法;实验室建设;教学质量监控体系;教学经验介绍。

8. 拓展训练

中心聘请专门的教官进行拓展训练,特别是教师职业形象和礼仪的训练。

四、班级管理和其他

为了缓解学员每天学习的紧张气氛和压力,提高学员的身体素质和文化修养,增加学员之间以及学员和班主任之间的交往和友谊,培训班要精心策划各种文体、娱乐活动,具体活动安排由班主任协商并在开班前提出实施方案。另外,班主任要和学员一起搞好班级管理工作,班主任要搞好后勤服务工作。

(1)中国煤矿安全技术培训中心从整体和全局考虑,完成课程的设置,并以电子邮件的方式通知每个授课老师培训的对象、培训的日程安排、培训课程的名称、培训的目标、该课程在培训中的总体地位和作用以及其他具体要求。该中心为每个培训老师提供周全的服务,辅助授课老师完成既定的培训任务。

（2）培训老师在受中心的邀请下接受培训任务后,应能积极主动地配合中心的工作,保质保量地完成中心交给的授课任务,对不正确或不合理的地方提出意见共同商榷。

（3）中心和培训老师之间要建立方便、快捷、畅通的联系方式,中心指定专人负责,并把手机、电话、邮箱等联系方式告诉培训老师,提高沟通效率。

（4）学员要尊重培训老师的辛勤劳动,认真听讲、积极参与,完成既定的学习任务,每天学完后要认真填写学习日记,内容包括今天学习的主要内容、所学内容实用性和针对性如何、有何收获（认识层面和应用层面）、课程讲授的有关建议等,专业班主任每天整理汇总,及时和授课教师沟通改进。

五、培训考核

培训考核采取前试前测试和训后测试两种方式。训前测试的目的是要了解受训人员对各方面知识结构的掌握程度,需要了解哪方面的信息,等等。训后测试主要是了解本次培训的效果以及下次培训需要改进的地方。训后测试采取撰写论文的形式。

六、培训过程的监视和改进

师资培训举办 2 期,每期都需要对培训质量进行跟踪调查和监视,目的是确保培训过程按要求及目的进行管理和实施。

监视的方式包括:和学员交谈,观察和资料收集,等等。主要是由两部分构成:一是学员对培训质量的反馈信息,二是负责该项目策划的同志到堂听课收集信息。最后形成本期培训质量报告和总结,这样一方面及时反馈给授课老师,从而在下一期改进,另一方面可以存入档案方便以后的查阅。在确定培训的授课老师后,要建立畅通的双向联系,由培训处在开班前提前一周向各培训授课老师发送一份邮件,告知本次培训的目标及其他有关设想和合理建议,授课老师如有什么建议和要求也可以发给培训处。

第三节 山东省东明县安全应急救援队员培训

一、背景

东明县属于山东省菏泽市,邻近河南省,中原油田多个石油加工企业位于东明县境内,这些企业均属于危险品加工企业,存在发生爆炸、泄漏、燃烧等事故的可能性,建立应急救援队伍,以应对可能的事故,是非常必要的。

东明县安全生产监督管理局,根据东明县政府和山东省安全生产监督管理局的部署,组建了一支由转业、退伍军人组成的应急救援队伍,人数为 100 人,文化程度主要为初中毕业,个别队员高中毕业和大中专毕业,培训前由山东东明县消防大队对他们进行为期一个月的队列和体能训练。

二、总体要求

1. 培训定位

根据以上情况,本次培训属于危险化学品应急救援队员的上岗资格培训,业务内容主要适应于危险化学品事故应急救援,文化程度基于学员掌握初中化学基本知识。学员必须要掌握危险化学品的基础知识及相关法律法规,在此基础上,方可进行危险化学品应急救援理论、技术和方法。因此,培训包含三个知识模块:

模块一:危险化学品基础知识。包括化学基本概念、有机化学的基本知识、燃烧爆炸的化学过程、化学动力学基础知识、化学品毒性介绍、防毒基础知识。

模块二:法律法规。包括安全生产和应急救援的法律法规、基本法律制度、应急救援管理体制和运行机制,应急救援机构和人员的相关法律管理规定、救援程序规定、救援机构和人员的职责和权利、安全生产责任。

模块三:救援理论、技术和方法。包括应急救援预案编制和管理,应急救援响应,爆炸、燃烧品的救援方法、有毒物品的救援物品救援方法,救护装备使用管理和维护,救援队伍日常管理,救援队伍自身保护,急救技术、方法和装备。

2. 术语与定义

(1)危险化学品:指属于爆炸品、压缩气体和液化气体、易燃液体、易燃固体、自燃物品和遇湿易燃物品、氧化剂和有机过氧化物、有毒品和腐蚀品的化学品。

(2)危险化学品事故:指由一种或数种危险化学品或其能量意外释放造成的人身伤亡、财产损失或环境污染事故。

(3)应急响应:指事故灾难预警期或发生后,为最大限度地降低事故灾难的影响,有关组织或人员采取的应急行动。

(4)应急救援:指在应急响应过程中,为消除、减少事故危害,防止事故扩大或恶化,最大限度地降低其可能造成的影响而采取的救援措施或行动。

(5)危险化学品应急救援:指由危险化学品造成或可能造成人员伤害、财产损失和环境污染及其他较大社会危害时,为及时控制事故源,抢救受害人员,指导群众防护和组织撤离,清除危害后果而组织的救援活动。

(6)危险化学品应急救援指挥人员:指危险化学品安全生产应急管理人员、化工企业负责人和安全管理人员、危险化学品应急救援队伍以及其他相关人员。

三、培训内容和课程设置

培训采用国家安全生产监督管理总局危化司和安全生产应急救援指挥中心推荐的培训教材和相关专业讲义。

培训坚持理论与实际相结合,采用多种有效、灵活实用的方式,注重对培训人员应急理论和应急能力的综合培养,职业道德、安全意识、应急救援专业技能和应急救援能力的培养。

培训时间96课时,每天6个课时,时间为16天。

1. 模块一:危险化学品基础知识(合计18课时)

(1)化学基础知识(6课时)

主要内容包括:物质基本构成和分类,无机物、有机物,化学反应和物理反应,化学反应热,燃烧、爆炸的化学过程分析,化学动力学基本知识,链式反应原理,石油、天然气的分子结构和特性分析,高分子化学基础等内容。

(2)石油天然气开采、运输和加工基础知识(6课时)

主要内容包括:石油、天然气的形成与赋存,石油、天然气开采原理,石油天然气运输方式、技术和装备,石油、天然气加工工艺、装备和技术,石油、天然气加工的主要危险性和安全隐患分析。

（3）危险化学品基础知识(6 课时)

主要内容包括：危险化学品定义和分类(危险化学品的定义，与危险化学品分类有关的国家标准：GB 13690—92《常用危险化学品的分类及标志》，GB 12268—2005《危险货物品名表》，GB 6944—2005《危险货物分类和品名编号》，GB 20576—2006～GB 20599—2006、GB 20601—2006、GB 20602—2006《化学品分类、警示标签和警示性说明安全规范》)；化学品国际分类(国外分类介绍；化学品分类的最新进展，主要包括：《作业场所安全使用化学品第 170 号公约》，《化学品分类及标记全球协调系统》(GHS)，《化学品分类和标记安全规范》，《化学品警示标签和警示性说明编写规定》，GHS 转化为 38 项强制性国家标准)；危险化学品(爆炸品，压缩气体和液化气体，易燃液体，易燃固体、自燃和遇湿易燃物品，氧化剂和有机过氧化物，毒性物质，放射性物品事故类型，腐蚀品，可燃粉尘)事故危险特征及类型。

2. 模块二：法律法规和政策(合计 12 课时)

（1）应急救援相关法律法规(3 课时)

主要内容包括：安全生产法律体系，安全生产基本法律制度，应急救援的基本法律规定。

（2）应急管理体制(6 课时)

主要包括：我国应急管理体系的主要内容(组织体系，预案体系，运行机制，保障机制)，应急管理体系的构建，安全生产应急管理工作重点，应急救援机构日常管理应急救援预案编制及管理。

（3）危险化学品的应急管理与安全监管(3 课时)

主要包括：危险化学品应急管理工作的现状(危险化学品安全状况与问题：危险化学品基本情况，危险化学品安全状况及主要问题)；危险化学品安全监管主要措施(危险化学品隐患排查和专项治理，严格执行高危行业安全费用提取制度，大力推行危险化学品从业单位安全标准化工作，严格执行危险化学品安全许可制度)。

3. 模块三：救援理论、技术和方法(合计 60 课时)

（1）危险化学品应急处置(12 课时，外请齐鲁石化专家)

主要内容包括：危险化学品应急处置原则(危险化学品应急处置的基本程序，危险化学品应急救援的基本任务、基本程序、基本原则)；泄漏事故应急处置原则(泄漏事故应急处置原则及应注意的问题)；火灾(爆炸)事故应急处置原则[危险化学品火灾(爆炸)事故应急处置原则，危险化学品火灾(爆炸)事故处置应注意的问题]；化学事故快速检测程序及手段(快速检测程序，现场快速检测器材及用途)；危险化学品(爆炸品，压缩气体和液化气体，易燃液体，易燃固体、自燃物品，遇湿易燃物品，氧化剂和有机过氧化物，毒害品，腐蚀品，放射性物品)事故处置基本方法。

生产过程危险化学品应急处置(生产过程装置和工艺的特点)；生产过程危险化学品事故的特点(火灾爆炸事故的特点，油气井井喷火灾的特点及井喷着火的主要方式)；生产过程危险化学品事故的常见起因及后果(常见起因及后果，典型事故案例)；生产过程危险化学品应急处置(生产装置火灾扑救的措施，包括：基本对策，灭火对策，安全措施)；油气井井喷火灾扑救的措施(基本程序，措施)；生产过程危险化学品应急处置案例。

储存过程危险化学品应急处置(危险化学品储存的安全要求，储存过程危险化学品事故的特点)；储存过程危险化学品事故的原因及后果；储存过程危险化学品应急处置；危险化学品仓库火灾扑救；石油储罐火灾扑救(扑救石油储罐火灾的战术措施，不同类型油罐火灾的灭火方法);储存过程危险化学品应急处置案例。

(2)运输过程危险化学品应急处置(6课时,外请齐鲁石化专家)

主要内容包括:危险化学品运输的主要问题;危险化学品运输的安全要求;危险化学品运输的包装安全要求(危险化学品包装类别及安全要求,危险化学品包装的标记及标志,运输危险货物车辆标志);危险化学品运输事故的特点(危险化学品公路运输事故的特点,危险化学品运输事故的危害);运输过程危险化学品事故的原因及后果(运输过程危险化学品事故的常见起因及后果,运输过程典型事故案例);运输过程危险化学品的应急处置(处置运输过程危险化学品事故的特殊性、处置措施,运输过程危险化学品应急处置的案例。)

(3)危险化学品应急防护(6课时)

主要内容包括:危险化学品的防护及救护基本知识;危险化学品毒害性基本知识(毒性物质的分类分级,毒性物质的毒性作用);危险化学品中毒救护基本知识(中毒急救要领,中毒急救治疗的一般原则,常见毒性物质中毒急救措施,常见毒性物质中毒急救用药);应急救援个体防护(危险化学品事故对应急救援人员伤害的种类,个体防护分级和个体防护装备的配备要求);应急救援现场抢救与急救;窒息性气体中毒的现场急救(窒息性气体的中毒机制及中毒症状,现场防护原则和现场急救原则);化学烧伤的现场抢救(化学烧伤的特点、致伤机制及诊断要点,化学烧伤的急救);紧急避险与自救(灭火抢险救援中可能导致救援队员伤亡的常见情况,加强在灭火抢险救援中"自我防护"的基本措施)。

(4)防护装备与器材(6课时,其中3课时现场演示,外请齐鲁石化专家)

主要内容包括:呼吸防护装备与器材(呼吸防护装备的种类,呼吸防护装备的使用,呼吸防护装备的选用,呼吸防护装备的维护保养);其他防护装备与器材(防护服、眼部防护用品、手脚部防护用品的种类、选用与维护);消防员个人装备与器材(常规装备、特种消防服的种类、选用与维护);消防车(消防车的种类及其用途,涡喷消防车的工作原理、灭火优势以及在灭火救援中的应用,我国涡喷消防车的主要性能及特点,压缩空气泡沫消防车的基本原理、主要特点);灭火剂(泡沫灭火剂,干粉灭火剂,细水雾灭火剂);消防水力排烟装备(消防水力排烟装备的特点及分类)。

(5)典型危险化学品应急处置(24课时,外请齐鲁石化专家)

主要内容包括:液化石油气事故处置(液化石油气的理化性质及危险特性,液化石油气事故处置方法,民用、生产单位、储罐、槽车、液化、装置区域石油气事故的处置);液化石油气事故应急救援案例分析及经验与教训;液化天然气事故处置(液化天然气的理化性质及危险特性,液化天然气事故处置方法,液化天然气事故应急救援案例分析及经验与教训);液氨事故处置(液氨的理化性质及危险特性,液氨的中毒与急救,液氨事故处置方法,液氨事故应急救援案例分析及经验与教训);液氯事故处置(液氯的理化性质及危险特性,液氯中毒与急救,液氯事故处置方法,液氯事故应急救援案例分析及经验与教训);常用异氰酸酯事故处置(异氰酸酯的种类及其毒性,常用异氰酸酯的理化性质及危险特性,常用异氰酸酯中毒与急救,常用异氰酸酯事故处置方法);硫酸二甲酯事故处置;氰化物事故处置;电石事故处置;硝酸事故处置;硫酸事故处置;盐酸事故处置;硫化氢事故处置。

(6)军事化管理和拓展训练(6课时)

主要内容包括:军事化管理的基本内容,拓展训练按照安全生产事故应急预案的要求,针对实际生产、储存和运输过程危险化学品事故应急救援案例,结合理论课所掌握的知识,采取多种演练方法,如具有检验性、研究性、示范性的方法等,通过实际培训提高学员的应急救援决策、协调能力和事故应急处置能力。

4.考核(6课时)

考核分为基础知识考核和实际应用能力考核两部分。经基础知识考核合格后,方可进行实际应用能力考核。

基础知识考核试题类型分为填空题、简答题和论述题。按填空题 30 分、简答题 50 分、论述题 20 分确定试卷内容。满分为 100 分,60 分以上为合格。考试时间为 120 分钟。

第四节　放顶煤开采安全技术专题培训

一、举办放顶煤开采安全技术培训班的必要性

1.放顶煤开采比例和各省的分布

针对国有重点和地方煤矿进行的调查材料,我国 15 个采用放顶煤开采重点省的 159 个煤矿企业生产能力共计 54 542 万 t/a,其中放顶煤工作面生产能力 26 353 万 t/a,占 48.3%,各省放顶煤产量所占比例超过 80% 的省份有山东、新疆和甘肃,超过 50% 的省份有山西、吉林、内蒙、黑龙江和陕西。

2.放顶煤采煤工作面的自然灾害状况

从工作面的瓦斯等级、煤与瓦斯突出、坚硬顶板(煤)、煤层自燃危险性、煤尘爆炸危险性、突水危险性和冲击地压等 7 个方面考察放顶煤开采所面临的灾害状况。其中,煤尘具有爆炸危险性的工作面占 90%,普遍存在;煤层属于自燃和易自燃的占 62.1%;高瓦斯和坚硬顶板(煤)工作面分别占 23.9% 和 29.6%。

3.放顶煤采煤方法带来的主要问题

(1)资源回收率低。由于放煤口的设置不可能沿采空区一侧连续、成面布置,而放煤的过程和程度完全靠人为、凭经验进行,因此,放煤口之间的煤、端头支架上方的煤及其他原因未放出的煤就会遗留在采空区。放顶煤开采的回收率将比分层开采减少 5%～15%,如放煤参数及放煤工艺不合理,回收率将更低。对于采放比过大的特厚煤层,有时回采率甚至达不到 75%。

(2)顶板管理方面:顶煤的大量冒放会造成更大范围的围岩移动和应力变化,造成工作面支架的松动不稳;坚硬顶板或顶煤($f>3$ 即冒放性差的 4 类煤层)无法冒放,必须采取有效的预裂措施才能正常开采,在工作面采用直接爆破破碎顶煤顶板,引起瓦斯爆炸的可能性较大。

(3)瓦斯防治方面:放顶煤开采在大幅度增加工作面产量的同时,绝对瓦斯涌出量也大幅度增高,相对瓦斯涌出量往往会降低。工作面顶煤冒放放散出的瓦斯大量遗留在采空区,以及放煤期间的瓦斯涌出,会大大增加风排瓦斯的负担,造成上隅角瓦斯超限。此外,如果遇到坚硬顶煤、在工作面两巷落山角或工作面初采期间存在冒落空洞,则很可能形成瓦斯积聚,一方面有瓦斯爆炸的危险,另一方面,顶板突然垮落,也可以使瓦斯突然涌出,引起瓦斯灾害。

(4)煤尘防治方面:放顶煤工作面空气中总的含尘量一般比普通工作面高,特别是放煤期间放煤口附近的煤尘更是严重,对职工的健康有很大影响,对安全生产也构成重大威胁。

（5）防治水害方面：由于放煤引起开采空间增大，因此，必须对采空区高度或导水裂隙可能发展的高度作充分估计，判断其与地下水、地表水联系的可能性，并作出堵水、排水的安全措施，防止引起水灾。

（6）火灾防治方面：遗煤不仅降低了回采率，而且给自然发火创造了物质条件，顶板的不及时垮落增加了采面后部区域的漏风，提供了自燃的供氧环境，由于各种原因造成的推进度不正常致使回采时间超过自然发火期，给自燃创造了足够的时间，这些因素都增加了放顶煤工作面自然发火的概率。

4. 重特大事故多发

近年来，放顶煤开采形成了"有条件要上，没有条件创造条件也要上"的趋势，普遍存在忽视该采煤方法带来的资源浪费、安全生产等问题，特别是个别煤矿企业只追求眼前利益，忽视安全，导致特别重大事故的发生，引发了多起重大恶性事故，如：铜川陈家山、辽宁阜新王营煤矿、黑龙江鹤岗南山煤矿、河南鹤壁二矿、甘肃魏家地煤矿的瓦斯爆炸事故，山东兖矿的矿震事故、自然发火事故，抚顺老虎台矿的水灾事故等虽然原因众多，但没能正确地掌握放顶煤开采安全技术却是其共性的重要原因。

5. 国家煤矿安全形势的需要

2006 年 10 月 25 日国家安全生产监督管理总局令（第 10 号）公布了《关于修改〈煤矿安全规程〉第六十八条和第一百五十八条的决定》，并自 2007 年 1 月 1 日起施行。

这次《煤矿安全规程》第六十八条在五个方面作了较大的修改，一是增加了对矿井采用放顶煤开采审批管理的内容，防止出现不符合安全生产条件的放顶煤开采工作面；二是规定了"采用预裂爆破对坚硬顶板或者坚硬顶煤进行弱化处理时，应在工作面未采动区进行"；三是对高瓦斯矿井的易自燃煤层采用放顶煤开采，提出了灾害防治的要求；四是增加了对采用单体液压支柱放顶煤开采的限制条件；五是对放顶煤开采的采放煤高度进行了限制。这些修改进一步加强了放顶煤安全开采的安全技术管理措施，将会有效地防止放顶煤开采重特大事故的发生。

放顶煤开采工艺经过 20 多年的发展，从整体技术上已趋于成熟，但分析近年来发生的事故，主要是在两个方面还存在明显不足：一是由于各地技术发展水平不同，各个企业在某一安全技术方面掌握了较为适宜的先进技术，但由于缺乏沟通和交流机制，造成在其他矿井仍然发生不应发生的事故；二是企业在制度、规定和具体措施的落实方面还存在一些梗阻现象，这就需要进一步提高认识。解决上述两大问题的主要手段就是汇集全国煤矿放顶煤开采安全先进技术经验，实行普遍性的培训。

目前，新六十八条已在煤矿企业贯彻实施。但是如何正确理解执行新的规定，掌握技术规范要求，及时按新规定修改完善原有开采工艺，解决技术管理人员对禁止性限制条件、放顶煤安全技术论证和新的安全技术要求上的模糊认识，是使用放顶煤开采技术的煤矿企业迫切需要研究解决的问题。鉴于中国煤炭劳保学会全过程参与了《煤矿安全规程》第六十八条调研修改工作，中国煤矿安全技术培训中心对主要放顶煤省区的放顶煤安全技术工作进行了调研分析，同时认真研究了近年来放顶煤工作面所发生的事故，对目前开采中的安全技术问题及新的安全技术有较为清楚的了解，中国煤炭劳保学会和培训中心共同研究的培训内容，也征询了国内放顶煤工艺、瓦斯防治、火灾防治、煤尘防治和顶板管理等方面部分专家的意见，能够正确理解修改的内容和技术措施的执行规定，具备组织开展放顶煤开采安全技术专题培训考核工作的能力。为了保证培训工作的顺利进行,请求国家煤矿安全监察局委托中国煤炭劳保学会和中国煤矿安全技术培训中心组织实施此项工作。

二、培训计划

1. 培训对象

从事放顶煤开采的各煤炭企业通防、生产工作的技术负责人、管理人员和工程技术人员(主要指各集团公司生产、通风部门技术及管理人员,放顶煤生产矿井的生产副矿长、总工程师、采煤和通风副总、生产和通风科长及技术人员);各类煤矿设计单位从事通防、生产工作的设计管理及技术人员。

2. 需求分析

根据调研结果了解到,目前实行放顶煤开采工艺的矿井,许多对《煤矿安全规程》第六十八条的执行存在一些模糊认识,对新技术、新工艺、开采设计论证程序、开采适宜条件及禁采规定还缺乏足够的认识,迫切需要系统的专业学习。因此,开展放顶煤开采安全技术培训非常有必要,也非常有意义。

3. 培训目标和理念

放顶煤开采安全技术培训班的目标是:使从事放顶煤开采的管理及技术人员熟悉国家安全生产监督管理总局第 10 号令的内容要求,了解放顶煤开采安全技术方面最前沿的科学技术、先进做法,掌握基本的安全技术知识,提高对放顶煤科学、合理开采的认识,并通过分析近年来发生在放顶煤矿井的典型事故案例来从中吸取教训等。

培训的理念:要针对成人学习的特点,充分调动每个学员学习的积极性,采用参与式学习方法,每个学员同时又是老师(他们都有自己某一方面的特长),要同时注重提供和开发知识、技能和行为方式,满足其工作需求,要以学员为主题,以问题为导向,多样化地学习。

4. 培训内容和培训方式

培训内容主要为放顶煤开采的安全技术及典型放顶煤事故案例,要与学员的工作联系起来,注重培训的针对性、实用性和可操作性。采取的主要形式有:课堂讲授、研讨、项目研究和学员论坛等,包括开学及结业典礼在内培训时间总共为 9 天,根据现代培训理论,培训的整体分配如下:教师讲授时间 42 课时,专题研讨 20 课时,项目研究 2 课时,学员论坛 2 课时,其他 5 课时。

(1)课堂讲授

课程安排见表 6-3。

表 6-3 放顶煤开采安全技术专题培训课程安排

课程名称	主要内容	课时
放顶煤开采、矿压控制与顶板管理	放顶煤开采的主要工艺、开采技术现状及存在的主要问题,论证的主要内容及程序,影响资源回收率的原因及措施,合理采放比的确定,顶煤预裂爆破安全技术,大块煤矸的处理,顶煤冒放性的确定,防治冲击地压措施,放顶煤工作面顶板事故的主要类型统计分析	8
《煤矿安全规程》第六十八条释义	第六十八条修改的背景、原因、目的及条款的主要含义	4
矿震防范技术措施	矿震的成因与分类、典型矿震情况、主要防范措施	4

课程名称	主要内容	课时
放顶煤开采火灾防治技术	放顶煤工作面火灾隐患类型、火灾事故类型、主要防灭火系统的适用条件、各类火灾的防治措施	8
放顶煤开采通风与瓦斯防治技术	放顶煤矿井通风系统稳定性、可靠性条件,通风系统的抗灾性能评价及通风系统的主要事故隐患和常见的主要问题;放顶煤工作面瓦斯来源分析、主要防范手段和措施	6
放顶煤开采水灾防治技术	放顶煤工作面水灾隐患类型、水灾事故类型、水源与突水动力来源分析、管理及技术防范措施	4
放顶煤开采粉尘防治技术	放顶煤工作面粉尘隐患类型、粉尘事故类型、防尘系统构成及主要防治尘措施、手段和装备	2
典型事故案例剖析	以陕西陈家山、甘肃魏家地、河南鹤壁二矿瓦斯爆炸,山东鲍店矿震和付村瓦斯燃烧自然发火及山东柴里煤尘爆炸等几起典型事故为例,分析事故的原因及主要防范措施	6

（2）研讨方案

研讨课设计为 5 次共 18 学时,根据每期参加人数的多少来分组,每组不要超过 20 人,研讨指导老师从培训处中选有研讨经验的老师担任,研讨从放顶煤安全技术和典型事故案例分析两个方面入手。研讨方案见表 6-4。

表 6-4　　　　　放顶煤开采安全技术专题培训研讨方案

研讨内容	研讨课时
《煤矿安全规程》第六十八条修改专题研讨:放顶煤开采的主要安全隐患;放顶煤开采的事故原因;放顶煤开采的安全技术措施;放顶煤开采设计论证程序	4 课时
如何实施顶煤预裂爆破技术:主要方法;技术手段;效果情况	2 课时
放顶煤工作面瓦斯(煤尘)爆炸专题研讨:瓦斯涌出及积聚状态;防治瓦斯的主要措施;产尘点及煤尘分布情况;主要防治尘手段	4 课时
放顶煤工作面火灾防治技术专题研讨:自然发火原因及可能的发火点;不同地点及不同诱发原因的火灾防治措施	4 课时
放顶煤工作面防治水技术专题:典型水灾事故案例分析;水灾诱发原因;主要防治水措施	4 课时

（3）学员论坛

学员论坛由学员自己组织,以实现学员之间平等、自由地交流。学员论坛时间为 2 个学时,分成 4 个阶段,每个阶段有一个主持人,尽量把主持的机会分配到更多企业的人。培训处指派一名老师负责为学员论坛提供组织和帮助,经验交流时要充分调动学员的主动性和积极性,把他们所掌握的知识和经验(正反都可以)拿出来与大家共享,以提高企业的整体技术素质和能力。采用的方式还是每个人轮流上台演讲,时间不超过 5 分钟。为了提高经验交流的效果,参加培训的学员在报到时要认真填写《学员报名及基本情况调查表》中经验交流的内容,让学员有充分长的时间准备和思考。

学员论坛的步骤:

① 在学员手册中写明学员论坛的时间、地点、开展的方式以及目的,并鼓励大家解放思想、敞开心扉,积极参与。

② 开场白(班长):学员论坛的意义、鼓励大家积极参与、其他注意事项、选举或根据情况确定第一位主持人。

③ 每位主持人主持半个小时左右,对于每位学员的演讲要给予肯定,对讲得好的要代表大家表示感谢。

(4) 项目研究

项目研究的时间为 2 学时,课题从每位学员填写的《学员报名及基本情况调查表》的"工作中遇到的问题和困难"中挑选,要具有一定的典型性、代表性和可探讨性,题目可以是技术方面的,也可以是管理方面的。每个研讨组分成两个项目研究小组,每小组 10 人左右,采用"鱼刺图法"或别的方法对项目进行分析研究,写出研究报告。

5. 时间和地点安排

培训地点的选择主要考虑到两个方面:一是附近煤矿有较好的放顶煤开采安全技术经验;二是区域煤矿放顶煤开采比例较大。

根据掌握的情况,初步考虑举办 10 期培训班,每期 80 人。时间和地点安排见表 6-5。

表 6-5   放顶煤开采安全技术专题培训时间和地点安排

期　别	培　训　地　点	培　训　时　间	报　到　时　间
第一期	中国煤矿安全技术培训中心	2007 年 5 月 15 日～5 月 23 日	5 月 14 日
第二期	中国煤矿安全技术培训中心	2007 年 5 月 28 日～6 月 5 日	5 月 27 日
第三期	四川煤矿安全技术培训中心	2007 年 6 月 10 日～6 月 18 日	6 月 9 日
第四期	四川煤矿安全技术培训中心	2007 年 6 月 23 日～7 月 1 日	6 月 22 日
第五期	陕西能源技术学院	2007 年 7 月 6 日～7 月 14 日	7 月 5 日
第六期	陕西能源技术学院	2007 年 7 月 19 日～7 月 27 日	7 月 1 日
第七期	宁煤集团安全技术培训中心	2007 年 8 月 1 日～8 月 9 日	7 月 31 日
第八期	宁煤集团安全技术培训中心	2007 年 8 月 14 日～8 月 22 日	8 月 13 日
第九期	重庆煤矿安全技术培训中心	2007 年 8 月 27 日～9 月 4 日	8 月 26 日
第十期	重庆煤矿安全技术培训中心	2007 年 9 月 9 日～9 月 17 日	9 月 8 日

第七章 煤矿安全监察培训实践

　　煤矿安全监察体制是我国借鉴美国等国家安全生产监管先进经验,结合我国煤矿安全生产实际状况,与 2000 年建立国家、省和监察分局三级垂直管理的安全监管体系。煤矿安全监察员属于国家公务员,根据《公务员法》,煤矿安全监察员必须接受上岗资格培训并取得合格证书方可履行职责,任职以后要定期接受培训。中国煤矿安全技术培训中心(华北科技学院)作为国家安全生产监督管理总局直属培训中心和高等院校,从 2000 年国家煤矿安全监察体制建立起,就开始承担煤矿安全监察培训任务。2000 年以来,根据煤矿安全监察培训工作需要,先后组织了煤矿安全监察执法上岗资格培训、煤矿安全监察执法专题培训、煤矿安全监察实务培训等多种培训任务。煤矿安全监察培训在我国属于培训类别中的"新生事物",有关培训方案设计策划、培训教材与课件开发、培训管理等方面是在借鉴国内外先进经验基础上,在实践中探索和总结出来的。

第一节 煤矿安全监管监察干部专题培训方案

一、培训对象
　　国家安全生产监督管理总局选送的各类人员,已在安全监管监察部门工作,非煤矿主体专业毕业。
二、培训目标
　　通过一年的学习,了解煤矿安全生产科学理论、技术,熟悉煤矿安全检测检查仪器仪表和设备,掌握开拓方式、采煤工艺方法、顶板管理、"一通三防"、机电运输、地质测量、水灾防治等煤矿主体专业的专业知识和事故隐患侦知技术,具备从事煤矿安全监察工作需要的采矿主体专业技能。
三、主要培训内容和课程安排
（一）培训内容
　　针对培训目的,培训内容共设置五大模块,具体包括以下内容:
　　(1)模块一:矿井地质与水害防治。拟设置煤矿地质学、矿图、矿山测量、水害防治技术等 4 门课程。
　　(2)模块二:矿井开拓开采。拟设置矿井设计、井巷工程、开采方法、顶板支护技术、爆破工程等 5 门课程。
　　(3)模块三:矿井"一通三防"。拟设置矿井通风、瓦斯防治基础知识、瓦斯抽采技术、煤矿安全监测监控、煤尘防治、火灾防治等 6 门课程。
　　(4)模块四:矿井机电运输。拟设置采掘机械、矿山电工学、矿山机械设备安装调试与检修、矿山运输与提升、矿山电气设备安装测试与检修技术等 5 门课程。

（5）模块五：煤矿安全管理。拟设置安全评价与安全控制、安全管理、应急救援与抢险救灾、事故分析与调查处理等 4 门课程。

（二）培训计划安排

1. 总体计划

一年教学计划 50 周，其中课程学习 43 周，煤矿企业现场实习 5 周，寒假 2 周。

2. 教学阶段

总体培训过程分成三大部分：理论教学、实习教学和结业设计（答辩）。从时间上，分成八个阶段：理论教学四个阶段［理论教学阶段一（分两个时间段进行）、理论教学阶段二、理论教学阶段三］；实习教学三个阶段（认识实习、业务实习、结业实习）；结业设计和答辩一个阶段。

3. 培训方式

理论教学全部采用多媒体教学，教学形式上，有课堂讲授、专题讲座、分组研讨和实验。实习教学采用分组形式，在老师的指导下完成既定任务。

4. 学时安排

教学总时间为 1 488 学时。其中课堂讲授时间 1 092 学时，实验教学 108 学时，现场实习 204 学时，结业设计 60 学时，结业答辩 24 学时。课堂教学、实验、实习、结业设计分别占总学时的 73.39%、7.26%、13.71%、5.64%。

四、培训班学习时间及地点安排

按照国家安全生产监督管理总局的要求，培训班时间为 2008 年 10 月 17 日至 2009 年 9 月 30 日。

学习地点：华北科技学院（中国煤矿安全技术培训中心）。

五、培训条件与措施保障

1. 组织保障

为保证煤矿安全监察干部培训班成功举办，华北科技学院（中国煤矿安全技术培训中心）成立以院长为组长、分管培训工作领导为副组长、培训部门负责人和相关处室系部负责人为成员的领导小组，负责培养计划的落实和实施，负责处理培训班日常管理，组织编写学习教材，协调教师、实验实习、后勤服务等工作。培训班日常管理由安全培训处具体负责。

2. 教材保障

为保证培训质量，增强培训内容的针对性，华北科技学院（中国煤矿安全技术培训中心）专门组织人员拟编写培训教材。

3. 授课教师

华北科技学院（中国煤矿安全技术培训中心）选任既具有较高理论水平，又具有现场丰富实践经验的具有副高级以上职称的教师授课，同时还外聘部分专家担任授课教师。

4. 班级管理

培训班日常管理在国家安全生产监督管理总局人事司和华北科技学院领导小组指导下，由华北科技学院安全培训处具体负责，除人事司派遣的管理人员外，学院安全培训处将再设 2 名班主任，一名负责专业技术方面的工作，重点负责教学计划安排、教学质量评估、学生疑难专业问题收集整理反馈；一名负责一般的管理工作，重点负责学员日常生活安排、学员考勤、组织文体活动等。

严格纪律与考勤制度。学员必须严格遵守学校和实习单位的纪律规定,不旷课、不迟到、不早退,确实有特殊情况需要请假的要写请假条,半天以内(含半天)由班主任批,半天至1天(含1天)由学院(中心)批,超过1天要向国家安全生产监督管理总局人事司请假,请假条存班级档案。

5. 教学考核

对每门课程将根据课程特点和重要性设置相应考试考核方式。各主要课程均布置一定量的作业,作业完成情况占总成绩的20%。拟开设的24门课程中,《安全评价与安全控制》、《安全管理》两门课程采用专题论文形式考核,其他22门课程均采取闭卷考试形式。学员所有课程、实验及实习合格后方可参加结业设计。结业设计评分参照学院学历教育的规定执行。学员完成学校规定的各项教学活动,成绩合格,达到培养目标要求的准予结业,发华北科技学院培训班证书。

6. 教学效果评估

华北科技学院(中国煤矿安全技术培训中心)将针对培训班制定专门的教学评估考核办法,对课程设置、授课效果、日常管理、后勤服务、实验、实习等进行全面测评,并提出分析改进意见。

六、培训班经费(略)

七、现场认识实习方案

(一)时间地点

时间:2008年10月20日～2008年11月1日(共计13天)。

地点:开滦矿业集团钱家营煤矿、范各庄煤矿、荆各庄煤矿

(二)实习目的

认识实习是学员接触煤矿现场工作的开始阶段,要求学员对矿井生产的各个系统和环节进行全面了解。通过半个月的认识学习后,要求学员达到以下目的:了解矿井基本概况,能识别常用矿图,了解煤炭开采基本过程和基本工艺,学会煤矿采煤、掘进、通风等主要系统作业操作方法,了解矿井主要危害及防治措施,了解矿井主要生产系统,了解煤矿安全检查方式、安全管理模式和安全技术措施及作业规程的编制等。

(三)实习内容

(1)了解矿井基本概况;

(2)了解煤矿各生产系统的运行方式、关键环节;

(3)学会识别煤矿基本图纸(包括井上下对照图、采掘工程平面图、巷道布置图、通风系统图、安全监测装备布置图、井下通讯系统图、避灾路线图等);

(4)熟悉井下作业人员的工作方式(班前会工作安排、工作过程中电话汇报、交接班工作、碰头会制度、具体工程的安排与协调等);

(5)现场熟悉采煤工作面、掘进工作面和开拓工作面的生产方式和采煤、掘进、通风、地测区队作业工艺流程和操作方法;

(6)现场熟悉矿井通风设施、局部通风、瓦斯抽放系统、安全监测监控系统、机电系统、运输提升系统等;

(7)了解安全技术措施和作业规程的编制、贯彻和执行方法等;

(8)了解煤矿安全监察部门的工作方式、常见安全隐患的识别方法和处理方式、安全检

查记录、事故分析和处理过程等。

（四）实习管理

（1）实习期间，除班主任以外，学校选派 3 名教师负责实习指导，同时在实习煤矿聘请 5 ～8 名工程技术人员为兼职指导教师，带队教师全面负责实习任务的落实；

（2）将学员分成三个队，每队分成三个小组，每组设组长、副组长各一人，组长负责本组实习任务的落实情况，副组长协助组长开展工作；

（3）学员在实习期间，实行集中住宿、就餐，不得私自在外留宿，请假半天由带队教师批准，一天及以上假期须经学院培训管理部门负责人批准，累计请假 3 天，取消实习成绩；

（4）实习期间必须严格遵守国家法律法规和所在矿井的规章制度，听从指导老师和组长的安排和指挥。

（五）实习过程

（1）矿井概况介绍：学员到矿以后，首先由矿安排技术负责人介绍矿井整体情况，介绍下井前准备工作及下井后注意事项等，并进行安全常识教育。

（2）识别矿图：结合实习矿井实际情况，分别请机电、运输、通风、生产、地测等相关部门为学员介绍本专业范围内常见图纸的识别方法和本矿井具体图纸。

（3）地面参观：矿方安排专职人员带领学员参观地面主井、副井、回风井设施以及地面供电系统、选煤厂、矿灯房、仪器房等。

（4）井下参观：以小组为单位，分别由技术人员带领参观井下采煤工作面、掘进工作面和开拓工作面，初步认识了解矿井的生产过程。在井下生产系统参观过程中，对学员详细讲解沿途布置的通风设施、局部通风机、安全监测监控设施、运输提升设备等，同时对巷道支护方式、顶板活动特性进行介绍。

（5）分部门实习：各学员分别进入采煤、掘进、通风、地测区队，在各区队以实习技术员身份与所在班组工人一同作业，熟悉所在实习部门的日常工作。学员要参加班前会，晚上由班主任和各组长组织学员学习不同专业基础知识。下井期间，要和同区队工人同上同下，共同劳动，掌握所在区队作业的工艺流程、主要设备和安全重点。

（6）资料整理：实习期间，学员要每天撰写工作日记、填写实习反馈表，做好实习记录，学员结束每一生产区队实习之后，要撰写小结，带队教师要对学员小结进行总结。

（7）实习报告：实习结束以后，学员要撰写实习报告，内容包括：实习矿井整体概况；矿井主要生产系统和工艺介绍；矿井安全管理情况；矿井安全生产方面存在问题及改进措施；实习体会。

（六）认识实习时间安排（见表 7-1）

表 7-1　　　　　　　　　　认识实习日程表

（2008 年 10 月 20 日至 2008 年 11 月 1 日）

序号	时间	实习内容	负责人	备注
1	2008 年 10 月 20 日（周一）	上午去开滦，下午请矿领导介绍矿井基本情况	带队教师	提前请矿方为学员复印矿井基本情况的资料

续表 7-1

（2008 年 10 月 20 日至 2008 年 11 月 1 日）

序号	时间	实习内容	负责人	备注
2	2008 年 10 月 21 日（周二）	上午请矿井技术人员介绍整体概况及工业广场地面布置图，矿井开拓开采布置、采掘工程平面图和巷道布置图，矿井煤层垂直平面图，矿井通风系统、通风系统图、避灾路线等。地面参观。	带队教师	情况介绍和地面参观时间控制由带队教师掌握，一天内完成
3	2008 年 10 月 22 日（周三）	井下参观，首先介绍入井须知、井下注意事项，请有关技术人员介绍矿井机电系统、井下通讯系统、安全监测系统等	带队教师	
4	2008 年 10 月 23 日（周四）	上午学员分组进入矿井各作业区队，并由各区队下井，分别安排在采煤、掘进、通风、地测区队，随队作业	带队教师	
5	2008 年 10 月 24 日（周五）	随同本部门工作安排	带队教师	将学员安排至不同生产部门进行现场学习
6	2008 年 10 月 25 日（周六）	随同本部门工作安排	带队教师	分别轮流在不同部门实习
7	2008 年 10 月 26 日（周日）	随同本部门工作安排	带队教师	分别轮流在不同部门实习
8	2008 年 10 月 27 日（周一）	随同本部门工作安排	带队教师	分别轮流在不同部门实习
9	2008 年 11 月 28 日（周二）	随同本部门工作安排	带队教师	分别轮流在不同部门实习
10	2008 年 10 月 29 日（周三）	随同本部门工作安排	带队教师	分别轮流在不同部门实习
11	2008 年 10 月 30 日（周四）	随同本部门工作安排	带队教师	分别轮流在不同部门实习
12	2008 年 10 月 31 日（周五）	随同本部门工作安排	带队教师	分别轮流在不同部门实习
13	2008 年 11 月 1 日（周六）	坐车返回学校，认识实习结束	带队教师	

第二节　煤矿安全监察行政执法资格培训方案

一、煤矿安全监察培训工作概述

为进一步加强煤矿安全监察队伍建设，提高煤矿安全监察人员执法水平和依法行政能力，贯彻落实《安全生产法》和《国务院关于进一步加强安全生产工作的决定》，国家安全生产监督管理总局决定举办煤矿安全监察人员执法资格培训班。培训内容包括行政执法法律基础、煤矿安全生产与监察相关法律法规、煤矿安全监察执法文书、事故报告与调查处理、煤矿灾害防治与监察多个方面。参加培训人员经考核合格,由国家安全生产监督管理总局颁发《煤矿安全监察执法证》。

到目前为止,中国煤矿安全技术培训中心共举办了19期煤矿安全监察行政执法上岗资格培训班(2000年至2004年共举办10期,2005年至2008年每年两期,2009年一期),煤矿安全监察培训工作经过不断完善,已逐渐趋于成熟。

二、培训计划

2008年根据各地新招录的以及以往招录未取得资格的监察员统计总人数,计划2008年举办两期资格培训班(总第17、18期),每期招收学员80名,学制21天,时间分别为5月、6月,地点在华北科技学院。

1. 培训对象

本培训班的培训对象是全国2008年新招录的以及以往招录未取得执法资格的煤矿安全监察人员。

2. 培训目标

按照《煤矿安全监察员培训考核办法》及其他有关文件,培训目标是:① 让每位新上岗的煤矿安全监察人员对国家煤矿安全方面的方针政策和法律法规有一个总体认识和初步了解;② 对煤矿安全专业知识的轮廓有一个初步了解;③ 熟悉煤矿安全监察和事故调查的法定程序,依法行政;④ 清楚认识煤矿安全监察人员的工作内容、工作性质和工作的意义,认识监察人员所承担的社会责任以及所拥有的权利和义务;⑤ 建立应有的执法态度和正确的思想观念。

3. 培训内容和培训形式

根据前面的培训目标确定培训的内容主要有三个方面:首先是有关的国家政策、管理制度、法律法规(聘请国家安全生产监督管理总局及国家机关的相关领导来帮助学员解读);其次是煤矿安全的监察和事故调查的技术和程序(聘请国家安全生产监督管理总局有关领导和业内的有关专家讲授);最后是如何建立正确的执法态度和正确思想观念(培训处组织)。其中前两部分主要采取课堂讲授和座谈的形式,第三部分采用研讨的形式,研讨要在学员自由讨论的同时加以正确地引导,必须从思想上能达成广泛且正确的认识,根据研讨的目标由培训处有关专业人员讨论确定研讨的内容和提纲。资格班学习时间是21天,开班和训前测试以及结业和训后测试各占半天,休息3天,课堂讲授13天,研讨3天,实验室参观半天,主题班会半天。

(1)课堂讲授内容

资格班主要以课堂讲授为主,按照《煤矿安全监察员培训考核办法》及其他有关文件,课堂讲授的内容在以往资格培训课表的基础上做了一些修改,主要设置为三大模块,涵盖了煤矿安全监察人员应具备的基本素质和能力。具体设置如下:模块1为国家相关方针、政策和法律法规(4天半),模块2为煤矿安全监察(6天半),模块3为煤矿事故调查与处理(3天)。

(2)对课堂讲授提出的要求

① 由于课堂讲授的时间短,在半天或一天的时间里很难讲透一个课题,所以不能按照正常的讲课方法有系统、有步骤地讲完所涉及内容的方方面面,为了提高课堂讲授的效率,建议对课堂讲授进行延伸和扩展,在课堂讲授前一天发放相关资料作为正式讲课的补充,由

专业班主任导读。

② 课堂讲授的内容要有针对性、实用性和可操作性,要注重能力的培养,对于在课本上能看到的内容,只要简单讲解框架或列出参考书目让学员自己学习就可以了,这些内容要提前交给培训班的专业班主任。

③ 培训方式方法要根据成人学习的特点去组织:要注意教学的趣味性,寓教于乐;双向性,学员有丰富的工作经验和较强的理论基础,要组织学员参与到学习中来。例如在讲解案例时让学员一起来参加分析最后得出结论,讲解一门技术方法时让学员自己去做(行动学习法),每半天的课程要有不少于 15 分钟的互动;授课老师要编制课件和教案(培训内容安排的设想),并提前发送到培训处策划科邮箱(pxcchk@yahoo.com.cn),由培训处专家组成员提出修改建议并及时反馈给授课老师,课件为 PPT 格式。教案的格式如下:

(3) 研讨方案

研讨课设计为 3 天,根据每期参加人数的多少来分组,每组不要超过 20 人,研讨指导老师从培训处中选任有研讨经验的老师担任,研讨题目要根据研讨目的来设定。研讨的方法为团体列名法或鱼刺图法。

4. 培训管理和服务

为了有效落实和完成培训任务,达到培训的预期效果,整个培训项目需要有科学合理的管理模式。培训管理和服务分为两个部分:一是对培训老师的管理和服务;二是对学员的管理和服务。前者侧重管理,后者侧重服务。

5. 培训考核与发证

培训考核采用卷面测试和专题论文的方式,卷面测试采用教考分离的方式,由国家安全生产监督管理总局人事培训司组织考试和阅卷,考试合格者发给煤矿安全监察员行政执法资格证。卷面考试占总成绩的 80%,论文占 20%。试卷内容按照培训内容分成相应的三个板块。结业论文要拟定写作的范围,主要是要大家谈谈对煤矿安全监察员工作的认识、设想和建议,对国家及行业有关方针政策、法律法规的理解和思考,以及如何做好一名煤矿安全监察员等,题目自拟,论文要求及范围在发放通知时写明。

第三节 煤矿安全监察分局负责人专题研究培训方案

一、培训目标

(1) 了解和掌握我国近期的安全生产形势和煤矿生产安全事故总体规律;

(2) 熟悉新颁布的煤矿安全监察相关法律、法规、政策和标准;

(3) 系统总结煤矿安全监察机构组建以来煤矿安全监察机制和方式方法等方面的创新成果,探索适应经济和社会运行规律的煤矿安全监察新机制、新的方式方法;

(4) 交流和总结小煤矿整顿关闭、依法行政、安全生产许可证颁发、建设项目安全审查和竣工验收及煤矿安全基础管理等煤矿安全监察重要工作方面的经验;

(5) 学习廉政建设和反腐败方面的相关规定,研究如何合理行使行政处罚自由裁量权,领会把握国家监察和地方监管的关系、运行机制和权力责任划分。

(6) 通过现场考察和研讨交流,提高分析问题和解决问题的能力。

二、培训内容

（1）安全生产形式及其特点。

（2）2009 年煤矿安全监察机构的工作重点。

（3）煤矿安全监察相关新法规与政策。

（4）行政执法。重点讲述煤矿安全监察方式；如何避免和应对行政争议；如何规避法律风险；如何履行现场监察、设计审查和竣工验收、事故查处等监察职责；如何有效实施行政处罚、许可、审批以及中介机构监管。

（5）廉政建设。重点讲述如何落实党风廉政责任制；如何加强执法监督，推动公正执法、严格执法、廉洁执法；如何在小煤矿整顿关闭、安全许可审查、设计审查和竣工验收、事故查处工作中规范言行，维护队伍的良好形象。

（6）国家监察和地方监管的关系处理。

三、培训要求

1. 培训计划

2009 年举办了 2 期煤矿生产能力核定专题培训班，每期学员 70 名，学制 7 天。

2. 培训对象

煤矿安全监察分局负责人。

3. 时间安排及教学组织形式

（1）时间安排：专题培训班学习时间 7 天，其中课堂讲授 4 天；研讨 1 天（针对特定议题安排两次研讨，每次半天）；现场考察 1 天；座谈半天；培训总结和结业典礼半天。

（2）教学组织形式：教学采用课堂讲授、现场考察、专题研讨、座谈相结合的形式，课堂讲授采用多媒体教学。

4. 课堂讲授

（1）授课老师按照培训内容的要求，制作多媒体培训课件，并提前发送到培训处策划科邮箱（pxcchk@yahoo.com.cn），由培训处组织专家进行审定，提出修改建议并及时反馈给授课老师。

（2）为提高课堂讲授的效率，提前将授课讲义打印成册，人手一份，以方便学员学习。

（3）课堂讲授的内容要有针对性、实用性和可操作性，要注重分析问题和解决问题能力的培养。

（4）讲授方法要根据成人学习的特点去组织，注意教学的趣味性和双向性，寓教于乐；学员有丰富的工作经验和较强的理论基础，要组织学员参与到学习中来。例如在讲解案例时让学员一起来参加分析，最后得出结论，每半天的课程要有不少于 15 分钟的学员互动。

5. 专题研讨

研讨课设计为两次，每次半天。根据培训学员人数的多少来分组，每组不要超过 20 人，研讨内容从表 7-2 所列的几个方面选取。

6. 现场考察

对培训地附近的煤矿安全监察分局进行为期 1 天的现场考察学习，重点考察机构内部管理、行政执法处理、三项监察情况。

7. 召开座谈会

组织企业负责安全的管理人员，召开学员—煤矿企业座谈会，重点听取煤炭企业对监察机构的意见和建议,建立较为通畅的执法环境。

表 7-2　　　　　　　　　　　研讨议题及相关内容设置表

序号	研讨议题	研讨内容	研讨课时
1	煤矿安全监察方式	结合不同分局管辖煤矿的实际情况,研讨各种行之有效的煤矿安全监察执法方式	4 课时
2	小煤矿整顿关闭	探讨各种小煤矿整顿关闭的途径、可能遇到的问题及解决方式	4 课时
3	国家监察与地方监管的关系	探讨如何加强煤监部门对地方政府相关部门的工作指导	4 课时

8. 教材

中国煤矿安全技术培训中心专门组织人员编写了系列培训教材,经国家煤矿安全监察局行管司领导审查后,于 2008 年在相关培训班上进行了试用,反映效果较好。该中心在听取了学员和部分专家的意见后,又进行了修订,准备重新印刷后使用,见表 7-3。

表 7-3　　　　　　　　　　　培训教材明细表

序号	名　称	备　注
1	煤矿安全监察法律法规汇编	自编教材
2	小煤矿安全基础管理	自编教材
3	安全生产行业标准选编	自编教材
4	煤炭行业标准选编	自编教材
5	讲义	自编

第四节　煤矿安全监管监察专题培训

一、开展煤矿安全监管监察专题培训的背景

我国政府为适应市场经济体制下安全管理工作的需要,借鉴欧美等安全生产先进国家的成功经验,并总结中华人民共和国成立以来我国安全生产管理工作的经验和教训,建立了国家安全监察监管体系。国家安全监察监管体系,与计划经济时期行业安全监管相比,有显著的不同,有很多值得探索的内容。而安全监察监管方面的培训工作,也存在许多需要探索和研究的课题。与计划经济时代的行业监管相比,安全监管监察体系的法律地位、执法依据、运行机制发生了重大变化,因此,安全监管监察培训不能沿袭传统的安全培训模式,必须围绕安全监管监察工作实际,有针对性地开展培训。

欧美发达国家的安全监管监察类培训已经取得了成功的经验,这是我们值得借鉴的。实际上,近年来,我们在安全监察培训模式、方式、方法、教材等方面大量地借鉴了美国安全健康学院、意大利都灵国际劳工组织培训中心等国际著名培训机构的成功经验。但是,由于在经济发展水平、社会制度等方面的差异,照抄照搬国外的经验并不能完全适应我国安全监管监察培训,我们必须有借鉴地应用。

自 2000 年国家煤矿安全监察体系建立以来,原国家安全生产监督管理局、国家安全生产监督管理总局一直非常重视煤矿安全监察员培训工作。按照《中华人民共和国公务员法》、《煤矿安全监察条例》、《煤矿安全监察员管理办法》等法律、法规和规章的规定,组织了多轮煤矿安全监察员的培训。

培训分成两个步骤:第一步,组织国家安全生产监督管理总局机关全体干部、各省级煤矿安全监察局、煤矿安全监察分局领导分五批到中国煤矿安全技术培训中心集中学习;第二步,各省级煤矿安全监察局组织本省煤矿安全监察员学习。培训内容:依法行政的方法、知识和理念,行政复议法、行政诉讼法、行政处罚法和国家赔偿法,责任追究制度,安全生产法律制度。为提高培训效果,培训班专门聘请了中国政法大学、中国人民大学和国务院法制办的专家授课,培训时间为每期 10 天。

二、开展煤矿安全监管监察专题培训的必要性

(一)煤矿经营管理体制改革发展的需要

随着我国经济的发展,煤炭工业的发展和改革速度进程加快。表现为:单井规模大幅度提高,千万吨井型矿井已经出现,大型矿井一般采取大功率机械进行作业,开采高度成倍提高,生产过程中的安全隐患与传统开采明显不同,在安全隐患侦知和识别方面必须进行探索;跨地区生产的煤矿企业大量出现,目前已经出现多个跨省级行政区域开办的煤矿企业,给煤矿安全监察行政执法提出新的课题;煤矿企业一改过去的单一模式,出现多种企业类型,例如,国有煤矿、股份制煤矿企业、个体煤矿企业、联营煤矿企业,给安全监察执法责任落实提出新的问题。

这些现象的出现,给《煤矿安全监察条例》等法规、规章的执行带来一系列问题,例如,煤矿安全监察行政处罚如何实施、事故责任如何追究等。

(二)技术进步的推动

机械、电子和信息产业等工业的进步,带来煤矿生产方式的巨大变革。例如,大型采掘设备和支护设备的制造,极大地提高了采煤工作面开采高度;信息产业的进展,导致矿井监控系统的革新。近几年,由于煤矿生产机械化、自动化程度的提高,在保证了煤矿数量不断下降的同时,煤矿产量不断提高。生产技术的进步,给煤矿安全监察提出了一系列的问题,例如新的开采方法、掘进方式等作业工艺条件下,如何识别和确认安全生产隐患。

(三)新的法规、规章和标准的出台需要贯彻

国家煤矿安全监察体制和安全生产监督管理体制建立以后,国家加大了煤矿安全生产立法进程,每年都要出台一批煤矿安全生产和煤矿安全监察方面的法律法规和标准。在这些法律文件的条文后面,包含了复杂、深刻的背景和涵义,需要贯彻和落实,例如,在煤矿如何贯彻《生产安全事故报告和调查处理条例》,就是广大煤矿安全监察员面临的一个课题。

第五节　煤矿安全监察培训方法理论研究

一、现代培训理念

人在各个不同阶段的学习都有其自身的特点,相应的对于各个阶段的教育也要有针对性,对于成人培训,被广泛接受的三大理念是"以学员为主体,以问题为导向,多样化的学

习"。

（一）以学员为主体

"以学员为主体"是人本主义学习理论的基本原则，它要求必须要尊重学习者；必须把学习者视为学习活动的主体；必须相信任何正常的学习者都能够实现自我教育，发展自己的学习潜能，最终到达"自我实现"；必须尊重学习者的意愿、情感、需要和价值观；必须在师生之间建立良好的人际关系，形成和谐的学习情境和氛围。

这就要求我们要摆正自己的位置，我们是培训的提供者、组织者，学员是培训的参与者，学员才是培训的主体。如果拿培训和演戏做比较，那么我们就是"这台戏"的编剧、导演和剧务，学员就是"这台戏"的主要演员。这台戏的好坏，观众主要是直接通过看演员的表演来评价的，至于剧本编得好坏，导演的水平如何，剧务工作做得怎么样等，都是从整台戏的表现看出和体现出来的；培训效果的评价也主要是看学员学到了什么，培训前后的行为有哪些改变，至于该培训项目策划的好坏、培训过程实施的如何以及后勤服务的好坏都是从培训效果看出来的。

"以学员为主体"就是要求培训的所有工作都要围绕学员这个主体展开，我们所做的前期调研和策划工作，后期的教学组织和后勤服务工作等都是为煤矿安全监察员这个学习主体服务的。我们的调研和策划就是要尊重煤矿安全监察员的主体意愿、情感、需要和价值观，后期的教学组织和后勤服务工作就是要在师生之间建立良好的人际关系，形成和谐的学习情境和氛围。

"以学员为主体"还要在培训的组织实施中调动学员的积极性，让学员积极参与进来，变被动接受为主动学习，体验学习的快乐。在煤矿安全监察员培训中，我们为每个学员发了一份学员手册，上面有详细的培训内容安排，让学员心中有数，在学员手册中还倡导快乐学习、参与学习的理念。另外还为学员组织一些集体活动（如体育比赛、研讨等），让学员之间彼此相互熟悉和了解，增进友谊，创造轻松的学习氛围，让学员获得心理安全。还要做好班级管理工作，班级管理包括对人（学员）的管理和对事物的管理，对人的管理还是要以学员自身为主体，在学员中发扬民主、自由、平等的思想氛围，对事物的管理要有计划，要提前做好详细安排，不要事到临头才想起来该怎么去做。

（二）以问题为导向

学员来参加培训就是期望在一种愉快、和谐的气氛中学到有用的东西，那么怎样让学员学到有用的东西呢？参加成人培训的学员大多都是有一定工作经验的，大多也都接受过小学、中学和专科院校等的普通教育，他们来参加培训就是希望通过学习使自身能力有所提高，知道如何解决实际工作中遇到的各种困难，所以我们的培训内容不能离开学员的工作实际和工作需要。

培训工作必须要有助于解决学员实际工作中遇到的各种问题和困难，或者是提高他们解决这方面问题和困难的能力，否则他们就觉得是浪费时间。培训工作必须着眼于学员在实际工作中遇到的问题，以这些问题为导向开展我们的培训工作。在监察员培训中，曾经策划设计了两次研讨课，一次是煤矿安全监察中遇到的难题，通过团体列名法列出所有煤矿安全监察中遇到的难题，这样的研讨课主要有两个作用：一是让学员理清思路，自己梳理出工作中遇到的困难，然后通过各个分局学员之间的交流，提出的难题可能就能得到解决；二是通过研讨，培训组织者可以了解学员现在存在哪些难题，这样对后期的培训策划起到指导作用,后期的培训就要以学员提出的这些问题为导向。煤矿安全监察员培训中设计的其他研讨内容也都是目前煤矿安全监察中的热点和难点问题,知识性较强的采取课堂讲授的形式。

"以问题为导向"就是要求监察员培训的内容设置要有针对性,要求在培训班的策划阶段就要有调研,进行需求分析,在进行培训需求分析时大多按照"根据要求——对照现状——寻找差距——发现需求"的思路来进行。中国社科院研究员向春认为,培训需求可以用"要求具备的"减去"现在已有的"来表示。因此,能否弥补差距成为衡量培训需求有效性的主要方法。

(三)多样化的学习

成人学习的特点是注意力不容易集中,感知能力(如视力、听力、记忆力等方面)有不同程度降低,逻辑记忆能力较强,机械记忆能力较弱;成人积累了一定的生产和社会生活经验,阅历广,人格世界观基本形成,个性稳定,语言和思维能力都较强;成人有很强的自尊心和自卑感,一方面希望得到应有的尊重,另一方面又担心自己学得不好,害怕失败,从而对能否完成学习任务显得信心不足等。

从成人学习的基本特点来看,成人的学习和培训也不能和普通教育一样,要采取多样化的学习,多样应该是培训的形式和方式多样,培训的内容多样。

在监察员培训中采取了课堂讲授和交流、分组研讨和学员论坛等形式,以前还采取了煤矿现场监察考察,在以后的培训中还会考虑项目研究以及探索出其他的一些培训方式。在研讨的方法上有团体列名法、鱼刺图法等。这些方式、方法在监察员培训中的运用都收到了良好的效果,学员们都反映不但学习轻松而且还学到了很多有用的东西。总而言之,无论采取何种方式方法,都是为了更好地完成学习任务,达到学习目标,各种方式方法只是一些手段,必须要注意其适用性。

培训内容多样是指,不但要学习知识,还要注重技能的培养;不但要注重专业知识的学习,还应有基本知识的灌输。在煤矿安全监察员培训中,通过调研首先要建立胜任能力模型,它是由三维(品德、知识、技能)五要素(品德、基本知识、专业知识、基本技能、专业技能)构成的。培训内容正是围绕这五个要素设置的,从而使得培训内容多样,不光有煤矿专业知识学习,还有法律法规方面的学习,甚至设置了计算机课来弥补学员们这方面知识的不足。总之,学员们需要的要尽量满足,当然还需要系统地考虑,而不是打乱仗。

理解好成人培训的三大理念,对于我们搞好煤矿安全监察员培训有很大的帮助,对我们的培训工作起到很好的指导作用,很多学员反映这种培训的形式灵活,收获较大。

二、煤矿安全监察培训特点

(一)增加培训教学的趣味性,避免"填鸭式"教学

培训教学的对象是成年人,成年人的注意力一般不容易集中,如果长时间地进行单调乏味的课堂讲授,学员很容易思想开小差,或者干脆坐不住。统计资料表明,成人的注意力一般只能持续集中 10～15 分钟,但是如果授课老师讲授得幽默有趣,课堂气氛轻松活跃,最好能让学员参与其中,那么他们的注意力会集中得更加长久一些。成人能比较容易记住一个笑话、一个有趣的故事,但很难记住一个抽象的概念,如果培训老师能够把有些概念和知识通过诙谐的方式讲出来或者通过寓言的方式讲出一个道理,采取这种寓教于乐的方式将会大大提高教学效果,现在有的培训机构就提出这样的口号——"学习并快乐着"。

（二）要明确教学目标，合理安排内容

在每个培训项目开始之前，都需要进行项目策划，在项目策划书中要根据前期的调研和需求分析确定本次培训项目的目标，也就是说要确定通过本次培训项目达到一个什么样的预期，然后再根据这些来设计本次培训的课程及其模块，确定培训课程目标和模块目标，在教学内容安排上和课堂讲授上要始终抓住这些目标。对于短期培训班，很多内容不需要面面俱到，需要抓住重点提纲挈领地讲解。如果什么都讲可能学员最终什么都没有记住，如果举一反三强调几个重点内容，学员最终还是会记住这些重点的，从而对该门课形成一个大概的印象。要注意到成人的感知能力，如视力、听力、记忆力等方面有不同程度的降低，他们的逻辑记忆能力较强，机械记忆能力较弱。

（三）注意教与学的互动和交流

成人学习目的明确，指向清楚，反对浪费时间，希望学习有用的内容，而不想学习与工作毫不相关的内容。成人一般带着问题学习，注重对问题的解决，其学习的重点放在解决实际问题和应用上。当学习能满足成人的经验和兴趣并结合工作场景和实际应用时，学习主动性就越强，学习效果就越好。这就要求在培训的前期策划中要对学员有充分的了解，深入他们的工作实际，倾听他们在工作中遇到的难题和困难，并能及时反馈给授课老师，另外还要制定相应的研讨题。在课堂教学中要采取参与式教学方法，因为学员都积累了一定的生产和社会生活经验，阅历广，在某些方面都有自己独到的见解，在教学中不但要给学员参与进来的机会，而且更应该鼓励学员积极参与，因为有的学员可能是碍于面子或其他原因而不愿意发言，这就需要老师和培训组织者为学员创造一种和谐、活跃的学习环境，让学员有安全感。有的培训老师喜欢在课堂上给学员出几个难题或者说话语气不友善，这是培训教学的大忌，这样容易造成学习氛围紧张，不利于学员的积极参与。

三、参与式培训方法在煤矿安全监察培训工作中的应用

"参与"是一个过程、一种行动、一种对话，涉及对问题的分析，能促使人改变自己的态度和行为。"参与式方法"是目前国际上普遍倡导的一类进行培训、教学和研讨的方法，其目的是使个体参与到集体活动之中，并与其他个体合作学习，共同提高。"参与式方法"不仅有其丰富的历史发展渊源、理论基础和基本原则，而且具有自身特有的方法论，在培训中采用该方法，可使所有参与者进行一种积累性学习，而学习就意味着改变。因此，对"参与式方法"培训的理论基础进行研究，不仅有利于提高培训效率、增强培训效果，而且对完善培训方法的体系建设也具有较大的理论意义。

（一）参与式培训方法的内涵

"参与"的概念大约出现在 20 世纪 40 年代末期，20 世纪 90 年代以后，"参与"成为了国家发展领域最常用的一个概念和基本原则，其主要包括以下 3 个方面的含义：一是从政治学的角度，强调对弱势群体赋权，注重目标群体在发展过程中的决策作用、对资源的控制及对制度的影响；二是从社会学的角度，强调各种社会角色在发展过程中的平等参与，相互交往；三是从经济学的角度，强调参与的干预效果。由于目标群体的参与，降低了发生偏差的概率，同时相互学习使工作更富有成效，更具有创造性，因此"参与"被认为既是手段，又是目的。

"参与"的概念引入我国已有 20 多年的历史，在此之前我国也有一些类似的社会实践，如 20 世纪初期晏阳初倡导的"平民自治"观点，20 世纪 20 年代毛泽东提出的"从群众中来，到群众中去"的思想,然而由于种种原因,无论在理论还是在实践层面上,"参与"的概念和行动都没有在我国充分发展起来。参与不仅需要思想和行动,还需要制度和条件的保证,因此真正适合我国的具体参与方式和操作方法还有待于发展和改进。"参与式方法"源自于不同的学科体系和社会实践,正是由于这种特性使该方法具有旺盛的生命力。

（二）成人教育学

对培训而言,大部分情况下参与培训的学员都是成年人,因此在选择培训内容和方式时应特别注重成人学习的特点,并注意吸收和利用参与者已有的经验,创设尽可能真实的学习情境,使其有观察、模拟和思考的机会,这样才能在具体情境中了解自己的实践原则,使其隐性知识显性化,从而增强学员的综合能力。对成人的学习特点及应采用的相应培训方式详见表7-4。

表7-4   成人学习的特点及相应的培训对策

成人学习的特点	培训对策
经验丰富	组织讨论,鼓励参与者积极发言
自主性强,能够自我指导	与参与者共同制定培训目标和评价标准
任务导向性强,希望解决具体问题	强调培训和工作之间的关系
希望看到自己的工作成果	实施跟踪和反馈
学习习惯具有较大的异质性	灵活调整培训内容和方法
害怕失败,容易沮丧	激发成就感,避免过度竞争
小心谨慎,对新情况担心	多鼓励,提高勇气
抵制变革	强调勇于面对新生事物
希望得到高质量的指导	认真准备培训课程
过去的成就需要得到认可	尊重参与者经验
对学习缺乏自信	新知识与已有知识相结合,与实践相联系
缺乏最新的研究经验	提供必要的研究信息

（三）参与式方法在安全培训中的应用

在煤矿安全培训的各个环节中,均渗透着"参与式方法"的基本理论。下面以中国煤矿安全技术培训中心具体承办的矿山救护大中队指挥员培训班的研讨环节为例来说明参与式方法的理论基础。

1. 研讨议题的确定

研讨的议题一般是学员工作中关注的热点、难点问题,它要求内容精练、重点突出、目标明确,因此在培训策划期间需结合救护队自身工作特点开展大量调研。通过不同地域、不同级别救护队指挥员的参与和讨论,明确目前救护队普遍存在的"主题域",而后将其归纳整理,形成研讨议题。此过程就蕴涵着行动参与式研究的理论,议题的产生是所有参与人员共同努力的结果。

2. 研讨方法的选择

研讨的方法需针对不同的对象而定,救护队指挥员首先是成人,因此具有成人的特性;其次均为单位的领导,对问题的认识深度和广度可到达较高的层次;再者这些学员均具有较强的实践能力,在现场工作多年后才会步入救护行业,而出生入死的救护工作又决定了他们必定具有较强的心理素质。针对救护指挥员的这些特点,选择既突出个性、又集思广益的"团体列名法"进行研讨。在研讨方法的选择过程中,包含了成人教育学理论、人本主义理论和存在主义理论。

3. 小组讨论过程

在小组讨论中,充分发挥每位学员的积极主动性,围绕研讨议题既要解答别人的提问,又要对自己的认识过程进行解释,学员之间一律平等,对不同的观点可展开交流和讨论,每位参与者均可得到最大限度的相互对话机会,彼此对问题的不同解释可得到展现和深化,从而实现学员之间积极广泛的互动。在此过程中,符号动力学、存在主义、解构主义和现象学均贯穿于整个讨论之中。

4. 问题的解决方式

对于矿井事故的抢险救灾方式,很多救灾机理从理论上分析尚存在较大争议,但在实际应用中却非常有效。通过学员之间的相互交流,这些行之有效的方法可以被吸收,对于救护指挥员来讲,多掌握一种救灾方式,很可能就会多挽救几个生命,因此在问题的解决方式上,学员们更注重实用性和有效性。从理论上来分析这种现象,其实质就是应用人类学和实用主义理论的体现。

5. 形成小组决议

"团体列名法"依据学员人数多少分为若干个小组,每个小组经过讨论必须形成小组决议,在最后环节中,各小组之间依据决议内容要进行研讨成果的评比,因此每个小组均有共同的目标。在讨论过程中,小组负责人既要建立起交流互动的平台,又要努力增强群体的内聚力,为达到共同的目标,使小组形成一个具有动力的整体。对于小组负责人来说,其实质是应用群体动力学和社会相互依赖理论来领导小组成员。

在安全培训过程中采用参与式方法,不仅需要参与者掌握各种参与方式,更重要的是通过相互合作实现既定的目标,这就要求组织者必须了解各种参与方法的原则和基本原理。这些理论有助于提升培训组织者的管理水平,同时也为培训方法的研究提供理论依据。

第六节　煤矿安全监管监察专题培训策划

一、培训需求分析

(一)培训依据

国家煤矿安全监察局下设 27 个省级局、77 个分局,共有煤矿安全监察员近 3 000 人,其中工作在监察一线的分局的煤矿安全监察人员有 1 800 人左右。

中共中央颁布的《干部教育培训条例(执行)》从法律上对干部的培训工作做了具体要求:"省部级、厅局级、县处级党政领导干部每 5 年应当参加党校、行政学院、干部学院或者经厅局级以上单位组织(人事)部门认可的其他培训机构累计 3 个月以上的培训。""其他干部参加脱产教育培训的时间,根据有关规定和工作需要确定。一般每年累计不少于 12 天。""建立干部教育培训的考核和激励机制。将干部的教育培训情况作为干部考核的内容和任职、晋升的重要依据。"《中华人民共和国公务员法》明确规定了公务员享有参加培训的权利。《煤矿安全监察员培训考核办法》规定:不同专业的在岗煤矿安全监察员,每年进行一次专业培训,培训时间为 40 学时。未按照有关规定参加年度轮训者,暂扣《煤矿安全监察员证》。

根据这些法规的规定和煤矿安全监察工作的需要,必须组织对煤矿安全监察员开展相应培训,建立煤矿安全监察员培训的长效机制。

(二)培训需求调研及意见征求

为准确了解煤矿安全监察员对煤矿安全监察专题培训的需求,组织调研组,深入相关煤矿安全监察局和煤矿安全监察分局,采取查看煤矿安全监察档案、召开座谈会、发放书面调查表等形式,征求对煤矿安全监察专题培训的意见。在调研过程中,课题组每到一地,首先向调查对象介绍煤矿安全监察专题培训的目的和主要内容,发放调研提纲,提纲主要内容如下:

① 煤矿安全监察专题培训课程设置、培训方式;

② 煤矿安全监察专题培训的考核方式采取何种模式;

③ 煤矿安全监察员急需培训的内容;

④ 新上岗的煤矿安全监察员对煤矿安全监察专题培训要求。

同时发放了培训需求问卷调查表(表 7-5),请调研所在地省局业务处室和分局的煤矿安全监察员填写。

表 7-5　　　　　　　　　　　培训需求问卷调查表

序号	需 求 内 容	意见或建议
1	法律知识需求	
2	专业知识需求	
3	管理知识需求	
4	培训时间与地点需求	
5	教学组织形式需求	
6	文体活动及考察内容需求	

2006 年,在调研的基础上,中国煤矿安全技术培训中心试办了 2 期煤矿安全监察专题培训班,在试办期间,又采取填写调查表和召开座谈会的形式,征求培训学员的意见,在此基础上对培训计划、课程和教师进行了修订和调整。2007 年 1 月,在 2006 年调研内容的基础上,又增加了培训建议问卷调查表(表 7-6),征求煤矿安全监察员及其所在单位对煤矿安全监察专题培训的意见。通过以上工作,从总体上掌握了煤矿安全监察专题培训需求,为制订培训方案提供了基础资料。

表 7-6　　　　　　　　　　　培训建议问卷调查表

序号	内　容	分值	得分	意见或建议
1	培训组织形式	10		
2	教学内容安排	14		
3	课堂理论教学效果	12		
4	教学内容与受训人员需求	12		

序号	内　　容	分值	得分	意见或建议
5	培训地点、时间安排	8		
6	餐饮、住宿条件与服务	10		
7	班级管理服务	10		
8	文体活动安排	8		
9	参观、考察安排	8		
10	学院(中心)重视程度	8		

二、培训方案

1. 培训计划和培训对象

2006 年和 2007 年,中国煤矿安全技术培训中心分别举办 6 期的煤矿安全监察专题业务培训班。

培训对象为:各省煤矿安全监察分局的煤矿安全监察员以及未设分局的省级煤矿安全监察机构从事煤矿安全监察和事故调查的人员。每期培训班由各省级煤矿安全监察局人事处选派人员参加,每期各煤矿安全监察分局分配一个名额。

2. 专题培训内容的确定

根据调研确定,目前取得行政执法资格的煤矿安全监察员,大多数都参加过以往的煤矿安全监察员执法上岗资格培训、行政执法专题培训和煤矿安全监察实务培训,基本掌握了从事煤矿安全监察工作的基本知识和技能,但是对以下内容缺乏了解和认识:

(1)煤矿安全和开采方面的新技术、新装备;

(2)新颁布的煤矿安全生产和煤矿安全监察新法规、规章和标准;

(3)运用行政法律和安全专业知识进行行政执法的技术和方法;

(4)事故勘查取证技术、装备及其应用;

(5)应急救援和抢险救灾技术。

鉴于以上分析,确定煤矿安全监察专题培训的主要内容:如何提高日常煤矿安全监察效能;如何提高煤矿事故调查水平。

3. 培训目标和理念

煤矿安全监察专题培训的目标是:使煤矿安全监察人员熟悉近年来新颁布的法律法规和安全标准,了解煤矿安全生产和安全监察方面最前沿的科学技术,熟悉最新的煤矿机械设备,分析近年来发生的典型煤矿安全生产事故案例的教训,等等。

煤矿安全监察专题培训的理念:要针对成人学习的特点,充分调动每个学员学习的积极性,采用参与式学习方法,每个学员同时又是老师(他们都有自己某一方面的特长),要同时注重提供和开发知识、技能和行为方式,满足监察员的工作需求,要以学员为主题,以问题为导向,多样化地学习。

4. 培训内容和培训方式

煤矿安全监察专题培训采取的主要形式有课堂讲授、研讨、项目研究和学员论坛等,培训时间总共为 14 天(包括报到在内)。根据现代培训理论,培训的整体时间大致分成三部分:教师讲授时间约占整体培训时间的三分之一,项目研究、考察和参观等现场学习的占三分之一,学员研讨、演练、角色扮演等参与时间的占三分之一,这样课堂讲授时间安排为 5 天半,其他时间安排学员研讨、项目研究、学员论坛等内容。

（1）课堂讲授。

课程设计将在 2006 年的基础上作适当调整,授课时间由原来的 6 天半减少到 5 天半,课程安排见表 7-7。

表 7-7   煤矿安全监察专题培训课堂讲授课程表

课程名称	主要内容	课时
安全评价与安全设计审查	安全评价的目的、类型,安全评价报告的审查与批复,安全设计审查的目的和意义,安全设计审查程序和内容,安全设计审查的注意事项,煤监部门在安全评价和安全设计审查中的职责	4 课时
煤矿瓦斯（煤尘）事故隐患监察和事故调查	瓦斯突出特征及诱导因素,瓦斯积聚原因和特点,瓦斯窒息特征的统计分析,瓦斯（煤尘）爆炸火源识别与认定,与瓦斯事故相关的管理失误分析;瓦斯事故调查方法,引发瓦斯（煤尘）爆炸的瓦斯来源分析与火源分析与认定方法,引发瓦斯突出的主要因素与动力来源分析与认定,瓦斯窒息与中毒事故特征分析,瓦斯事故性质及原因分析	8 课时
煤矿顶板事故隐患监察和事故调查	煤矿顶板事故的主要类型统计分析,顶板事故与冲击地压的形成机理和预兆分析,顶板事故的形成机理分析,顶板事故的动力来源,顶板事故的诱导因素,管理因素分析,事故性质原因分析(要以案例分析为原则)	4 课时
煤矿水灾事故隐患监察和事故调查	煤矿水灾隐患类型,重大突水事故隐患监察;水灾事故类型,水源与突水动力来源分析,管理因素分析,水灾事故的调查原理、主要仪器设备	4 课时
煤矿生产能力核定	煤矿生产能力核定的方法和相关政策法规,煤矿通风系统稳定性、可靠性,通风系统的抗灾性能评价,通风系统的主要事故隐患,通风管理常见的主要问题。通风能力核定与矿井生产能力核定的关系	4 课时
放顶煤开采的安全问题	放顶煤开采技术工艺,放顶煤开采主要技术指标,放顶煤开采存在的安全问题,注意事项及其改进措施,有关技术规定	4 课时
煤矿危险源识别与控制技术及方法	危险源的概念与定义,危险源识别方法,重大危险与危害因素的辨识,煤矿危险源辨识,作业环境风险评价程序和方法,煤矿安全评价方法,煤矿安全评价实例	4 课时
提高安全监察效能的方法(要放在学员论坛的前面)	日常监察的注意事项;安全监察程序,安全监察方法,如何规避行政复议和行政诉讼,典型案例分析	8 课时
应急救援与抢险救灾	应急救援体系、应急救援队伍整体状况,应急救援的职责,抢险救灾的基本原则,抢险救灾的程序及主要工作内容,煤矿安全监察机构及人员在抢险救灾中的职责	4 课时

课堂讲授的内容要有针对性、实用性和可操作性,要注重能力的培养,对于在课本上能看到的内容只要简单讲解框架或列出参考书目让学员自己学习就可以了。

培训方式方法要根据成人学习的特点去组织:要注意教学的趣味性,寓教于乐;双向性,学员有丰富的工作经验和较强的理论基础,要组织学员参与到学习中来,在讲解案例时让学员一起来参加分析最后得出结论,讲解一门技术方法时让学员自己去做(行动学习法),每半天的课程要有不少于 30 分钟的互动;授课老师要编制课件和教案,由培训处专家组成员提出修改建议并及时反馈给授课老师,课件为 PPT 格式。教案的格式见表 7-8。

表 7-8　　　　　　　　　　　　煤矿安全监察专题培训教案格式表

模块名称:	
模块培训目标:	
培训内容:	培训环节设计:
事故致因理论 　　培训方法:讲授 　　时间:5 分钟	通过不同时期几种理论的发展变化得出结论:逐渐以人为本……
培训方法:讲授、讨论	
时间:25 分钟	
培训设施:计算机、投影仪	

（2）研讨方案

研讨目的:总的来说,研讨要让学员真正学到新的知识,提高解决问题的能力,开阔工作思路,要让学员有所收获。

研讨课设计为 3 天,根据每期参加人数的多少来分组,每组不要超过 20 人,研讨指导老师从培训处中选任有研讨经验的老师担任,研讨从日常监察和事故调查两个方面入手。课程表见表 7-9。

表 7-9　　　　　　　　　　　　煤矿安全监察专题培训研讨课程表

研讨内容	研讨课时
《煤矿安全规程》六十八条修改专题研讨:放顶煤开采的主要安全隐患;放顶煤开采的事故原因;放顶煤开采的安全技术措施;放顶煤开采安全监察方法	4 课时
煤矿事故调查中的取证问题:证据类型;证据的采集;证据的使用;证据的关联	4 课时
水灾事故案例分析:对典型的水灾事故进行案例分析,和学员共同探讨,最后得出相应的结论	4 课时
矿井瓦斯(煤尘)爆炸专题研讨:矿井瓦斯(煤尘)爆炸事故类型;矿井瓦斯(煤尘)爆炸事故原因分析;重大瓦斯(煤尘)爆炸事故隐患监察;瓦斯(煤尘)爆炸事故调查注意事项	4 课时
安全评价与安全设计审查专题研讨:安全评价与安全设计审查的重要意义;安全评价与安全设计审查的程序;安全评价与安全设计审查的要点;安全评价与安全设计审查中应当注意的问题	4 课时
煤矿安全监察和事故调查中的主要问题及改进措施	4 课时

研讨的方法为团体列名法。

（3）学员论坛

学员论坛由学员自己组织,以实现学员之间平等、自由地交流。学员论坛时间为 4 个学时,分成 4 个阶段,每个阶段有一个主持人,尽量把主持的机会分配到更多省局的人。培训处指派一名老师负责为学员论坛提供组织和帮助,经验交流时要充分调动学员的主动性和积极性,把他们所掌握的知识和经验(正反都可以)拿出来与大家共享,以提高煤矿监察队伍的整体素质和能力。采用的方式还是每个人轮流上台演讲,时间不超过 5 分钟。为了提高经验交流的效果,2007 年的培训要学员在报到时认真填写《学员报名及基本情况调查表》中经验交流的内容,让学员有充分长的时间准备和思考。

学员论坛的步骤如下:

① 在学员手册中写明学员论坛的时间、地点、开展的方式以及目的,并鼓励大家解放思想、敞开心扉,积极参与。

② 开场白(班长):学员论坛的意义、鼓励大家积极参与、其他注意事项、选举或根据情况确定第一位主持人。

③ 每位主持人主持半个小时左右,对于每位学员的演讲要给予肯定,对讲得好的要代表大家表示感谢。

(4) 项目研究

项目研究的时间为半天,课题从每位学员填写的《学员报名及基本情况调查表》的"工作中遇到的问题和困难"中挑选,要具有一定的典型性、代表性和可探讨性,题目可以是技术方面的,也可以是管理方面的。每个研讨组分成两个项目研究小组,每小组 10 人左右,采用"鱼刺图法"或别的方法对项目进行分析研究,写出研究报告。

开展项目研究应遵循的主要工作程序是:

① 明确课题研究的目的、意义、要求和注意事项。

② 事先选好课题,采用抽签的方法选题,项目研究小组选出组长一名,由组长明确分工,具体组织项目研究。

③ 指导教师对项目研究进行指导,具体包括项目研究的开题报告、确定研究重点及研究报告的撰写要求等。

④ 对具有较高价值的研究报告报送国家安全生产监督管理总局人事培训司。

5. 培训考核

本培训的考核方式主要有卷面测试和论文两部分,卷面测试分训前和训后测试,训前测试的目的是要了解受训人员对各方面知识结构的掌握程度、需要了解哪方面的信息(包括《学员报名及基本情况调查表》的填写),等等。训后测试主要是了解本次培训的效果以及下次培训需要改进的地方。专业测试题要由参加授课的老师出,培训处有专人挑选后合并为一套试卷,试卷中非专业的题由培训处出。专业试题要与培训内容相关联,要求全面具体、有针对性,并建立考核档案,为以后的培训和调训提供依据。课题研究报告也作为培训考核成绩的一部分。

第七节　煤矿安全监管监察培训效果评估

一、煤矿安全监察培训效果评估的目的和意义

培训不是简单的"教学"活动,而是一个极其复杂的系统工程,属于一种高层次的"开发"活动。培训质量评估是培训的重要组成部分,西方发达国家对此非常重视,如美国矿山安全健康学院专门制定了安全培训教师的评价指标体系,将评价结果作为教师聘任的依据;国际劳工组织都灵培训中心也制定了培训质量评估的专门文件,以约束和监督培训的实施。具体而言,培训效果评估的目的和意义主要体现在以下几方面:

① 对授课教师而言,可以较为客观地了解自己的培训技能是否得到了学员的认可以及认可程度,从而通过进一步学习、调整和改进不断丰富授课方式和培训技巧,提高培训水平。

② 对培训组织高层而言,培训效果评估是考核培训机构培训质量,以及进行资质认定的重要手段和依据,起着监管和督促作用。

③ 评估的根本作用在于考查培训是否达到了预期的目标,通过诊断分析找出培训过程各个环节存在的问题与不足,从而改进培训计划、调整培训课程设置和日程安排、精选培训教师、完善培训后勤保障体系等,不断更新和完善培训方案,促使培训过程的良性循环。

二、培训效果评估的内容

培训效果评估是培训工作中的一项重要活动,它既是培训管理部门评价培训效果的重要方式,也是培训机构修改、调整培训方案的重要依据。培训效果评估是指对培训目的、培训课程设置及教学效果、教师教学水平、培训考核方法和培训后勤服务的可行性、科学性、合理性进行评价。其主要内容包括以下几个方面:

(1) 培训方案的科学性、合理性如何? 使用培训方案是否可以达到培训目的? 学员对培训方案是否认可和满意?

(2) 培训课程设置是否包含了培训方案的内容? 培训课程是否具备整体性?

(3) 学员对培训教师授课的满意率是否达到临界值? 教师的授课内容是否按照培训设置的内容进行培训?

(4) 培训方式是否适应培训课程的特点?

(5) 培训考核方式是否适合培训目标和课程特点?

(6) 后勤服务是否让 80% 以上的学员感到满意?

三、煤矿安全监察专题培训效果评估

根据煤矿安全监察专题培训特点,确定评估指标为三个一级指标,分别从教学效果、课程内容和组织管理三个方面来评估:

(1) 教学效果评估。包括课程设置,设计调查表由培训学员填写,分别对每期和六期汇总进行统计分析。本项指标主要针对教师而设立。

(2) 课程设置效果评估。要求学员根据培训内容,结合自己的培训收获,对课程设置的必要性、课程学时的合理性、课程授课方式的可行性、如何改进进行评估。

(3) 后勤服务评估。本项指标包括培训期间餐饮的质量、住宿舒服程度、文体活动、班主任服务满意度等,培训评价由学员完成。

以煤矿安全监管监察专题培训的第一期专题,表 7-10～表 7-12 分别是教学效果评估统计表、课程设置效果评估统计表和后勤服务效果评估统计表,表 7-13～表 7-15 分别是六期教学效果、课程设置效果、后勤服务评估的汇总统计表。

表 7-10 第一期教学效果评估统计

序号	课程	有效总计	优秀		较好		一般		较差	
			票	百分比	票	百分比	票	百分比	票	百分比
1	煤矿危险源辨识与控制	59	33	55.93%	19	32.20%	7	11.86%	0	0.00%
2	放顶煤开采技术与安全措施	59	36	61.02%	18	30.51%	5	8.47%	0	0.00%
3	煤矿安全监察中遇到的问题(研讨)	59	31	52.54%	23	38.98%	5	8.47%	0	0.00%
4	煤矿瓦斯(煤尘)爆炸(研讨)	59	28	47.46%	23	38.98%	7	11.86%	1	1.69%
5	安全设计审查(研讨)	59	30	50.85%	23	38.98%	5	8.47%	1	1.69%

序号	课程	有效总计	优秀		较好		一般		较差	
			票	百分比	票	百分比	票	百分比	票	百分比
6	电子执法文书(研讨)	59	28	47.46%	27	45.76%	4	6.78%	0	0.00%
7	监察中难题解决办法(研讨)	59	30	50.85%	26	44.07%	3	5.08%	0	0.00%
8	煤矿事故调查取证问题(研讨)	59	28	47.46%	27	45.76%	4	6.78%	0	0.00%
9	主题班会	59	29	49.15%	28	47.46%	2	3.39%	0	0.00%
10	煤矿水灾隐患监察和事故调查	59	32	54.24%	24	40.68%	2	3.39%	1	1.69%
11	应急救援与抢险救灾	59	32	54.24%	22	37.29%	5	8.47%	0	0.00%
12	安全设计审查与竣工验收	59	32	54.24%	24	40.68%	1	1.69%	2	3.39%
13	煤矿瓦斯(煤尘)事故隐患监察与事故调查	59	47	79.66%	11	18.64%	1	1.69%	0	0.00%
14	提高安全监察效能的方法	59	45	76.27%	11	18.64%	2	3.39%	1	1.69%
15	煤矿顶板隐患监察与事故调查	59	35	59.32%	22	37.29%	1	1.69%	1	1.69%
16	新颁布安全法律法规	59	32	54.24%	22	37.29%	2	3.39%	3	5.08%

表 7-11　　　　　　　　　　第一期课程设置效果评估统计

序号	课 程	有效总计	必要		需适当调整		不必要	
			票	百分比	票	百分比	票	百分比
1	煤矿危险源辨识与控制	59	50	84.75%	9	15.25%	0	0.00%
2	放顶煤开采技术与安全措施	59	51	86.44%	7	11.86%	1	1.69%
3	煤矿安全监察中遇到的问题(研讨)	59	50	84.75%	9	15.25%	0	0.00%
4	煤矿瓦斯(煤尘)爆炸(研讨)	59	47	79.66%	11	18.64%	1	1.69%
5	安全设计审查(研讨)	59	50	84.75%	9	15.25%	0	0.00%
6	电子执法文书(研讨)	59	51	86.44%	8	13.56%	0	0.00%
7	监察中难题解决办法(研讨)	59	50	84.75%	9	15.25%	0	0.00%
8	煤矿事故调查取证问题(研讨)	59	52	88.14%	7	11.86%	0	0.00%
9	主题班会	59	51	86.44%	8	13.56%	0	0.00%
10	煤矿水灾隐患监察和事故调查	59	50	84.75%	9	15.25%	0	0.00%
11	应急救援与抢险救灾	59	52	88.14%	6	10.17%	1	1.69%
12	安全设计审查与竣工验收	59	52	88.14%	7	11.86%	0	0.00%
13	煤矿瓦斯(煤尘)事故隐患监察与事故调查	59	55	93.22%	4	6.78%	0	0.00%
14	提高安全监察效能的方法	59	57	96.61%	2	3.39%	0	0.00%
15	煤矿顶板隐患监察与事故调查	59	53	89.83%	6	10.17%	0	0.00%
16	新颁布安全法律法规	59	52	88.14%	4	6.78%	3	5.08%

表 7-12　　　　　　　　　　　　　　　　第一期后勤服务效果评估统计

序号	课　程	有效总计	好		较好		一般		较差	
			票	百分比	票	百分比	票	百分比	票	百分比
1	班级管理	59	54	91.53%	5	8.47%	0	0.00%	0	0.00%
2	班主任服务	59	55	93.22%	4	6.78%	0	0.00%	0	0.00%
3	文体活动安排	59	37	62.71%	16	27.12%	6	10.17%	0	0.00%
4	后勤服务（开水、订票等）	59	52	88.14%	5	8.47%	1	1.69%	1	1.69%
5	餐饮	59	29	49.15%	22	37.29%	6	10.17%	2	3.39%
6	住宿	59	37	62.71%	18	30.51%	4	6.78%	0	0.00%

表 7-13　　　　　　　　　　　　　　　　教学效果评估统计的汇总情况

序号	课　程	有效总计	优秀		较好		一般		较差	
			票	百分比	票	百分比	票	百分比	票	百分比
1	煤矿危险源辨识与控制	291	178	61.17%	87	29.90%	26	8.93%	0	0.00%
2	放顶煤开采技术与安全措施	291	175	60.14%	101	34.71%	15	5.15%	0	0.00%
3	煤矿安全监察中遇到的问题（研讨）	291	174	59.79%	98	33.68%	17	5.84%	2	0.69%
4	煤矿瓦斯（煤尘）爆炸（研讨）	290	132	45.52%	127	43.79%	29	10.00%	2	0.69%
5	安全设计审查（研讨）	290	153	52.76%	110	37.93%	24	8.28%	3	1.03%
6	电子执法文书（研讨）	290	135	46.55%	127	43.79%	27	9.31%	1	0.34%
7	监察中难题解决办法（研讨）	291	161	55.33%	113	38.83%	15	5.15%	2	0.69%
8	煤矿事故调查取证问题（研讨）	291	154	52.92%	117	40.21%	18	6.19%	2	0.69%
9	主题班会	290	148	51.03%	122	42.07%	19	6.55%	1	0.34%
10	安全许可法律法规	133	82	61.65%	44	33.08%	7	5.26%	0	0.00%
11	煤矿水灾隐患监察和事故调查	291	157	53.95%	117	40.21%	14	4.81%	3	1.03%
12	应急救援与抢险救灾	286	155	54.20%	108	37.76%	23	8.04%	0	0.00%
13	安全设计审查与竣工验收	291	158	54.30%	114	39.18%	15	5.15%	4	1.37%
14	煤矿瓦斯（煤尘）事故隐患监察与事故调查	291	234	80.41%	54	18.56%	3	1.03%	0	0.00%
15	提高安全监察效能的方法	291	229	78.69%	51	17.53%	8	2.75%	3	1.03%
16	煤矿顶板隐患监察与事故调查	291	172	59.11%	109	37.46%	8	2.75%	2	0.69%
17	事故报告 PPT 动画制作技术	223	126	56.50%	89	39.91%	8	3.59%	0	0.00%
18	新颁布安全法律法规	291	154	52.92%	105	36.08%	23	7.90%	9	3.09%

表 7-14 课程设置效果评估统计的汇总情况

序号	课 程	有效总计	必要		需适当调整		不必要	
			票	百分比	票	百分比	票	百分比
1	煤矿危险源辨识与控制	291	247	84.88%	42	14.43%	2	0.69%
2	放顶煤开采技术与安全措施	291	256	87.97%	31	10.65%	4	1.37%
3	煤矿安全监察中遇到的问题(研讨)	291	250	85.91%	39	13.40%	2	0.69%
4	煤矿瓦斯(煤尘)爆炸(研讨)	290	232	80.00%	55	18.97%	3	1.03%
5	安全设计审查(研讨)	290	248	85.52%	42	14.48%	0	0.00%
6	电子执法文书(研讨)	290	246	84.83%	43	14.83%	1	0.34%
7	监察中难题解决办法(研讨)	291	255	87.63%	34	11.68%	2	0.69%
8	煤矿事故调查取证问题(研讨)	291	257	88.32%	34	11.68%	0	0.00%
9	主题班会	290	247	85.17%	43	14.83%	0	0.00%
10	安全许可法律法规	133	114	85.71%	14	10.53%	5	3.76%
11	煤矿水灾隐患监察和事故调查	291	254	87.29%	37	12.71%	0	0.00%
12	应急救援与抢险救灾	286	252	88.11%	29	10.14%	5	1.75%
13	安全设计审查与竣工验收	291	256	87.97%	35	12.03%	0	0.00%
14	煤矿瓦斯(煤尘)事故隐患监察与事故调查	291	274	94.16%	17	5.84%	0	0.00%
15	提高安全监察效能的方法	291	278	95.53%	11	3.78%	2	0.69%
16	煤矿顶板隐患监察与事故调查	291	263	90.38%	28	9.62%	0	0.00%
17	事故报告 PPT 动画制作技术	223	203	91.03%	20	8.97%	0	0.00%
18	新颁布安全法律法规	291	259	89.00%	22	7.56%	10	3.44%

表 7-15 后勤服务效果评估统计的汇总情况

序号	课 程	有效总计	好		较好		一般		较差	
			票	百分比	票	百分比	票	百分比	票	百分比
1	班级管理	289	227	78.55%	58	20.07%	4	1.38%	0	0.00%
2	班主任服务	289	242	83.74%	46	15.92%	1	0.35%	0	0.00%
3	文体活动安排	289	154	53.29%	96	33.22%	38	13.15%	1	0.35%
4	后勤服务(开水、订票等)	289	226	78.20%	51	17.65%	9	3.11%	3	1.04%
5	餐饮	288	110	38.19%	104	36.11%	62	21.53%	12	4.17%
6	住宿	289	184	63.67%	92	31.83%	13	4.50%	0	0.00%

通过以上三个方面的调查统计,我们从课程设置、教学的方式方法以及班级的组织管理上都不断地作出调整和改进。一般都是在一期培训班结束后,根据调查统计结果和专业班主任跟堂听课的感受向领导直接提出改进意见,领导根据专业班主任的意见决定作如何调整。

第八节　煤矿安全监察培训专题研讨教学实践

一、研讨组织

各省级煤矿安全监察机构的主要职能可概括为行政许可、安全监察、事故调查和处理这三个方面,根据煤矿安全监察机构的工作职能和目前的热点、难点问题,2007 年煤矿安全监察专题业务培训设置的 6 次研讨内容如下:① 煤矿安全监察中遇到的难题及解决办法;② 安全设计审查专题研讨;③ 煤矿事故调查取证问题研讨;④矿井瓦斯(煤尘)爆炸专题研讨;⑤ 改进监察工作思路与对策;⑥ 电子执法文书。

在这次研讨中,第二次研讨属于行政许可方面的问题,第三次研讨是事故调查取证方面的问题,第四次研讨是以瓦斯事故为例探讨事故调查与处理方面的问题,第六次研讨则是煤矿安全监察执法方面的问题,这四个研讨基本涉及煤矿安全监察机构职责的各个方面和层次。而第一次和第五次研讨分别是提出目前存在的问题和解决问题,体现了以问题为导向的现代培训理念,实践中不光锻炼了学员提出问题、解决问题的能力,而且还为他们之间的相互交流提供了很好的平台和话题,其中的很多问题也得到了有效的解决。

按照策划方案,所有研讨的老师必须写研讨教案,包括本次研讨的目的和目标,分哪些教学环节,研讨教学的时间安排以及需要班主任帮助完成的事(如印发研讨材料、准备教学设备设施等)。研讨教师都是培训处的老师,所以非常便于管理,在开班前开了很多次会议,探讨研讨实施的具体细节。

研讨分成三个小组,学员先集中在一个大教室,由组织研讨的老师讲解研讨的题目和相关内容,引导学员如何研讨,然后学员去各自所在的小组研讨教室进行研讨,各小组的研讨由组织能力较强的组长来组织,研讨的成果直接写在大白纸上,各小组研讨结束后再去大教室集中,由各小组委托一人发布各组的研讨成果,直接利用大白纸进行成果的发布演示,研讨成果发布结束后,其他小组成员可以对该小组的研讨成果进行评议,发表自己的看法。研讨成果最后拍成数码照片,存入光盘中送给学员。采用大白纸进行研讨成果记录可以大大节省时间,提高了研讨的效率,以往是研讨成果输入电脑后通过多媒体发布,这样以前一个研讨题目需要一天的时间才能研讨完,而现在只需要半天的时间就结束了。另外,研讨结果直接拍成照片,有利于学员日后再看时的联想记忆,发挥成人的联想记忆能力。

二、研讨结果

以 2007 年第六期煤矿安全监察专题业务培训为例,研讨的内容和部分研讨成果介绍如下。

(一)研讨内容

1. 煤矿安全监察中遇到的难题及解决办法

运用团体列名法提出煤矿安全监察中遇到的主要难题。本次研讨的目的有两个:一是让学员坐下来弄清楚目前监察工作中存在哪些问题,通过交流理清思路;二是培训机构可以利用最终的研讨成果,从而使得培训更加有针对性。

2. 安全设计审查专题研讨

安全设计审查的重要意义;安全设计审查的程序;安全设计审查的要点;安全设计审查中应当注意的问题。本次研讨采用研讨与课堂讲授相结合的方式,结合的课程为《安全设计审查与竣工验收》。

3. 煤矿事故调查取证问题研讨

组织学员在课堂进行行政执法的法律原理,行政调查的程序,证据的概念、类型与特点,取证的方法与认定。执法监察的证据类型及其认定等方面的研讨。

4. 矿井瓦斯(煤尘)爆炸专题研讨

矿井瓦斯(煤尘)爆炸事故类型;矿井瓦斯(煤尘)爆炸事故原因分析;重大瓦斯(煤尘)爆炸事故隐患监察;瓦斯(煤尘)爆炸事故调查注意事项。

5. 改进监察工作思路与对策

针对煤矿安全监察中存在的主要问题,运用鱼刺图法进行原因分析,寻找解决问题的突破口,提出改进工作的思路和对策。同时,制订下一步的工作改进计划。

6. 电子执法文书

主要探讨在实际工作中,制作执法文书存在的问题及可能的解决方法。

图 7-1 为学员在研讨教室研讨。

图 7-1 学员在研讨教室研讨

(二)研讨成果

采用的方法主要有团体列名法和鱼刺图法,把讨论的最终结果形成电子文档并在大会上发布。部分研讨成果如图 7-2～图 7-9 所示。

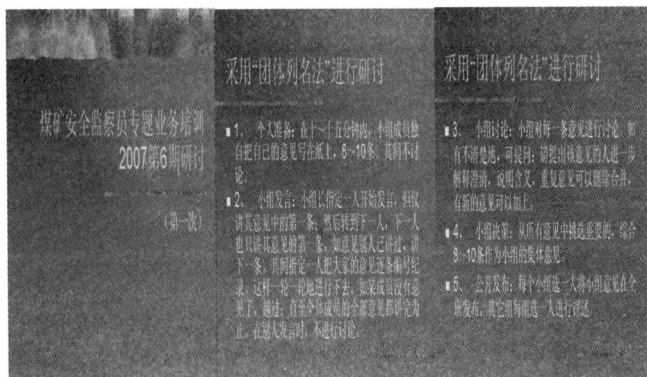

图 7-2 研讨课件

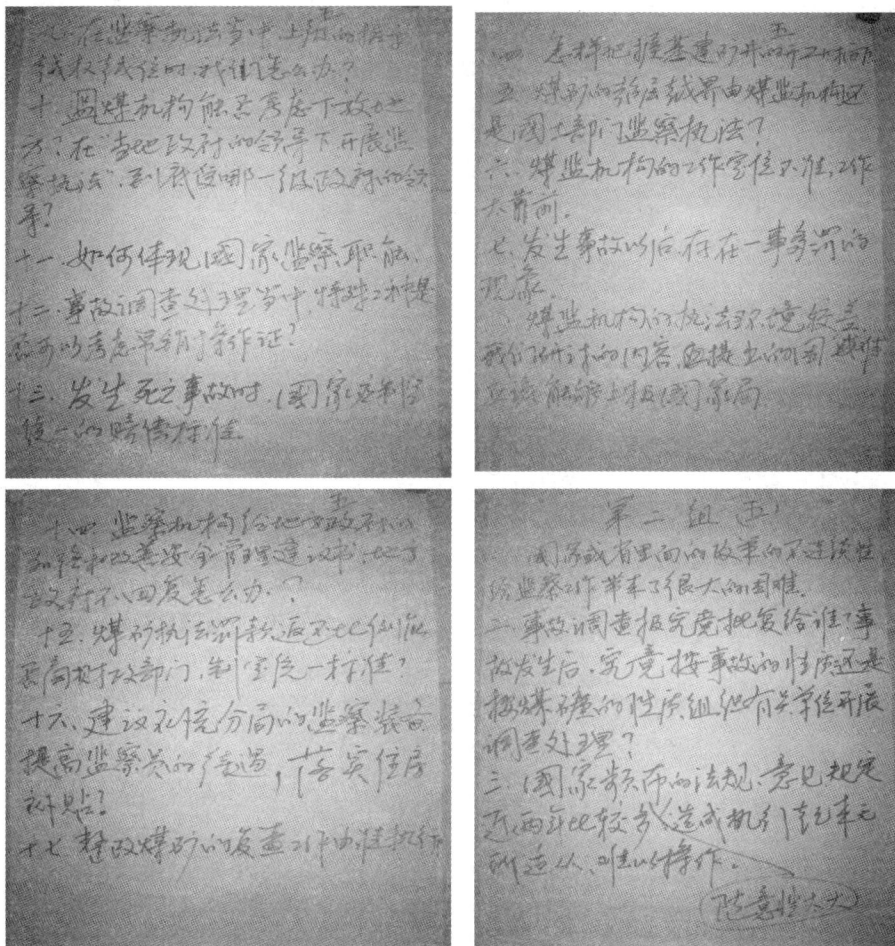

图 7-3　研讨部分成果（一）

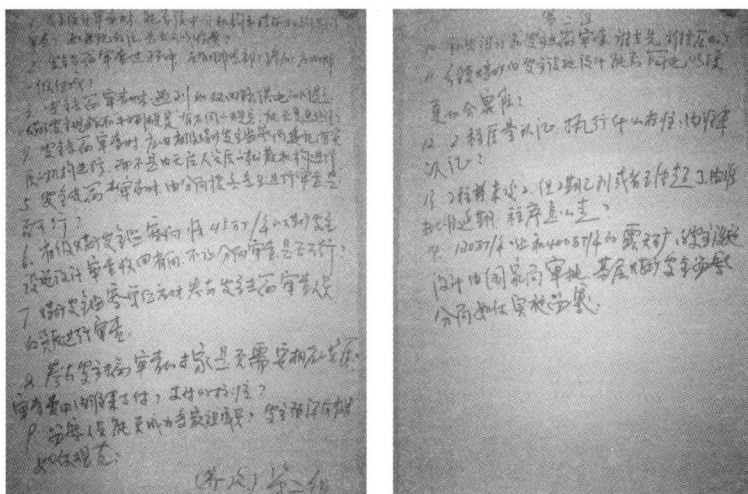

图 7-4　研讨部分成果（二）

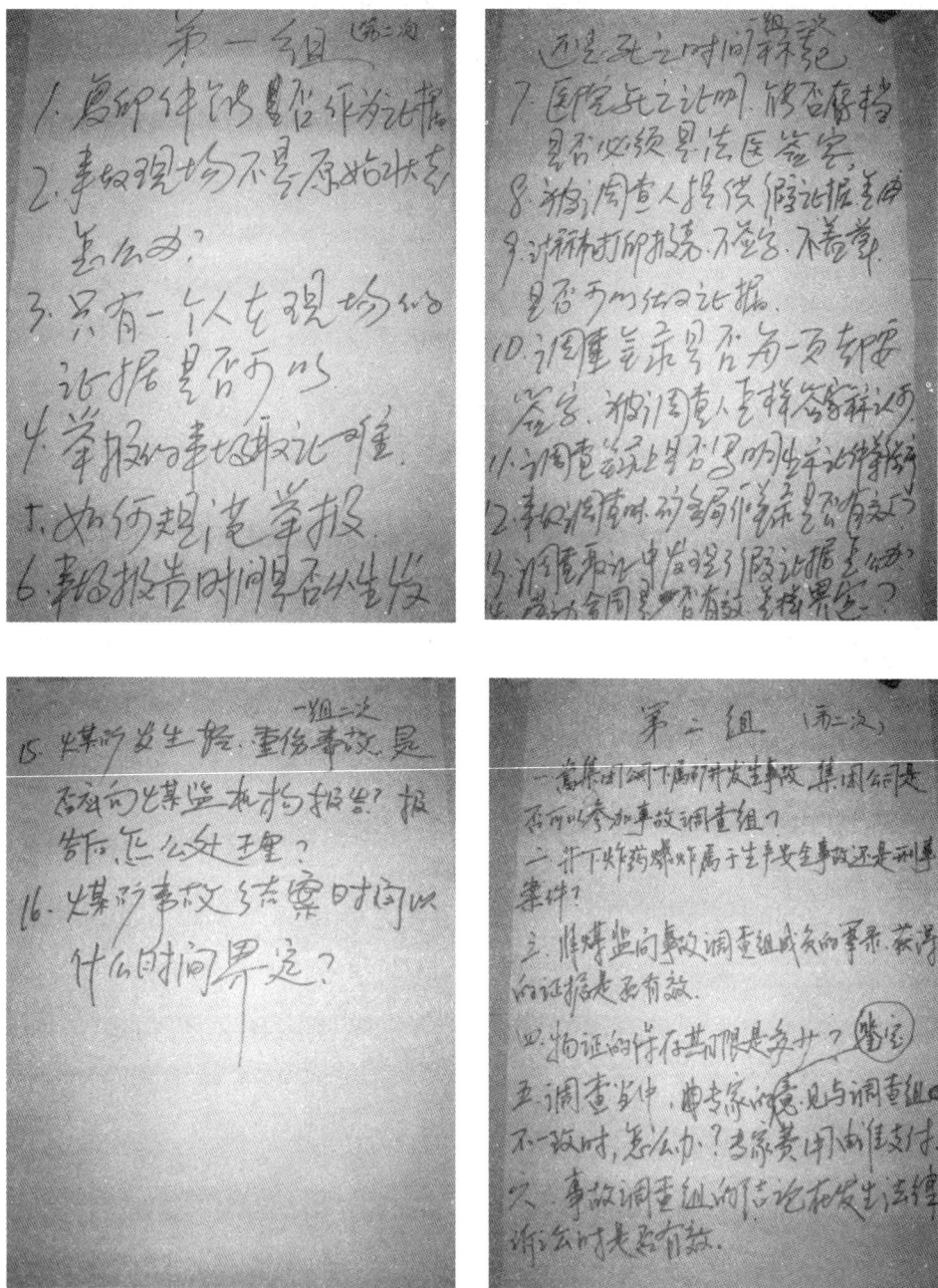

图 7-5 研讨部分成果(三)

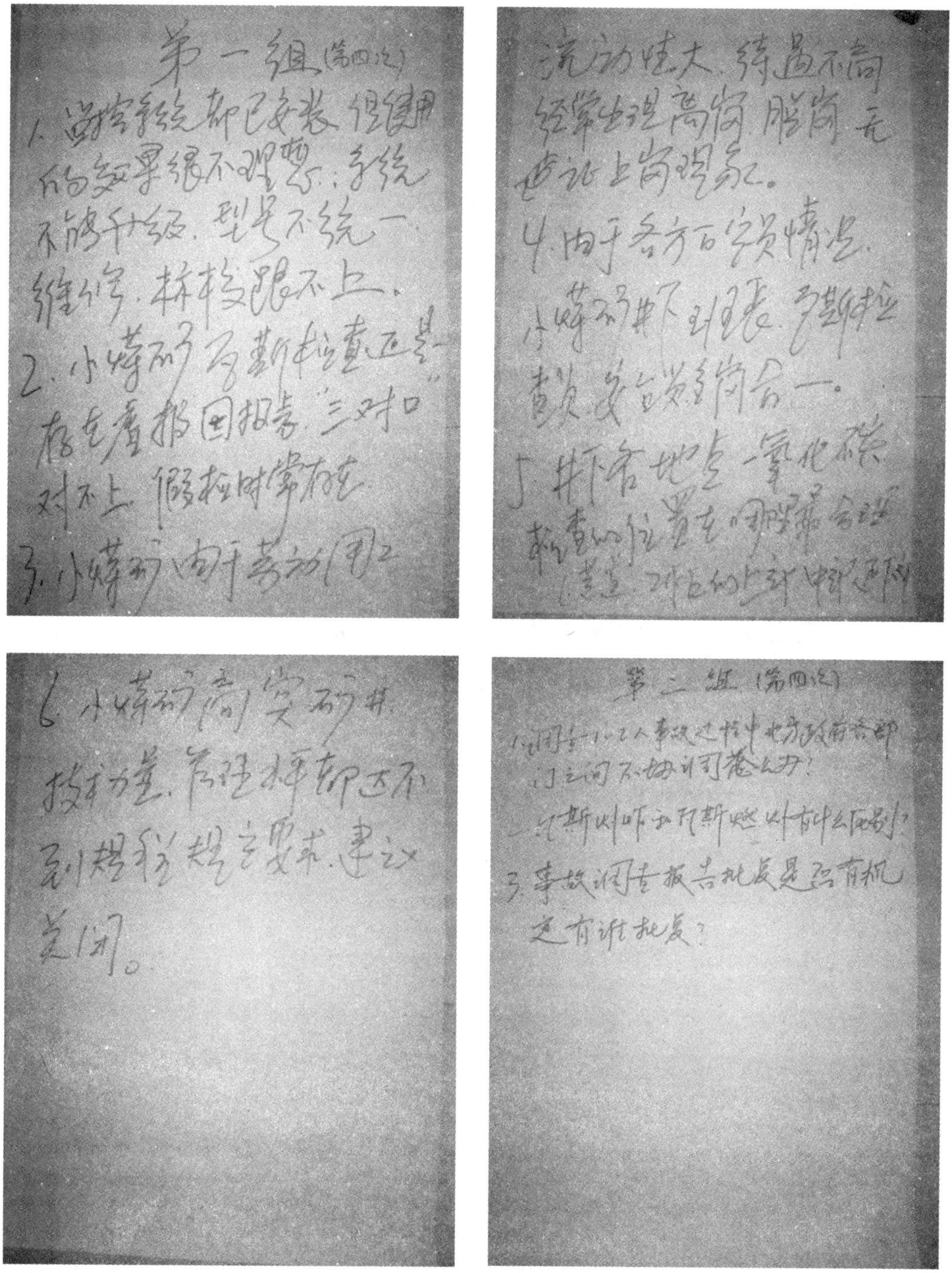

第一组(第四次)

1. 监控系统都已安装。但使用上存在不理想，系统不能升级，型号不统一，维修等，标校跟不上。

2. 小煤矿有瓦斯检查员，存在着都因招工"三对口"对不上，假检测等问题。

3. 小煤矿由于劳动强度

流动性大，待遇不高，经常出现高管职简，无法正上岗运行。

4. 由于各方面人员情况，小煤矿监测到瓦斯监控数据等监控合一。

5. 把各地点一氧化碳等检测位置，明确摆合理。

6. 小煤矿高突矿井技术力量，管理水平都达不到规程所规定要求，建议关闭。

第三组(第四次)

1. 调查人员与处理事故时执法人员的二词不协调怎么办？

2. 行政处罚与行政处罚以外有什么区别？

3. 事故调查报告批复是否有机连续性批复？

图 7-6　研讨部分成果(四)

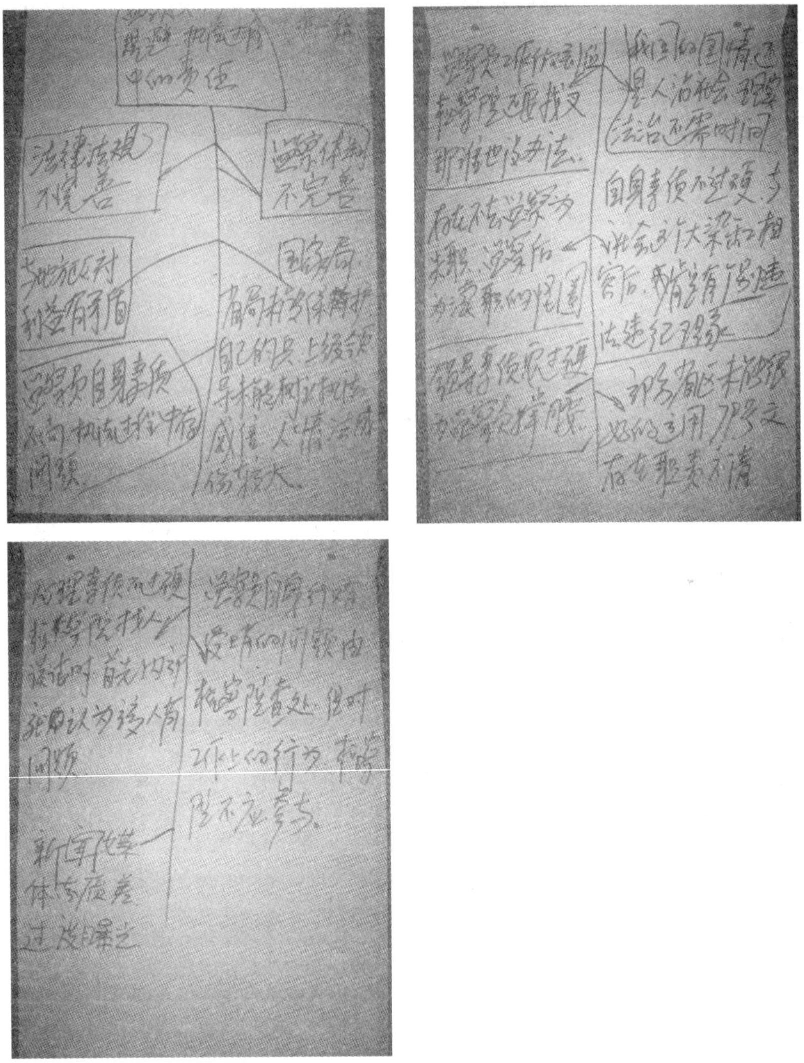

图 7-7　研讨部分成果（五）

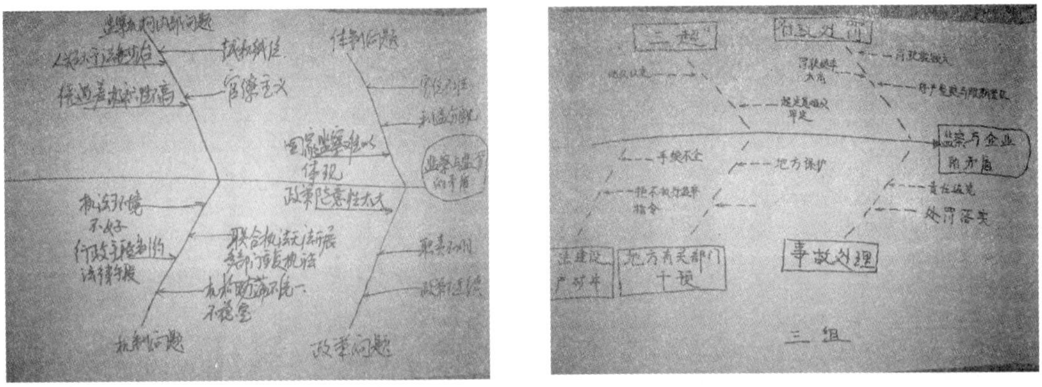

图 7-8　研讨部分成果（六）

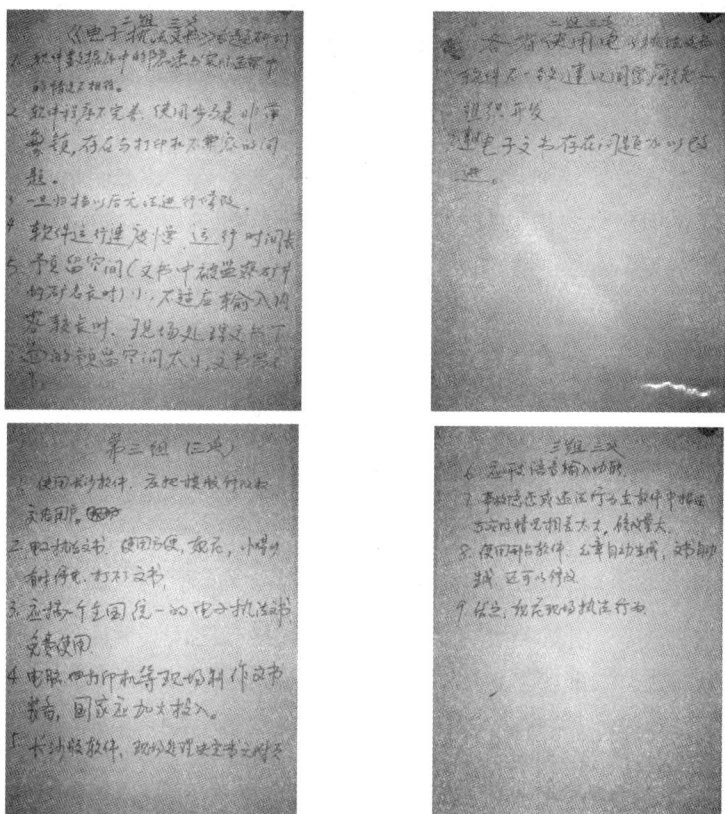

图 7-9　研讨成果

第九节　煤矿安全监察专题培训总结

一、煤矿安全监察专题培训的成功条件

根据煤矿安全监察专题培训训前调研、方案策划和教学过程的研究,可以得出对于一类(个)培训班,要确保实现培训目的,达到培训目标,必须采取如下措施:

(1)认真调研,掌握培训需求。调研之前,要制订详细的培训计划,围绕培训目的,确定调研提纲和调研方式,并写出详细的调研报告,调研报告将是制订培训方案的基础。

(2)制订科学、实用的培训策划方案。必须围绕培训目标和培训需求,组织熟悉安全培训的专家制订科学、实用的培训方案,培训方案要包括课程设置、教师选拔、教学环节设计、业余活动安排、实践活动设计和培训考核方式的设计。培训方案制订以后,一要对教师和管理人员进行贯彻,使其明了方案;二要在开班以前组织学员学习培训方案,以便学员能够配合培训机构实施。

(3)围绕培训内容,设置必要的训前、训后测试。测试内容要围绕培训目的设计,学员自由回答,不能将测试结果作为学员培训结果的依据,而只能作为评价培训结果的依据。

(4)围绕培训课程设计培训方法。根据成人特点,避免长期采用某一种方法带来的单调,致使学习兴趣下降。在整个培训过程中,要根据培训课程的特点,采用研讨式、讲授式、交流式等培训形式。

（5）科学设计业余活动，加强学员之间的交流，提倡学员的经验交流，培训管理者必须注意到一个问题，你所聘请的教师只能回答学员一部分问题，只能传授学员一部分知识，更多知识的获得、更多疑问的解答，需要学员的交流来解决。

二、煤矿安全监察专题培训效果分析

（1）基本完成了国家安全生产监督管理总局下达的培训任务。根据国家安全生产监督管理总局的安排，原计划培训煤矿安全监察人员 360 人，实际培训人数为 305 人，基本上完成了国家安全生产监督管理总局的计划。

（2）提高了煤矿安全监察人员的业务素质和行政执法能力。通过培训，参加培训的煤矿监察人员不仅获得了专业方面的知识，提升了业务能力，同时也学习了新的法律法规和执法的方式方法及技巧，从而提高了他们的行政执法能力。

（3）采取了训前训后测试的方法检验培训效果。在培训开始之前，先进行一个摸底的培训前测试，了解学员掌握相关专业知识、法律知识的程度，进而决定在培训中要讲授的内容和要讲授的深浅程度。在培训结束之前还要进行一个培训后测试，其目的是为了察看学员通过培训后，对培训中所讲授的知识的掌握情况，从而考察培训效果。

（4）更新了培训理念，创新和改进了培训方式方法。根据监察员培训属成人培训的特点，在培训中引入了在中组部的培训处长学习班上学习到的以及在中美矿山安全合作项目中学习到的现在比较盛行的现代培训理念、方式方法。具体说来，为了让监察员能够乐于接受培训知识，并能够主动参与到培训中来，变被动地接受知识为主动地要求学习，在整个的教学过程中贯穿案例教学之外，还在研讨环节采用团体列名法、鱼骨刺图法等，使得学员们积极参与，并能最大限度地发挥他们的主观能动性。

（5）提升了培训策划能力，并形成了范本。在 2008 年的监察员培训开始之前，中国煤矿安全技术培训中心就下大力气做好培训的策划工作。策划工作立足于监察员所需要的知识，充分考虑到成人培训的特点，在课程设置、教学方法上采取模块化、系统化、人性化方式方法。以需求分析为依据、以提高监察员的行政执法能力为中心、以现实问题和未来变革为导向、以学员们的认知规律为立足点来做好策划的各项工作，形成了翔实的策划报告，上报国家安全生产监督管理总局人事培训司，并得到了领导的首肯。同时，该中心把这种策划方法运用到监察员执法资格培训和今后开展的监察员培训以及该中心开展的其他类型各种培训中，以此次培训策划为范本。该中心的策划能力在这次培训策划过程中得到了锻炼和提升。

（6）改进了培训质量监控方法，确保了培训质量。每期培训该中心都对培训质量进行全过程的跟踪调查和监视，目的是确保培训过程是否按要求进行管理和实施，这期还存在哪些问题和不足，以便于在下一期的培训中进行改进和调整。

第八章　安全生产监管监察人员培训调查

为提高培训针对性,加强和改进对安全生产监管、监察人员(以下简称监管监察人员)培训工作,采用问卷调查方式,中国煤矿安全技术培训中心在 2009 年对监管监察人员的培训状况进行了调查及分析。

调查共收回问卷 1 634 份,其中:国家安全生产监督管理总局、国家煤矿安全监察局机关和应急救援指挥中心 112 份,省级安全生产监督管理局 598 份,省级煤矿安监机构及其所属分局 924 份。

第一节　安全生产监管监察人员基本情况

一、职务、年龄与工作年限

参加调查的 1 634 人中,局级干部 58 人,占 3.5%;科、处级干部 1 395 人,占 85.4%;其他人员 181 人,占 11.1%。年龄 50 岁以上的 280 人,占 17.2%;30～50 岁的 1 190 人,占 72.8%;30 岁以下的 164 人,占 10.0%。从事安全生产工作 10 年以上的 680 人,占 41.6%;5～10 年的 381 人,占 23.3%;3～5 年的 289 人,占 17.7%;3 年以下的 284 人,占 17.4%。说明年龄在 30～50 岁的科、处级干部从事安全生产工作多年,是目前安全监管监察队伍的中坚力量。参加问卷调查既体现了他们对培训工作的重视,也表明他们渴望参加培训,进一步提高自身的素质和能力。

二、学历及其获取方式

从学历看,博士、硕士研究生 184 人,本科 1 197 人,大专及以下 253 人,分别占被调查人员总数的 11.3%、73.2% 和 15.5%。从学历取得方式看,普通教育 1 053 人,在职自学 221 人,党校学习 254 人,电大、夜大、职大等 106 人,分别占被调查人员总数的 64.5%、13.5%、15.5% 和 6.5%。表明监管监察人员受教育程度普遍较高,非常注重在工作中提高自身的能力,普通教育、党校教育、在职自学是他们深造的主要途径。

三、所学专业、目前工作状况及对业务知识的了解

参加调查的 1 634 人中,学习安全工程、法律以及采矿、化工、石油、冶金、地质、测绘等专业的 1 081 人,占 66.2%;目前从事煤矿、金属非金属矿山、石油天然气、危险化学品、烟花爆竹、职业卫生安全监管和应急救援的 1 158 人,占 70.9%;在从事安全监管监察工作之前是企业安全生产管理人员或政府其他部门相关人员的 1 074 人,占 65.7%;认为对业务知识很了解或比较了解的 1 449 人,占 88.6%。说明大多数监管监察人员基本按所学专业从事了安全生产相关工作,有一定的专业知识基础。

与此同时,学习经济管理或其他专业的 553 人,占 33.8%;在从事监管监察工作之前是军人或其他人员的 439 人,占 26.9%;认为对业务知识略有了解或不了解的 185 人,占

11.4％。这些人员需要加强安全生产相关法律法规及业务知识的学习培训。

第二节　参加培训情况及对目前培训工作的评价

一、参加培训情况

参加调查的 1 634 人中，参加过执法资格或专题业务等脱产培训的 1 300 人，占79.6％；没有参加过任何培训的 334 人，占 20.4％，其中：局级干部 14 人，处级干部 133 人，科级干部 119 人，其他人员 68 人，分别占同级别被调查人员总数的 24.1％、16.9％、19.6％和 37.6％。说明监管监察人员培训的覆盖面仍需进一步扩大，特别是局级干部和科级及以下人员的培训需要加强。

参加过脱产培训（不包括党校学习）的 1 300 人中，自 2001 年以来，累计培训时间 10 天以下的 304 人，占 23.4％；累计培训时间 10～20 天的 444 人，占 34.1％；累计培训时间 20～30 天的 204 人，占 15.7％；30 天以上的 348 人，占 26.8％。可以看出，监管监察人员接受培训时间与《干部教育培训条例（试行）》规定的学时还有一定差距。

二、对目前培训工作的评价

参加调查的 1 634 人中，认为单位领导对培训工作非常重视的 1 392 人，占 85.2％；不重视的 115 人，占 7.0％；忽冷忽热的 127 人，占 7.8％。对参加培训遇到困难或阻力主要原因的调查显示，认为工作忙、离不开的 679 人，培训班太少、没有名额的 593 人，分别占被调查人员总数的 41.6％和 36.3％，说明工学矛盾仍然是当前监管监察人员培训的主要矛盾和问题。另外，认为单位经费不足的 146 人，占被调查人员总数的 8.9％，说明培训经费问题也是当前监管监察人员培训需要解决的问题之一。

参加过培训的 1 300 人中，认为培训质量很高或较高的 855 人，占 65.8％；一般的 411 人，占 31.6％；较差的 34 人，占 2.6％。说明目前对监管监察人员的培训得到了大多数人的认可，培训质量总体上较好，但仍需进一步提高。针对目前培训班存在的最主要问题，认为教师授课水平不高的 48 人，占 3.7％；培训课程不适应需要的 432 人，占 33.2％；教学形式单一的 502 人，占 38.6％；培训内容重复的 200 人，15.4％；其他原因的 118 人，占 9.1％。表明培训课程设置、教学形式和培训内容选择是今后监管监察人员培训改进的主要方向。

第三节　培训需求分析

一、培训周期

绝大多数监管监察人员希望培训周期为 1 年 1 次或 2 年 1 次，这两种希望的合计人数占到被调查人员总数的 95.1％；仅有 4.9％的人希望培训周期为 3 年 1 次或 5 年 1 次。从职务层次上看，58 名局级干部中，60.0％希望培训周期为 1 年 1 次，另外 40.0％则希望为 2 年 1 次；788 名处级干部中，71.3％希望培训周期为 1 年 1 次，22.7％希望为 2 年 1 次；607 名科级干部中，77.6％希望培训周期为 1 年 1 次，17.0％希望为 2 年 1 次；181 名其他人员中，83.4％希望培训周期为 1 年 1 次。

二、脱产培训时间

大部分监管监察人员希望每次脱产培训时间为 10 天或半个月甚至更长，这三种希望的合计人数占到被调查人员总数的 94.7％；仅有 5.3％的人希望脱产培训时间为 1 周。从职务层次上看,58 名局级干部中,79.3％希望培训时间为 10 天或半个月；788 名处级干部中,81.2％希望培训时间为 10 天或半个月,12.8％希望为 1 个月；607 名科级干部中,72.0％希望培训时间为 10 天或半个月,23.4％希望为 1 个月；181 名其他人员中,76.2％希望培训时间为半个月或更长,19.3％希望为 10 天。

三、培训形式

绝大多数监管监察人员更愿意接受脱产培训和在职自学,选择这两种形式的合计人数占到被调查人员总数的 88.6％；远程教育也是不容忽视的一种培训教育方式,选择这种形式的人占到了被调查人员总数的 8.3％。从职务层次上看,58 名局级干部中,87.9％希望接受脱产培训；788 名处级干部中,71.3％希望接受脱产培训,17.4％愿意在职自学；607 名科级干部中,82.0％希望接受脱产培训,近 10.0％愿意接受远程教育；181 名其他人员中,85.6％希望接受脱产培训,10.0％愿意在职自学。

四、教学形式

按喜欢程度对教学方式排序为：案例教学、研讨式教学、情景模拟、远程教学、课堂教学。参加调查的 1 634 人中,选择案例教学的 549 人,占 33.6％；情景模拟的 392 人,占 24.0％；研讨式教学的 416 人,占 25.5％；远程教学的 154 人,占 9.4％；课堂教学的 123 人,占 7.5％。从职务层次上看,58 名局级干部中,选择案例教学和研讨式教学的 79.4％；788 名处级干部中,选择案例教学和研讨式教学的占 65.0％,选择情景模拟的占 20.7％；607 名科级干部中,选择案例教学和研讨式教学的占 50.1％,选择情景模拟的占 29.0％,选择远程教学的占 14.5％；181 名其他人员中,选择案例教学和研讨式教学的占 62.5％,选择情景模拟的占 19.9％。

五、培训内容

按急需程度对培训内容排序,参加调查的 1 634 人中,将政治理论作为第一选择的 413 人,占 25.3％；将行政诉讼法、行政处罚法、行政复议法等行政法规作为第一选择的 433 人,占 26.5％；将安全生产理论政策及相关法律法规作为第一选择的 472 人,占 28.9％；将煤矿、非煤矿山、危险化学品、烟花爆竹、职业卫生、应急救援等方面的业务知识作为第一选择的 221 人,占 13.5％；将领导科学、现代经济、科技、文化、社会管理等知识作为第一选择的 61 人,占 3.7％；将计算机、外语、公文写作等知识作为第一选择的 34 人,占 2.1％。说明监管监察人员更希望接受以提高执法水平和执法技能（政策、手段、方法等）为主要内容的培训。如：有关法律法规及其与实际问题结合的途径、方法；安全生产理论；发达国家安全执法方式、手段、内容及国内外在安全执法方面的好经验、好做法；事故案例分析；国内外安全生产新技术、新装备；应急救援预案编制和管理；职业安全卫生监管；相关行业领域业务知识；等等。

第四节　存在问题及改进建议

一、存在的主要问题

根据调查,目前监管监察人员培训还存在一些主要问题和矛盾：一是绝大多数监管监察人员对学习培训的需求非常强烈,但在实际工作中往往因工作原因不能参加,工学矛盾比较突出,如中央党校、行政学院、干部学院等举办的脱产培训,每年派人都很困难;二是培训周期长,培训班次少,覆盖面仍需进一步扩大,特别是局级干部和科级及以下人员的培训需要加强;三是培训内容与监管监察人员工作实际结合不够紧密,有些内容比较陈旧,针对性不强;四是培训方式、教学形式单一,培训效果不好;五是培训投入需要进一步加大。

二、改进建议

1. 继续加强监管监察人员特别是领导干部的学习培训

按照国家安全生产监督管理总局党组的《关于加强安全生产监管煤矿安全监察人员学习培训的指导意见》,进一步加强领导班子中心组学习,采取专题讲座、学习辅导和学习报告会等多种形式,深入开展政治思想理论和相关专业知识的集中学习研讨活动。加强监管监察领导干部脱产培训,适时举办煤矿安全监察分局局长研讨班,积极选派领导干部特别是近三年来提拔的领导干部到中央党校、国家行政学院、国家安全生产监督管理总局党校等院校进行在职学习。加强对煤矿安全监察人员和省级以上安全监管人员的培训,根据不同岗位、不同层次人员需求,继续做好初任培训、任职培训、业务培训、知识更新培训和执法资格培训,适当增加办班期数,缩短培训周期,做到3~4年轮训一遍。鼓励安全监管监察人员利用业余时间参加各种与工作相关的学习培训或学历教育,提高素质和能力。

2. 完善监管监察人员培训相关制度

建立健全监管监察人员脱产培训制度和机制。按照《干部教育培训工作条例(试行)》规定,严格执行培训与使用相结合制度,未参加培训或培训不合格的,不能任职或晋升。实行培训工作考评与奖惩制度,把对监管监察人员的培训纳入目标责任管理体系,定期对培训情况和效果进行考评。逐步完善培训档案和培训证书制度,如实记录培训情况,将其作为监管监察人员任职、晋升以及考评培训工作的重要依据之一。

3. 充实内容,提高培训针对性

按照不同岗位人员的特点和要求,组织开发精简实用的安全监管监察业务培训和相关安全培训教材,增加新知识、新案例,注重针对性,提高实效性。同时,在培训中,增加法律法规的应用、相关行业领域业务知识、国外先进的安全生产监管方式等方面的内容,加强新的安全技术、装备和管理知识,以及新的法律法规和相关政策理论等方面的培训,提高运用专业知识解决问题和用法律武器处理问题的能力。

4. 改进方式方法,增强培训效果

加强培训需求调研,科学设置培训专题,完善课程设计和培训内容,进一步提高讲授式教学质量,加大研讨式教学力度,大力推广案例式教学,积极开展模拟式、体验式教学,提高培训针对性和时效性。积极利用多媒体、网络等现代化培训手段,增强培训效果。增加现场教学环节,会同相关业务司局,分行业选取有特点的省区或企业进行现场教学,通过开展监察执法交流比武、执法文书评比等活动,不断改进学习方式,拓展学习途径,提高理论联系实际的水平。

5. 进一步加大投入

加大对监管监察人员培训的投入,适当扩大经费支持范围,对西部、边远以及重点地区,可延伸到地(市)或县(市)级安全生产监管人员的培训。

第三篇

安全生产培训典型经验

第九章　落实安全生产教育培训责任

第一节　北京市安全生产监督管理局抓好领导干部安全培训教育,推动政府安全监管主体责任落实

北京市安全生产监督管理局(以下简称"北京市安监局")围绕安全生产中心工作,以不断提高各级领导干部驾驭安全生产工作的能力和水平为目标,深入开展了多层次、有针对性、实效性强的安全培训,有效推动了政府和企业"两个主体、两个责任制"的落实,为全市安全生产形势持续稳定好转提供了有力的思想保证、智力支持和能力保障。

一、扎实做好各级领导干部安全培训,提高安全生产领导能力和水平

(1)抓好区县局级领导干部安全生产专题培训。自 2007 年以来,北京市安监局与北京市委组织部密切配合,每年举办一期区县局级领导干部安全生产专题培训班。2007 年安全生产月期间,与市委组织部、市委党校联合举办了"安全生产形势报告会",邀请国家安全生产监督管理总局领导作专题报告。2009 年年初积极协调,将区县局级领导干部安全生产专题培训班排在 2009 年北京市领导干部专题班的第一批次,分管安全副市长在开班时作了专题报告。2006 年以来,北京市共举办局级领导干部安全专题培训 11 期,培训领导干部 500 余人次。

(2)抓好区县处级领导干部安全生产培训。每年组织专题培训班进行专题培训和轮训。各区县安全生产监督管理局也对本区县处级领导干部每年组织一期安全生产专题培训班,并通过在区(县)委党校开办安全生产系列讲座和应急演练等课程,对区县处级干部及后备干部进行培训。2007~2009 年共培训 320 余人次。

(3)抓好乡镇、街道领导干部安全生产培训。坚持抓基层、抓基础,对全市乡镇、街道办事处主要领导和分管领导进行安全生产专题培训和轮训。2008 年,结合乡镇、街道属地安全监管实际,把安全法律法规、小区管理安全生产风险预测等内容作为培训重点,突出培训的针对性和实效性,对全市 340 名乡镇长、街道办事处主任分 3 期进行专题培训,促进属地监管责任的落实。

二、不断创新方式方法,增强培训的针对性、主动性和实效性

(1)联系实际,增强培训内容针对性。2008 年,紧紧围绕奥运安全生产保障工作设置了培训课程。特别是为进一步提高安全监管部门领导干部新闻发布和媒体应对能力,邀请奥组委有关部门领导和清华大学等高校的专家学者,以北京市安监局党组理论中心组学习的形式,对市、区(县)两级安全监管部门领导进行"奥运新闻发言与媒体沟通策略"专题培训,全年共开展 5 期培训班,培训 300 余人次。

2009 年年初举办的区县局级领导干部安全生产专题培训班,根据北京市在建工程多、

重大项目多,安全生产监管任务繁重艰巨的新形势,确定了"城市建设与安全生产工作"的培训主题,本着"要精、要管用"的原则,设置了"城市建设防灾减灾"、"建筑行业安全生产监管工作"等课程。

(2)注重部门联动,增强培训工作主动性。发挥北京市安全生产委员会办公室的协调作用,充分调动各有关部门的积极性,牵头负有安全监管职责的相关部门按照职责和分工,各司其职,各负其责,密切配合,形成合力。2007~2009年连续3年将安全生产培训内容分别纳入到市委党校举办的区县局级领导干部和中青年干部、市国资委组织的市属国有企业主要负责人培训班的内容,形成了组织部门、国资委和安监局的联动工作机制,为从培训角度推进政府和企业"两个责任主体"的落实奠定了基础。市民防、应急、建筑等部门也分别与市委组织部、市委党校专题研究领导干部"应急指挥演练"、"城市建设与安全生产"等培训工作。同时,积极协调市建委、教委、农委、劳动和社会保障局、工会等部门和组织,共同研究制定了北京市《关于加强农民工安全生产培训工作的实施意见》,为推进农民工培训工作提供了政策依据。

(3)注重形式创新,增强培训教育实效性。一是把培训班与论坛相结合。在抓好培训主体班次的基础上,推行"论坛式"培训模式,先后利用"安全生产与安全发展"、"安全生产科技交流与合作"等论坛,围绕一两个主题充分进行研讨,使培训更具针对性和实效性。二是坚持课堂教学与实地考察相结合。本着"增长见识、开阔视野"的思路,2009年安排局级领导干部培训班深入到天津市的企业进行实地参观考察,对领导干部抓好安全生产工作很有启发性和示范作用。三是开辟网上学习渠道。利用北京干部教育网为处级领导干部开辟网上学习渠道,在"干部在线"学习中加入了安全生产培训课程。

(4)注重应急培训,增强培训课程指导性。近年来,有针对性地开展领导干部应急指挥培训演练,着力抓好领导干部应急处置突发事件能力的培训。在市委组织部的领导下,由市委党校负责领导干部应急指挥的课堂教育,由市民防局负责突发事件情景模拟指挥演练。依据北京市发生的灾害事故和应急预案,以提高领导干部实际应急指挥能力为目标,研制了"重大工程事故应急指挥情景模拟教学课件"。

三、建立"五个一"培训体系,打造安全生产培训系统工程

以安全生产培训规划为主线,以教育培训基地为依托,大力加强培训师资、教材、网站三项建设,初步形成了相对完整的"五个一"安全生产培训体系,建立了政府主导、部门协同、社会参与的安全生产培训格局。

(1)颁布了一项培训规划。为推动安全生产培训工作的科学化、制度化和规范化建设,与首都社会经济发展研究所合作,研究制定并由市政府办公厅印发了《北京市 2008—2010 年安全生产培训工作规划》。

(2)建立了一个培训基地。借助高校培训资源,积极搭建平台,率先在全国组建了第一个安全生产教育培训基地,为培训工作奠定了基础。

(3)拥有了一支师资队伍。截至目前,已拥有一支由政府机关领导、科研院所专家、高校教师和企业专家顾问组成的 1 300 余人的专兼职教师队伍,基本满足了目前各类培训的需求。

(4)编写了一套培训教材。完成了《领导干部安全生产管理培训教程》、《企业安全生产管理人员安全生产管理培训教程》、《安全生产监督管理培训教程》等教材的编写工作。《领导干部安全生产管理培训教程》已正式使用。

（5）开通了一个培训网站。拓展安全生产培训信息的沟通、交流和共享平台，有效整合培训资源，利用网络开展培训教学。2009 年 4 月，"北京市安全生产培训网"正式开通，网站设置了推荐课程、在线学习、知识中心、政策法规、警钟长鸣等 13 个栏目，方便了广大领导干部自由支配时间在线学习。

第二节　贵州省通过安全培训提高监管监察队伍执法能力

一、多层次全方位安全培训教育，提高整体安全意识

贵州省 88 个县（市、区）中有 56 个属产煤县，其财政收入大多依靠煤炭税费，甚至有的县煤炭税费收入占全县财政总收入的 70% 以上，地方经济对煤炭的依赖程度很高，存在的问题不少。主要表现在：一是少数地、县政府没有从认真落实科学发展观、坚持安全发展的高度认识抓好煤矿安全生产的重要性，"重发展、轻安全"在一些基层领导的思想认识中仍然存在，导致有的地方对打击非法开采、整顿关闭不具备安全生产条件煤矿等政策措施贯彻不力，严重阻碍了当地煤炭工业的健康发展。二是受利益驱动，少数基层干部参与投资入股开办煤矿，甚至沆瀣一气，成为煤矿业主的保护伞，致使一些企业安全生产主体责任落实不到位，有的甚至无视法律，无视监管，无视职工生命安全，违章指挥、违章作业、违反劳动纪律组织生产。三是一些地区领导特别是县乡领导干部不能正确认识安全与发展、安全与经济、安全与脱贫的关系，对安全生产领导不力，重视程度不够，"严不起来，落实不下去"的问题比较突出。四是部门之间职责不清，相互协调配合的主动性、积极性较差，甚至个别部门受利益驱使，擅自为非法违法生产经营活动提供便利条件。

贵州省的做法，一方面，加大对发生安全生产事故的地市县分管安全生产工作领导的处罚力度，另一方面，加强对政府分管安全生产工作领导干部的学习培训，提高安全履职能力。

2005 年，贵州省县（市、区）分管安全生产工作的领导干部共 91 人分两期进行了安全生产知识培训。2006 年，贵州省有关部门要求贵州省安全生产监督管理局（以下简称"贵州省安监局"）负责对县市分管煤矿安全生产的领导干部进行定期培训；对重点产煤县市的分管领导，每年至少安排一次集中培训；对新任命的县市分管煤矿安全生产的领导干部，因特殊原因未达到任前培训要求的，应当在任职一年内完成补训。2007 年年初，针对各级政府换届后分管安全生产的领导干部大调整的实际，省委省政府高度重视，决定继续举办地、县分管安全生产工作领导培训班。贵州省安监局认真准备，制订了培训大纲，编印了培训教材。分管省长参加了开班仪式并讲了第一堂课，贵州省安监局局长主持开班仪式并讲课。

在领导干部安全培训工作中，坚持抓好头，带动面，夯实基础。2007 年，贵州省委组织部与贵州煤矿安全监察局委托省安全生产技术培训中心负责全省乡镇政府分管安全生产工作的领导干部安全生产业务培训，共培训包括乡镇长在内的 1 530 人。产煤乡镇长班安排了煤矿安全生产基础知识、安全生产领域政纪规定、煤矿重大安全生产隐患认定、煤矿事故救援与调查处理等内容；非煤乡镇长班安排了安全生产基础知识、安全生产法律法规、交通与农机安全、非煤矿山与危险化学品安全、安全生产领域党纪政纪规定、预防职务犯罪、消防安全以及安全生产事故应急救援与调查处理等内容。

二、抓实教育培训,提高监管监察队伍综合素质

① 及时抓紧监管人员执法资格培训。2004 年贵州省安监局建立以后,地、县安监局相继建立,人员陆续到位。在机构初建,机制不全,渠道不畅,经费不足的情况下,贵州省对全省安全监管人员进行了执法资格培训与复训,使安全监管执法人员很快进入角色,推动了工作的起步和有序开展。2004 年以来,贵州省安监局共举办监管人员培训、再培训班 51 期,累计培训 4 253 人。

② 以会代培,抓好监管监察机构主要负责人的传帮带。贵州省安监局把抓好一把手工作作为重点,每季度召开一次工作会,省局领导、处室主要负责人、煤监分局局长参加,采取"以会代培"的形式对监管监察机构主要负责人进行传帮带。会议集中学习贯彻国家安全生产政策和法律、法规;汇报本季度各地区安全生产工作;研究安全生产领域存在的突出问题和对策措施;邀请有关专家进行专题讲座。

③ 重点抓好监管监察人员业务提高和思想政治教育培训。贵州省安监局每年除选派监管监察人员参加国家总局的业务培训以外,还对所有干部进行一次脱产轮训。轮训班每一期都有局级领导带队,统一编印教材,培训时间不少于 4 天。培训内容主要包括思想政治教育、廉政建设教育、业务研讨。聘请省有关部门领导和专家作辅导讲课,要求有关处室负责人和工作人员结合工作实际进行专题发言,全体学员集中讨论研究监管监察工作中的疑难问题。邀请了贵州省纪委、监察厅、省法制办、省检察院、省高级法院、省直机关工委、省委党校、省讲师团的领导和专家授课,累计培训监管监察人员 760 多人次。

第三节　江苏煤矿安全监察局依法规范煤矿安全培训工作

江苏省共有国有重点煤矿 16 个,地方国有煤矿 18 个,煤矿建设公司 1 个,从业人员 11.4 万人。江苏煤矿安全监察局(以下简称"江苏煤监局")依据国家有关安全培训法律法规和规范性文件要求,着力规范安全培训工作,运用现代化管理手段,创新安全培训模式,形成了"分层管理、分级培训、教考分离、信息技术保障、运行规范高效"的安全培训工作格局。全省煤矿从业人员培训持证上岗率达 100%,安全技术素质普遍提高;百万吨死亡率、"三违"现象逐年大幅度下降,2006 年煤矿百万吨死亡率为 0.31,百人"三违"率为 2.5,促进了江苏煤矿安全生产持续稳定地好转。

一、依法明确主体责任,保证安全培训"六个落实"到位

为了依法落实煤矿企业安全培训的主体责任,江苏煤监局依法制定了《江苏煤矿安全培训管理细则》,明确要求企业实行安全培训与安全生产一体化管理。各煤矿集团公司和所属煤矿单位都建立了安全培训工作领导小组,明确了企业主要负责人、分管领导、培训管理部门、培训机构和区队的安全培训职责,推行安全培训目标责任制,层层签订安全培训目标管理责任书,把安全培训责任分解落实到煤矿,落实到区队,落实到从业人员,实行年终考核、奖惩兑现。江苏煤监局建立了安全培训的监管制度,每年年初召开全省煤矿安全培训年度工作会议,对全年煤矿安全培训工作进行全面部署,年末对煤矿企业全年的安全培训工作任务完成情况进行专项督查,重点检查企业安全培训责任的落实、安全培训责任书的签订与履行、安全培训经费的提取、领导小组工作记录、培训计划的落实、培训效果等情况,并对督查情况及时进行通报。江苏煤监局徐州分局在日常执法检查中,把从业人员的持证上岗列为必查内容。省局对煤矿安全培训严格的执法监管,强而有力的督查措施,极大地推进了煤矿企业安全培训责任体系建设,全省煤矿安全培训实现了"六个落实",即安全培训责任落实、培训机构落实、培训人员落实、培训经费落实、培训管理制度落实、培训计划任务落实。

二、加强培训基础建设,推进安全培训标准化管理

近年来,江苏煤监局坚持不懈地抓安全培训机构标准化管理建设,共设立三级煤矿安全培训机构 10 家,四级 28 家,投入资金 3 282 万元,建设教学场地 22 218 ㎡。各培训机构教学场地、实验实操场地、安全展室、计算机室、档案资料室、电教室、各类教学设施设备全部达到安全培训机构标准。

在此同时,江苏煤监局狠抓了培训机构教学及档案管理的标准化建设。一是调整充实师资队伍,不断提高教学质量。各培训机构按照培训规模、培训范围配齐配足专兼职教师。对教师业务素质提出了"三个一"的要求,即教师每年接受一次专业培训,不断提高业务素质;教师主教的一门课程,讲课全部使用自制课件;教师每年撰写一篇论文,提高教师的科研能力。教学中以教学大纲为纲,以实用管用为标准,突出"必知必会点"、"新知识新技术点"、"难懂难记点",因地制宜,因人施教,教学质量普遍提高。二是培训的载体和形式不断丰富。各培训机构结合煤矿生产实际,统筹安排,充分用电视、多媒体等手段,采取情景模拟、案例分析、双方交流等形式传授安全知识,强化实践教学,更多地采用实物、现场实验、现身说法等生动形象和直观的教育方法,增强培训效果;普遍开展了安全培训延伸递进活动,系统地开展"手指口述法"、"班前十分钟"和"一日一题、一周一案、一月一考"的安全培训活动,并对各区队"一月一考"的内容进行每月一次抽考,考核结果与单位全年安全培训目标任务挂钩。

① 规范使用培训教材和题库。"三项岗位人员"的教材全部使用国家煤矿安全监察局统编教材,普通工种教材由江苏煤监局组织各煤矿公司编写。大屯煤电集团公司编写了 20 万字的班组长培训教材,徐州矿务集团编写了采煤、掘进、机电、运输、通风、选煤等 410 个工种的培训教材。在此基础上,江苏煤监局又组织人员编写了 56 个煤矿工种、10 万道题量的考试考核题库,并制成 46 个工种、1.5 万道题的网络版题库。2007 年,全省煤矿各类从业人员安全培训理论考试全部实行了计算机考试。

② 规范安全培训档案管理。培训机构按照教学档案"一期一档",学员档案"一人一档"的要求,做到培训资料及时归档,培训班计划表、办班通知、课程表、学员名册、学员考勤、教师教案讲稿、教师评估表、培训班总结、学员登记表、考试考核成绩表、身份证复印件、学历证明、体检证明等资料规范齐全,并将培训教学情况和学员信息及时录入江苏省安全培训信息管理系统,实现网上查询、监管。

三、加强培训考核的组织管理,用考核促进培训规范化

根据国家安全生产监督管理总局、国家煤矿安全监察局《安全生产培训管理办法》和《关于加强煤矿安全培训工作的若干意见》的要求,江苏煤监局重新制定了《江苏煤矿安全培训考核管理办法》,对考核的组织、责任、原则、方法、程序作了明确的规定。

(1)建立考核组织,分级负责考核。江苏煤监局聘请有关管理人员、专家和生产一线相关人员,组建了全省煤矿"三项岗位人员"培训考核专家库,分成若干专家组,负责组织实施"三项岗位"培训考核。"三项岗位人员"的资格证书由江苏煤监局审核发放。煤矿生产单位负责组织实施其他从业人员的考核和安全合格证书的审核发放。

(2)制定三、四级煤矿安全培训机构评审标准,严格按标准评估、审批培训机构。实行安全培训机构年审制度,明确年审工作的重点内容,加强日常管理、动态管理,推进安全培训机构制度化、规范化、标准化建设,促进培训机构不断完善办学设施,改善办学条件,提高培训质量。

(3)统一特种作业人员技能考核标准。依据《煤矿安全操作规程》和《煤矿工人技术操作规程》,2007年,江苏煤监局组织人员编写了10个特种作业人员技能考核标准。每个工种的考核标准由考核项目、考核内容、考核方法和评分标准四部分组成,简明直观,易于操作,实效性强。

四、建立信息管理系统,推进安全培训现代化管理

以信息化推动安全培训标准化,从而推进培训规范化、现代化管理,提高培训工作效率、质量和管理水平。2005年3月,组织有关专业人员,投资一百多万元,研制开发了"江苏省安全生产培训信息管理系统"。该系统设立"IP"专用网址,配置服务器,24小时在线服务,具有计划上报、办班审批、考核发证、打印制证、考试题库、信息查询和报表统计等功能,系统地使用实现了煤监局、煤矿企业、培训机构之间网上信息传送,使审批发证更加快捷、检查更加直观、统计报表自动生成、培训档案标准统一,有效地推动了安全培训管理工作的科学化、现代化。

第十章 健全安全生产培训管理体制与机制

第一节 辽宁省安全生产监督管理局积极开展职工安全知识普及培训

一、加强领导,为开展普及培训工作提供强有力的保障

2007年5月,中国致公党名誉副主席杨纪珂同志就"职工安全生产电视培训"一事给时任辽宁省委书记李克强同志来信,李克强同志当即作出重要批示:"杨纪珂同志的建议很有价值,我们可用多种形式推动职工安全生产知识培训,电视教育是一种有效方式,请采取切实措施推进。"在辽宁省政府主管领导的亲自过问下,经过辽宁省总工会、辽宁省安全生产监督管理局(以下简称"辽宁省安监局")认真筹划,制订了符合辽宁实际的工作方案,用3年左右的时间,培训各类生产经营单位从业人员500万人。

由于普及培训涉及行业广、人数多,加之职工安全素质参差不齐,授课内容涵盖广泛,需要协调诸多部门,投入大量的人力、物力。为此,辽宁省政府成立了以省政府副秘书长为组长,辽宁省安监局局长、辽宁省总工会副主席为副组长,辽宁省公安、建设、交通、财政、煤监、煤管、安监、广播电视等部门领导同志为成员的省职工安全生产知识普及培训工作领导小组,负责全省普及培训的管理、指导、协调和督办工作,日常工作由辽宁省总工会、辽宁省安监局负责。

为了推动普及培训工作的开展,辽宁省政府召开了全省职工安全生产知识普及培训电视电话会议,就此次活动进行了专题部署。辽宁省政府办公厅下发了《辽宁省职工安全生产知识普及培训实施方案》,同时省财政提供500万元专项经费,各市、县(市)区政府提供相应的资金支持,各生产经营单位从提取的安全费中安排必要的资金用于普及培训,为开展普及培训工作提供了保障。

二、试点先行,探索做好普及培训的途径

辽宁省普及培训领导小组选择了抚顺市清源县、营口市经济技术开发区作为试点单位,试点先行,典型引路,全面铺开。清源县在试点中探索出了"三明确、三结合、广覆盖"的工作思路。

(1)坚持"三明确"。即:培训目标明确、培训对象明确和培训内容明确;确定了2008～2010年期间力争培训全县各类生产经营单位从业人员23 000人的目标;培训教材贴近培训对象,理论与实际相结合,通俗易懂,注重实用。

(2)搞好"三结合"。县培训工作领导小组采取了集中培训与分散培训相结合、专业培训与岗位操作相结合、专家面授与电视讲座相结合的方式组织培训。组织70名业务骨干参加省里的师资、骨干培训,再通过集中考试,择优选取了20名学员,作为培训各乡镇、各行业的授课教师,负责对14个乡镇和重点行业从业人员的培训。

（3）实现广覆盖。强化宣传，在"安全生产月"期间，在电视上用滚动字幕宣传"安全生产月"主题口号；制作《安全生产宣传》专题片，在清源点播频道播出，10月份，利用早、中、晚三个时段，全月播放职工安全生产知识电视培训讲座，在清源县报开辟了安全生产法律、法规园地专栏，营造学习安全生产知识氛围。

营口市经济技术开发区将普及培训列入年度安全生产目标管理考核内容，实行"一票否决"。从组织领导、工作部署、工作方案、指标分解、宣传动员、师资培训、经费投入、台账建立等10个方面开展普及培训专项督查，推动了工作的开展。

对试点中取得的经验，辽宁省普及培训工作领导小组下发了文件要求在全省推广，并召开一次现场会，以点带面，推动全省普及培训工作全面铺开。

三、技术支撑，为做好普及培训打好基础

（1）严格选拔师资。要求各市从各企业及培训机构中选拔一批有教学经验和较高业务能力、专业水平的师资，以保证教学效果。

（2）组织开展师资、骨干培训。辽宁省安监局委托具有二级资质的培训机构，聘请有实践经验的专家分别到11个市对2 209名教师进行了4天的免费培训，并进行了严格的考试。

（3）组织开展配套教材开发。除了为各地免费提供电视教学光盘外，组织各方面的专家编写出安全基础、机械、非煤矿山、化工、建筑、船舶修造、电力、冶金行业等行业的补充教材共8册。

（4）严格考试。为防止普及培训由于覆盖面广出现走过场的现象，辽宁省普及培训领导小组把严格考试作为检验培训质量的有效手段，专门组织了试题开发，建立了考试题库，为保证培训质量打好基础。

四、加强考核，促进普及培训工作扎实开展

自这项行动部署以来，普及培训工作在辽宁省已经全面铺开，据统计，到2008年年底，辽宁省已经培训职工95万人。从2009年起，普及培训工作列入省政府对市政府的安全生产目标考核管理内容。同时，要求各地认真贯彻落实省政府文件精神，扎实开展普及培训工作，建立目标管理日常考核制度，健全监督检查机制，确保年度计划的完成；制定具体的考核标准，增强考核的可操作性；适时组织开展普及培训工作专项检查，促进各地普及培训工作扎实开展。

第二节　黑龙江煤矿安全监察局严格规范煤矿安全培训管理

一、把好煤矿安全资格准入关

（1）通过资格审查使具备条件的人员参加培训考核。凡是具有煤矿大（中）专以上学历或在省教委备案的煤矿专业在读学习档案煤矿主要负责人、安全管理人员的，可以参加培（复）训。提高门槛后，针对买假证书、开假证明等问题，走访地方政府、院校、企业进行调查，把省内煤炭院校2000年前证书的样式、印章等资料备案对照，凡是和备案材料不符的，需出具职称证书，否则不予培（复）训。2008年有800多名人员未通过资格审查，安全资格证书失效。

（2）鼓励和帮助企业高薪引进各类专业技术和管理人员。积极和地市煤炭局、煤矿企业研究对策,把行业人才准入要求引入企业竞争机制,促使企业留住人才,同时高薪聘任已取得《安全资格证》的专业管理人员。

(3)引导和支持大专院校积极开办煤矿专业学历班。黑龙江煤矿安全监察局(以下简称"黑龙江煤监局")召开两次省内煤炭大中专院校座谈会,传达国家安全资格准入标准的要求,参与制订教学指导方案,引导院校为煤矿培养专业对口、学用一致、"留得住,用得上,落地型"人才,并制定了持"在读证明"视同具备参加安全资格培(复)训的鼓励政策。省内6所具有煤炭成人大中专学历教育资质的学校联合印发了《2008年、2009年煤矿成人中专联合招生简章》。针对大批招生学校师资力量不足问题,为学校提供煤矿专家、教师人才库。

(4)推荐校企联合办学,选送人员到煤炭院校学习或者在矿上开办煤矿专业大中专脱产、半脱产班。有18家企业和煤炭院校签署了校企合作协议。6所院校共开办采矿、通风、机电、安全等34个专业班,有2 366人参加学历教育。针对黑龙江省西部区域没有煤炭院校和沈煤集团、鸡西盛隆公司大部分岗位无法脱产学习的情况,和地市煤炭局联系,为企业牵线搭桥,学校直接选派教师到企业现场或在当地三级煤矿安全培训机构授课方式,解决了在岗职工的工学矛盾。

(5)引导煤矿企业实行变招工为招生制度。2008年初在双鸭山矿业集团召开现场会,推广东荣二矿、三矿实行入井人员由招工为招生制度。在招工前对符合条件的人员进行一个月以上时间的培训,按照培训成绩择优录用。经考试合格后发《入井实习资格证》,并与老工人签订四个月的师徒合同,期满重新考试合格后,换发《入井安全资格证》,方可上岗。地方煤矿招工时,必须录用经四级培训机构培训考核合格后取得证书的人员。

(6)推行"必知必会",提高在职职工素质。在坚持开展煤矿三、四级脱产培训的基础上,将安全培训的触角延伸到班前,递进到井下工作面。在国有重点煤矿推行安全培训"必知必会"等安全培训延伸递进制度。龙煤集团鸡西分公司建立了"必知必会"学习、考问、考试、考评、奖罚和例会等制度,员工素质明显提高。

二、夯实煤矿安全培训主阵地

(1)注重坚持标准,严格评估,优胜劣汰。2007年重新制定了《黑龙江煤矿安全培训机构资质认定与复审实施细则》,对教学场地及设施设备等评估标准进行了提高和细化。对安全培训机构实行三年换证、每年年审制度。每年对全省安全培训机构进行检查和抽查,取消管理松散、乱收费、不按规定组织教学、在考试中弄虚作假的培训机构资质。目前,黑龙江省有二级培训机构3家,三级培训机构20家,四级培训机构88家,已形成布局合理、功能完备、优势互补的安全培训网络体系。

(2)注重地方煤矿四级培训机构的建设。针对地方煤矿四级培训机构薄弱,有的区县煤炭局四级培训机构教学走过场、乱收费等问题,调整工作思路,由过去主要依靠行政部门办四级培训机构为主转向鼓励和指导有条件的地方煤矿建立四级培训中心,跨区域就近培训从业人员。这一政策调动了地方煤矿的积极性,有的投入近百万购置教学器材和设施,聘请退休的煤矿专家,自制试验设备,满足培训需要。鹤岗市煤炭局根据矿井的远近按区域,合理布局四级培训机构,淘汰了部分过去行政部门办的四级培训机构,仅2008年就有10家地方煤矿申报四级培训机构资质。目前,黑龙江省地方煤矿四级培训机构已有48个,占四级培训机构的54.5%。

(3)注重培训机构教学研讨和教师的培训。每年年初组织培训中心主任、教学负责人、教师开展培训机构教学调研与经验交流活动,并对培训中心提出集体备课、互相听课、下基层调研、专题研讨和作好培训策划的要求。各培训中心推选出优秀教师进行示范讲课,与会人员集体点评,提高了教师的课堂教学和实践教学技能。

(4)注重延伸培训工作的触角。在教学中做到不同时期有不同重点,不同工种有不同内容,不同对象有不同方法,不同层次有不同要求。在培训项目实施过程中,采取"两个带来,两个带走"的互动式、参与式、体验式的教学方法。组织煤矿矿长到省内外、国内外培训学习。邀请国家有关煤矿专家讲学,聘请有理论、有经验的矿长讲课,受到参培人员和煤矿企业的好评。

三、严把煤矿安全培训考核发证关

黑龙江煤监局聘请专家、管理人员、教师和监察人员,组建了全省煤矿"三项岗位人员"培训考核委员会,负责组织实施全省"三项岗位人员"的培训考核。从2007年年底开始,黑龙江煤监局提高了"三项岗位人员"考核标准、细化了考核项目,全面推行了国家煤矿安全监察局计算机考试工作。一是黑龙江煤监局组织编写了8个特种作业人员技能考核标准,包括考核内容、考核方法、评分标准的题库和教材。各分局对参加特种作业人员培训发证严格审核,对实际操作技能考试成绩不合格的,实行一票否决。二是煤矿主要负责人、安全管理人员考核分为面试、考勤、机考和笔试四项内容。除了煤矿相关专业本科以上学历和具有高级职称的免试外,其他人员一律面试,采取学员选取专业(采、掘、机、运、通)抽签定题口答方式,不合格不允许参加培训。考勤成绩低于规定要求不准考试。机考和笔试满分均为100分,60分为及格,其中一科不及格视为考核不合格,均只有一次补考机会。

黑龙江煤监局对考核的组织、责任、原则、程序都作了明确的规定。每场考试必须有考场座位示意图、考场情况记录表、判卷人员签字表等。靠严密的组织、严肃的考核和规范的管理,杜绝了培训走形式、走过场、走后门的现象。同时,在局网站设立安全培训考核发证专栏,及时公布安全培训方面的信息、取得资质的安全培训机构名单、取证人员信息、吊销暂扣证书信息、培训班计划及行政许可举报投诉信箱,实现了安全培训政务公开。

第三节　湖北省安全生产监督管理局实施考核员制度

一、创新考核方式,建立考核员制度

为了依法履行职责,根据《安全生产培训管理办法》,湖北省安全生产监督管理局(以下简称"湖北省安监局")于2005年制定了《湖北省安全生产培训考核发证实施细则》,规定了省、市(州)、县(市)安监局的考核权限,并将湖北省安监局负责的中央在鄂子公司及所属单位、省属单位主要负责人、安全生产管理人员和特种作业操作人员安全资格考核,委托给市、州和扩权县(市)安监局具体实施,湖北省安监局加强考评。但实践中发现,安全培训考核工作还不能完全适应工作需要,主要是考核人员严重缺乏,素质普遍不高,无法胜任考核工作,不能有效地监督培训工作。针对存在的问题,2007年湖北省安监局制定了《湖北省安全生产培训考核员管理办法(试行)》,在全省试行了安全生产培训考核员制度,经县(市)、市(州)层层推荐,由湖北省安监局统一选聘了近200名考核员,分布在各地,参与安全培训考核工作。考核员工作概述如下:

工作流程:接受各级安监部门委托,审查培训计划、培训教案,现场监考、作好考核记录,签署考核意见,向委托部门报告考核结果和反馈培训考核信息。

工作范围:负责全省各类企业特种作业人员资格考核,开展矿山、危险物品、烟花爆竹、建筑等高危企业的主要负责人、安全生产管理人员的资格考核。

工作职责:审查安全培训机构的培训计划、教学方案;对安全生产培训的理论考试和实际操作考核工作实施现场监督;签署考核意见;在得到授权的情况下,向被考核对象解释、答疑、纠偏。

权力:实施安全培训考核;监考、评分、上报成绩;签署考核意见;拒绝任何不正当的要求,制止违反安全生产培训法律、法规、规章的行为;校正工作误差,终止违规行为,提出停止核发和取消违规人员的安全资格证件的建议。

义务:学习安全生产法律法规、安全生产技术,提高业务水平;遵守法律法规规章,坚持原则,自律自重;向委托的安全生产监督管理部门汇报培训考核有关工作;对考核工作提出意见、建议和改进措施,每年进行工作总结,接受政府、媒体和群众的监督;协助安全生产培训考核工作监督检查。

湖北省大部分安监部门积极委托考核员参与考核,充分树立考核员的权威,安全资格审批没有考核员签字一律退回,使考核员制度顺利推行。考核员制度的实施,使全省安全生产培训考核工作质量和效率明显提高。一是缩短了审批发证时间。培训考核审批工作由原来的 30 天缩减为 10 天。二是方便了培训机构和企业。当地安全监管部门可以根据培训机构和企业的要求,及时到现场组织考核,从而减轻了受训人员的负担。三是杜绝了考核走过场的现象,特别是遏止了个别地方违规办证的问题,也阻止了社会上少数乱办班、乱收费、乱培训的现象。四是协助安全监管部门,强化对培训机构培训活动的监管。通过实施考核员制度,培训考核合格率明显提高,各类培训考核合格率达到了 98.3%。

二、加强管理和培训,提高考核员素质

为加强对全省安全生产培训考核工作的指导和对考核员的管理,湖北省安监局成立了湖北省安全生产培训考核办公室,专门负责指导全省安全生产培训考核工作和对考核员进行管理。

(1)严把入口关。规定考核员必须具备中高级职称,具有安全监管和教学经验,熟悉安全生产培训法律法规规章。具备上述条件的待选人员还要经过市州和扩权县(市)安监局推荐。

(2)组织业务培训。对于经过筛选、符合条件的人员,湖北省安监局组织业务培训,重点开展行政许可知识、安全培训知识、安全考核方法的培训,考试合格后颁发考核员资格证,持证上岗。共举办考核员培训班 3 期,培训考核员 219 人,对考核合格的聘请为考核员 196 人,另聘请考核督导员 12 人。

(3)实行聘期管理。考核员的聘期为 3 年,聘期内必须认真履行职责。考核员接受考核任务后,必须严格执行工作流程,并佩戴考核员胸牌,坚持谁考核、谁签字、谁负责。每次考核必须有 2 名以上的考核员到场。

(4)实行动态管理。根据工作需要,可增选考核员,同时,每年对考核员的业绩、工作效率、质量、受训人员进行考评,对不胜任者予以解聘。

管理和培训提高了考核员的能力,使他们在考核中发挥了把关、监督、信息联络的作用。在实施考核员制度以前,安全培训投诉事件经常发生。实施考核员制度以来,考核员们在开展考核工作的同时积极收集信息,及时将情况反映到考核办。考核员反映的武汉劳动部门违规办理特种作业人员操作证的问题、宜昌某社会学校收钱办证的问题都受到了严肃处理;反映的考核教材和题库不健全的问题,促进了湖北省安监局认真组织实用教材的编写,增加考核题库5 000套。考核员们还积极出主意、想办法,适应新形势需要,在开发安全培训综合软件、推广网络机考、组建微机考核平台和远程教学平台等方面发挥了重要作用。

三、发挥考核员作用,开展安全培训执法检查

充分发挥考核员作用,针对安全监管部门人员少、专业人员缺乏的实际,组织考核员协助安全监管部门参与专项检查、交叉检查,将安全培训列入综合执法检查内容,开展安全培训执法检查。有的市县坚持开展季度执法检查。通过安全培训执法活动,及时了解了企业安全培训状况,维护了职工接受培训的合法权益,发现了安全培训的问题和不足,查处了培训考核中违规违纪行为,促进了安全培训工作的有效开展,特别是"三类人员"持证上岗率从2003年的71%提高到2008年的96%。通过培训执法,加强了对中央在鄂企业和中外合资大型企业的安全培训。

第十一章　夯实安全生产教育培训基础

第一节　中国石油天然气集团公司强化安全培训工作制度保障

中国石油天然气集团公司(简称中国石油集团,英文缩写 CNPC)是集石油天然气上下游、内外贸、产销一体化的大型国有企业。CNPC 和所属各企业高度重视安全培训工作,将其作为提高队伍整体素质、建立企业安全文化和实施跨国集团发展战略的重要任务,切实加强安全管理,努力探索和建立企业安全生产长效运行机制,按照"总体协调、分级培训和分类指导"的工作方针,加快提高全员安全素质,探索建立和逐步完善了一套较为完整规范的培训管理制度和机制,为落实好安全培训各项任务提供了有效保障。

一、建立培训管理制度,构建安全生产培训责任体系

在该集团公司"人才强企"这一总体发展战略指导下,提出了安全培训要在集团整体培训工作中占有特殊重要的地位,不断加强制度建设和提高责任意识。

在 2004 年修订的《中国石油天然气集团公司机关安全生产责任制》、《中国石油天然气集团公司安全生产责任制通则》文件中,明确了有关职能部门在安全计划、经费保障、上岗考核以及组织实施培训等方面的职责,做到了培训责任分工明确。为了使责任制履行到位,在 2007 年制定的《中国石油天然气集团公司安全事故行政责任追究暂行规定》中,对"因未按规定制定、落实员工安全培训计划,单位负责人、安全管理人员、特种作业人员以及关键岗位人员未按规定取得相应资质上岗"而发生重大及以上事故,追究人事培训管理部门责任,"对负有领导责任的企业主要负责人、分管安全工作副职、业务分管副职等分别给予组织处理或行政处分"。

在 CNPC 规章制度指导下,按照"谁主管、谁培训"的工作原则,该集团公司及各级企业建立起了"人事(组织)部门牵头,业务主管部门指导、培训单位实施"的分工负责制。

通过完善管理制度和推行责任制,各级领导和主管部门把安全培训摆上更加重要的工作日程,责任意识明显增强,安全培训力度明显加大,有关业务部门的主动配合意识有了很大提高,形成了安全培训计划优先安排、安全培训班优先组织、安全培训费用优先保证的良好工作局面。

二、坚持重要岗位调训制度,有重点分层次落实安全培训

该集团公司建立了调训制度,根据干部任职和调整情况适时制订调训计划。实施调训的对象主要包括局级以上领导干部的岗位培训、各类处级以上干部的任职资格培训、处级以上干部的任职前培训以及需要有职业资格的重要岗位领导干部的培训。采用模块设计的方法设置培训课程,开设有安全生产法律法规、标准相关知识,安全理论,安全技术,安全管理体系以及应急管理等课程。组织了该集团公司领导、机关和在京单位负责人参加的《安全生产法》学习班、重大危险源管理培训班 5 期,企业管理岗位培训班 30 期,1 800 多名处级以上干部参加了学习。

同时,按照"重点、专业、普及"三个层次培训对象实行分级培训。重点培训对象主要是企业领导干部、安全总监和安全处长等管理人员,培训的重点内容是国家安全生产的政策、法律法规以及集团公司的规章制度,其目的是让管理者明白和牢记身上肩负的重大责任,提高其履行安全生产责任的自觉性和发挥其重要作用。参加重点培训的人员除完成规定的科目、学时和考试外,一般还应提交培训研修论文,培训结业时由该集团公司人事和安全主管部门负责考核,颁发集团公司培训合格证。专业培训对象主要是企业安全管理干部、安全监督、体系审核员,培训的内容除国家安全生产的政策、法律法规以及集团公司的规章制度外,重点是安全管理理论、安全技术以及重大危害识别和应急管理等内容,其目的是让这些专职管理干部比较系统掌握安全管理必要的专业知识和实用技术,提高在实际管理、监督工作中判断、分析和解决问题的能力。专业培训由所属企业按照集团公司规定的培训大纲、要求和规定的课时,选择有相应资质的培训机构实施培训,考试由培训机构在题库抽取,集团公司负责考核。普及培训主要是对岗位操作人员和特种作业人员,由企业基层单位组织、委托或选择有相应资格和能力的培训机构,开展安全生产知识、操作规程的培训和业务训练,主要是提高其安全意识、操作技能和应急能力,集团公司对培训考核实行备案管理,并对培训情况、结果及培训后取得的实际效果进行抽查。

三、实施分类培训制度,切实加强安全生产培训协调和指导

将企业专职安全监督、管理干部和集团公司 HSE 审核员,纳入集团公司人事部门的年度 A 类、B 类班训练计划,安全主管部门负责具体组织,由具有培训资格的培训基地进行脱产培训。60 多名安全副总监、处长和 4 312 名安全监督参加了相应的上岗培训;3 000 多名企业领导、骨干获得了安全审核员资格。对基层管理人员、骨干和安全管理人员,通过调查企业培训意向,合理调配培训资源,采取划区域、分专业和现场办班等灵活多样的培训形式,做到保证培训质量,降低企业负担,提高培训辐射面。

针对全员培训,明确提出因人施教的原则,全面提高人的安全素质。即:对不知者进行知识培训,对不能者进行能力培训,对不为者进行态度培训;对按要求应持证上岗人员,必须在一定期限内经过培训达到持证上岗要求;对操作人员,实施"以培训保鉴定,以鉴定促培训"的做法,注重提高操作人员的安全技能。2006 年抚顺石化、兰化等单位,通过劳动技能鉴定 8 万人,培训人员 20 万人次。同时,对监督资格培训、出国人员安全培训以及全员的安全培训目标提出了明确要求,极大地推动了安全监督资格培训和出国人员的安全培训、考核和发证等工作。

2004 年,举办了两期以含硫油气田开发为课题的专题培训班,邀请加拿大专家为培训班讲课。2005 年以来分类举办交通、消防和统计管理等专业学习班 5 期,钻井、物探、井下、基建、检维修等专业风险管理培训班和安全标准培训班 14 期,3 000 多人参加了培训。

四、强化培训机构资质管理制度,整合培训资源

把培训基地作为中国石油集团的安全理论研究和技术支持机构,不断加强培训机构和教师队伍建设。该集团公司对培训机构师资、规模和设施等提出严格考核条件,由集团公司安全主管部门会同人事培训管理部门进行审查和资质认证,对符合验收条件的机构授予相应培训资格,下发集团公司文件予以公布,并对培训机构和业务工作实行备案管理。通过和所属企业及培训机构的共同努力,已确定了管理干部学院、大庆油田技术培训中心、新疆石油职工培训中心、辽化培训中心及中国石油大学等 10 个培训基地,作为集团公司级的安全生产培训骨干学校。

培训机构教师队伍建设有了很大充实和提高,培训专职教师都符合国家安全培训教师资格,有 60 多位教师分别取得注册安全工程师资格、注册安全工程师培训教师资格,以及 OSH-MS 审核员、安全评价师等资格,教师队伍素质稳步提高。同时,在教学方面,除定期聘请高层领导、有关专家、学者为培训班授课外,还在石油石化系统和企业内聘请了一些有经验的专家作为兼职教师,使培训教师队伍得到补充,在培训内容和知识面方面更加充实。

五、建立加大投入、重点扶持的资金保障机制

集团公司对直属重点培训机构给予全额经费保证,实行企业培训基地以企业投入为主,集团重点扶持的政策,对不同培训对象和培训业务内容,采取多渠道、多元化的费用共担的做法,保证资金落实和投入到位。近几年,集团公司已按照"国内一流、国际先进"的发展方向,对直属重点培训机构进行整合,并先后投入上亿元资金进行教学设施改造建设,为培训机构注入了发展活力。各企业也抓住广泛开展安全培训的契机,通过各种渠道大力扶持培训基地建设。比如,辽阳化纤机电仪培训中心在 2005 年、2006 年每年投资 100 万元改善教学条件的基础上,2007 年又利用开展职业技能大赛活动的契机,投资 240 万元,增建一栋教学楼,完善了教学设施,使培训基地建设又上了一个新台阶。相关单位按照地域和专业选择培训机构,开展了较好的厂校联合培训合作,实现了企业和培训基地的双赢。

在注册安全工程师继续教育工作中报销培训费用,注册人员资格的公告费、注册费由企业支付等办法,调动企业安全管理人员的工作积极性。目前,集团公司已有 300 多人考取了注册安全工程师资格,并按照国家安全生产监督管理总局的要求接受了集团公司组织的继续教育培训。

依靠有效的制度保障,安全培训工作极大地促进了中国石油安全生产形势平稳和健康安全环境(HSE)管理体系建设,使 CNPC 的 HSE 管理体系和安全文化不仅在国内得到普及和推广,还走出国门,在苏丹建立了海外安全(HSE)培训基地,赴苏丹、哈萨克对项目人员进行了安全(HSE)培训;组织部分安全专家和企业的安全处长赴美国、加拿大、英国、澳大利亚、日本、挪威等国家开展了学术交流;承担了为国外管理人员和技术人员的安全(HSE)培训教育,展示了 CNPC 的安全文化,扩大了中国石油企业的国际影响。

第二节　温州市安全生产监督管理局开展"千十百万"培训

一、实施背景

温州是全国民营经济先发地,个体私营经济较为发达,产业以轻工业为主,企业以劳动密集型居多。全市共有 13 万多家非公有制企业、24.6 万家个体工商户、250 多万名外来民工,企业"低、小、散"现象比较突出。特殊的经济产业结构,特殊的人群,加上企业安全生产基础薄弱,使得温州市安全生产工作难度更大。近几年,安全生产事故多发,2004 年,全市各类事故死亡 1 055 人,其中,工矿企业事故死亡 150 人。温州市安全生产监督管理局(以下简称"温州市安监局")综合分析各类伤亡事故情况,发现有 70% 以上事故的伤亡人员是在企业工作不到 1 年的员工,90% 以上的事故是由违章指挥、违章操作、违反劳动纪律等人为因素引起的。人的不安全行为是安全生产存在的一大主要"隐患"。为增强企业负责人和员工的安全意识教育和安全知识,消除人的"不安全行为"隐患,有效防止各类生产安全事故的发生,温州市政府决定在全市范围内全面实施安全生产"千十百万"培训工程,培训 1 000 名安监干部和乡镇领导、10 万名企业负责人和安全管理员、100 万名企业员工,并使规模以上的企业负责人的培训面达到 99%以上,危险化学品、矿山、建筑等重点行业企业负责人的培训面达到 99%以上,一般家庭作坊、个体工商户负责人的培训面达到 80%以上,3 年内所有生产经营单位从业人员轮训一遍。

二、主要做法

(1) 突出政府监管主体和企业责任主体,分类开展培训。将培训对象分成安监干部和乡镇领导、企业负责人和安全管理员、企业员工等三大类,实行分类培训。其中,企业员工由企业自行负责培训,或由企业委托安全生产中介机构和行业协会负责组织培训;其余两类对象由各级政府、各有关行业主管部门负责培训。市、县两级重点培训师资力量。不同的培训对象确定不同的培训内容,安监干部和乡镇领导以安全检查、事故调查处理、行政执法等业务知识为主;企业负责人和安全管理员以安全生产法律、管理知识和责任意识教育为主;企业员工以安全生产防范意识和安全操作技能培训为主。

(2) 落实市级部门、县(市、区)和乡镇(街道)三级责任,分级开展培训。温州市安全生产委员会制订了《安全生产"千十百万"培训工程实施方案》,把培训任务分解落实到各县(市、区)和市有关行业主管部门。各县(市、区)将培训任务再分解落实到乡镇和县有关行业主管部门。温州市政府将"千十百万"培训工程工作任务列为对各县(市、区)和市有关部门的年度安全生产责任制目标考核内容,并建立安全生产培训督查工作制度和月通报制度。温州市政府每季度安全生产工作例会都要求各县(市、区)和市有关部门汇报"千十百万"培训工作进展情况,温州市安全生产委员会每月对各地、各有关部门完成指标情况进行通报,各级安监部门将企业组织员工开展安全生产培训工作列为重点监管内容,对培训工作开展不力的企业,按照有关法律、法规进行行政处罚。

(3) 抓住教学、考核、管理三个环节,规范培训行为。逐步在培训的教学、考核、管理等各个环节建章立制,进行全程规范,确保培训质量。在教学方面,建立市、县、乡镇(街道)三级师资库,形成以县(市、区)为主,以市为辅,以乡镇(街道)为补充的培训师资队伍。其中,温州市安全生产监督管理局专门组建了市级安全生产培训讲师团,在全市范围内挑选了 18 位熟悉安全生产工作、安全生产专业知识和教学经验丰富的同志,作为培训工作的固定教师,确定了 14 门教学课程,每门课程都配备 3~5 位固定教师,并组成教研组,开展安全生产教学研讨,不断提高教学水平。同时,还专门编印了《安全生产基础知识简易读本》,供从业人员安全教育培训使用。在考核方面,安监部门初步建立了考核体系,采取"准高考试"的方式组织培训考核工作,向参加考核的各类学员发放准考证,每场考试都由安监部门派出人员进行监考,如实记录考场情况并签字。对考场舞弊的学员取消当场考试资格,对考试不合格的学员给予一次补考机会。管理上,统一全市企业员工安全生产教育培训证书的制作样式,允许取得安全生产培训合格证的员工,两年内可以不用参加同行业、同岗位的安全生产知识培训。规范培训收费标准,突出培训的社会效益,规定对企业员工的教育培训只收取成本费,其余各类收费标准一律经过物价部门核准。

(4) 做到集中办班和自主培训等多种形式相结合,增强培训效果。对安监干部和乡镇领导、企业负责人和安全管理员的培训,以集中办班为主。对广大企业员工的培训,除集中培训外,采取专题片教育、安全生产咨询、安全生产知识竞赛、应急预案演练、现场指导培训等多种方式,增强培训的实际效果。

三、初步成效

"千十百万"培训工程是破解安全生产监管难题的一项重大举措,得到了全社会的广泛支持,取得了初步成效。广泛深入的安全生产培训教育,使广大企业负责人和员工的隐患识别能力、安全避险能力和逃生能力大大增强,有效促进了温州市安全生产形势的好转。一是生产安全事故得到了有效控制。2007 年 1 月~7 月,温州市各类事故起数、死亡人数和直接经济损失三项指标与 2006 年同期相比分别下降 26.46%、29.37%和 50.53%,死亡人数同比减少了 210 人。其中,工矿企业安全生产事故起数、死亡人数和直接经济损失三项指标同比下降 58.57%、69.70%和 69.95%,死亡人数同比减少了 69 人,而且没有发生一次死亡 3人以上的重大事故。二是促进了企业主体责任的落实。严格的事故责任追究和安全生产责任意识教育,使企业负责人深深地认识到,加强安全生产投入,强化安全生产基础,才符合企业长远利益;对隐患放任不管,违章指挥、违规生产、冒险作业,只会造成安全生产事故,导致企业重大经济损失甚至破产倒闭。企业负责人安全生产责任意识的增强,促进了企业主体责任从强制落实到自觉落实的转变,企业安全生产工作从被动应付到主动防范的转变。三是增强了企业员工的安全防范能力。广大企业员工通过培训,进一步增强了安全生产意识,掌握了安全操作知识和安全防范技能,有效防止了安全生产事故的发生,减少了人员伤亡。比如,通过加大对特种作业人员的培训,企业电工持证率大大提高,员工触电事故大大下降。2007 年 1~7 月,温州市企业触电事故发生 5 起,死亡 5 人,与上一年同期相比事故起数、死亡人数均下降 58%。

第三节　北京燕山石化公司教育培训中心突出重点,把握规律

一、根据岗位能力需要设置培训内容和课程

(1) 结合安全岗位需要确定培训内容。在开展培训前,结合接受培训人员的特点,进行细致的培训需求调研,收集培训对象需要解决的问题和热点、难点问题,认真分析、整理归纳,初步确立培训目标和培训课题,并将课题返回企业征求意见,组织教学指导组或评审组进行充分的论证,最终确定培训目标和培训内容。教学指导组或评审组成员由各方面专家组成,确保指导和评审水平。培训需求调研过程重点抓好以下四个关键点:

① 一是组织好调研小组。调研小组人员一般由领导、专家、教师组成。

② 二是制订好调研方案。方案中明确调研任务、调查对象和审核与整理调研结果。调研任务主要结合了解企业文化、典型经验、企业需求,了解培训对象的有关情况;调查对象包括培训对象的上级、同级、下级及相关的管理部门和管理人员。

③ 三是进行能力素质差距分析,分析受训人员自身能力素质存在的问题,找到需要解决的核心问题,把这些核心问题作为课程设计和开发的重要参考。

④ 四是撰写培训需求报告。对企业经营管理中遇到的热点和难点问题进行分析,指出培训重点。在明确能力素质差距及成因的情况下,就培训需求项目和如何开展培训提出建议。比如:中石化安全处(科)长岗位资格培训目标和培训内容就是在调研的基础上,根据岗

位说明书,确定胜任岗位的综合能力,再根据每项综合能力细分专项能力,最后依据这些能力的要求形成培训目标,确定培训内容。

（2）科学设置安全重点岗位人员的培训课程。主要是依据大纲要求设计合理的培训内容,以满足提高参训者能力的需求。例如,安全处(科)长岗位资格培训,注重管理能力的提高,依照"岗位能力分析表"和"培训大纲"设置了安全法规体系及贯彻实施、安全技术工作、安全检查、关键装置和重点部位的安全监督、事故管理、安全教育培训、石化企业防火防爆、直接作业环节安全监督、储运安全、安全装备与防护用品管理与使用、职业卫生监督、现场急救等18个培训模块作为培训内容,并结合其在岗位工作中的重要程度安排培训学时,共计150～180学时,满足了安全处(科)长的岗位能力需求。安全技术干部的培训,根据企业安全需求调研分析和大纲要求,设置了防火防爆、电气安全、压力容器安全技术、安全心理学、职业卫生与防护、安全管理、安全系统工程等课程,每期培训班还安排了安全领域新知识、新理论的专题讲座。

二、采取多项措施,确保培训教学效果

（1）加强教科研和教材建设。把科研、教研工作作为提高教学质量的重要措施。燕山石化集团职工教育培训中心积极为教师科研、教研创造条件,铺路搭台。两年来,中心共组织上报北京燕山石化公司9个科研项目(一个被列为中国石化集团公司项目)。2006年,一个项目获得公司科技成果进步三等奖。科研、教研活动促使教师的业务能力和专业素质不断提高,保证了培训工作发展对教师素质的要求。中心先后组织编写了适合于中国石化集团公司炼油、油田企业安全、环保处(科)长的模块教材,已在中国石化集团公司广泛使用,并在使用中不断修改完善;针对安全技术干部培训编写了"石油化工安全培训系列教材",已由化学工业出版社出版。适宜的培训教材,合适的培训内容,为提高培训效果创造了条件。

（2）应用丰富多彩的培训方式。适合的培训方式是安全培训的重要保障。中心针对不同的安全培训班采用不同的培训模式。首先,培训中采用知识讲授、专题研讨、案例分析、现场教学、模拟演练、仿真操作等相互结合、灵活多样的培训方式,注重师生智能互补,发挥学员潜能,提炼和升华经验。其次,注重案例教学。学员通过学习掌握了一定理论知识和方法后,由教师提供来自学员单位发生的典型案例,引导学员们对案例中给出的复杂情况,以实践者的身份分析矛盾,相互探讨交流,寻求可行的解决方案,选择最优方案,培养学员分析问题和解决问题的能力,提高培训效果。再次,通过专题研讨的学习方式拓宽学员思路。学员们集思广益,把研讨中得出的许多有价值的东西带回各自的单位,运用到实际工作中去,收到了良好的效果。培训充分运用多媒体技术,扩大了培训的信息量,提高了学习效率。

（3）切实抓好教学检查与评价。课堂教学与常规教学检查是提高培训质量的有力保障。课堂教学是教学培训全过程的重要组成部分。确立了"教学培训质量督导组负责监督指导、各教学培训部负责实施教师授课质量常规评估考核、学员对教师评价打分"的工作思路,切实抓好课堂教学质量评估考核。

教学督导组主要由培训部专业骨干或学科带头人、中心领导、调研员及教学管理人员构成。教学督导组主要从学术、知识结构、对课程重点难点的把握处理、教师形象、教学语言表达等方面评价教师的授课能力;教师授课质量的考核采用量化方式,将学员测评、专业听课组测评与教学培训部测评的分数归纳汇总后,即得出该教师该堂课的教学质量考核分数,以此作为评价教师授课水平高低的主要依据。

教学常规检查中强化了五个"结合"：教学检查和经济责任制考核相结合；部门自检和中心检查相结合；全面检查和重点检查相结合；检查内容和部门工作特点与以往检查存在的问题相结合；检查和指导相结合。教学检查带来的积极作用主要表现在：各部门的重视程度在不断提高，检查前都进行了认真动员、细致安排；教师关心和积极参与的程度在不断提高；教学档案资料及教师教案的规范化程度大大提高；教学管理水平不断优化；严格执行制度的风气在形成；查出了不足，显示了优势，使相互交流、相互学习的风气愈渐浓厚；解决了原来检查中存在的问题等。学员评价侧重于对教师授课的满意程度、授课内容的实用性及授课的实效性等方面。

第四节　中国煤矿安全技术培训中心规范培训流程

一、根据培训工作特点，加强训前策划

中国煤矿安全技术培训中心开展培训工作的主要对象是具有一定学历或专业技能的人员，与针对在校大学生的全日制教学有很大不同。一是受训人员已有较为系统的专业知识和岗位专业技能；二是受训人员工作多年，有较为丰富的工作实践经验；三是受训人员对所从事的工作有一定的分析问题和解决问题的能力，即有一定的管理水平；四是受训人员需要新知识，以适应新技术、新设备、新工艺发展的要求；五是受训人员需要能力的再提高，以解决工作实践中的困惑和适应新的工作需要。因此，传统陈旧的教学内容，单一死板或者说是满堂灌的教学方法，远不能适应参加培训人员的需求。只有针对特点，加强训前策划工作，不断更新教学内容，创新培训方法，才能达到应有的培训效果。

严密的策划是保证培训质量的前提。策划工作包括训前的调研分析和制订培训方案。在进行国家煤矿安全监察局监察干部专题培训、监察实务培训和全国煤矿工会领导干部群监群管安全技术培训时，训前拟定了调研提纲，组织 12 名同志分三组分赴山西、陕西、江苏、山东、安徽、河北、吉林、辽宁、黑龙江等地 9 个省局、12 个分局和河北邢台煤业集团、山东兖州煤业集团进行调研，召开座谈，充分征求意见，并将三个调研组的意见进行汇总，然后制订培训方案。目前，在每年年终和年初，中国煤矿安全技术培训尽量利用培训淡季进行市场调研。在摸清需求的基础上，制订教学计划、确定教学组织形式（即理论教学、案例教学、研讨教学、实践教学）、选好教师并组织教师进行教学目的、要求、内容、方法及效果的研究，配备好教材和参考资料，最终形成完善的培训方案。

二、加强过程管理，确保培训效果

培训过程管理是保证培训质量的重要手段。受训学员有的来自生产一线，有的来自管理岗位，有的从事技术工作，有的从事监察工作，他们在不同的岗位上有不同的经验和教训，充分调动他们的积极性，进行互动教学是提高安全培训质量的关键。

（1）集面授、案例教学、研讨教学于一体，实现教学互动、全员参与。这一做法始于1908年美国哈佛大学培养硕士研究生采用的方法，美国的许多培训机构采用了此方法。面授、案例教学、研讨教学三种方法的特点如表 11-1 所列。

表 11-1   面授、案例教学、研讨教学的特点

教学方法	教与学关系	教学目的	解决的问题	教学效果
面授法	教师讲、学生听	知识传授	是什么	理解记忆
案例教学法	教师举例、学生思考	提出问题、强化责任	为什么	在教学中积累经验
研讨教学法	学生研讨、教师答疑	提高分析判断能力	怎么办	集思广益，共同提高

一是注重了能力的培养。使学员能够综合利用所学知识和工作实践经验进行判断和决策，有利于提高学员分析和解决问题的能力；不仅能增强学员解决问题的主动性，而且能够使其在寻求答案时主动思考问题，同时增强了消化和运用知识的能力，也可以使学员明白自己在知识、经验等综合素质方面的差距。

二是激发了创造性思维。使学员能够马上进入实际工作状态，将自己置身于解决问题的决策者地位。对案例材料所提供的信息作出综合、客观的分析：什么是隐患，什么是预兆，什么是事故的形成机理，应采取什么措施，等等。学员可以根据所学知识和积累的经验提出避免事故发生的可行性方案，这一过程正是学员学习、消化、理解、分析、创造性地运用理论知识和实践经验的过程，也是管理素质提高的过程。

三是实现了全员参与的教学互动性。教师提出研讨问题。在研讨时，一般 20 人左右为一组，每组配有 1～2 名老师答疑。学员对老师提出的问题进行讨论、争辩，根据各自的知识结构、水平和工作经历、经验，各抒己见，这不仅做到了学员积极思考，师生互动，同时对学员来说，也是一个归纳思维、取长补短、完善自我、提高能力的过程。

（2）与现场考察相结合。结合培训内容与目的，选定有教育意义的先进单位去考察，亲自聆听被考察单位谈体会、谈教训、谈经验、谈创新、看实际，能够使学员大开眼界、大有收益，尤其是通过问题的咨询、交流，可使培训学员学到很多课堂上难以学到的知识与经验。2004 年，中国煤矿安全技术培训中心分别在青岛、长春、长沙和重庆举办 7 期监察实务培训班，都分别去了一些监察分局考察实地工作，省局及分局领导在如何行政执法，如何协调地方与企业关系，如何实现执法文书的电脑化等方面都作了工作经验介绍，对学员促进很大。

（3）对学员进行全面考核，检查教与学的效果。对培训学员的全面考核是教育培训工作必不可少的一项重要内容，不仅检验了学员学的如何，同时也检查了教师的教学效果。中国煤矿安全技术培训中心采取的办法是：平时考核占总成绩的 10％（主要指遵守纪律情况），论文占总成绩的 40％（主要考察综合分析能力），笔试占总成绩的 50％（主要考察掌握基本知识、基本理论的能力），在训期间表现、考试考核成绩一律建立学员档案。

（4）选用复合型师资。选用培训教师是一项重要工作。中国煤矿安全技术培训中心聘任的培训教师必须经过严格试讲、经专家组评议通过才可以上讲台，否则不能参与培训授课。在标准和条件上，该中心认为培训教师的理论水平、实践水平要高于学历教育的教师。在培训的过程中，尽管该中心教师较多，但也聘请了一些校外专家授课，主要基于以下考虑：专职老师的理论分析较透彻，新技术、新工艺方面的知识比较领先；外聘国家机关的专家，理论与实践结合有特色，他们当中有的就是法规、政策、技术规范的制订者；现场专家管理经验丰富。实践表明，专职教师、政府学者型官员及现场技术专家的结合正是培训师资较为理想的培训教师团队组合。

三、加强教学效果测评和训后的质量跟踪调查

除了培训期间通过学员对授课老师、管理服务人员进行测评外,中国煤矿安全技术培训中心注重训后的质量跟踪调查,通过电话、调研等方式认真听取收集被训人员和送培单位的意见,结合培训结业时学员座谈会上的建议和意见,进行归纳分类,及时整改,不断完善培训工作。

第五节　中国石化河南油田紧扣主题,建立 HSE 管理长效机制

一、建立科学的安全管理体系,加强培训与管理的有效结合

根据安全管理理论,一切事故都是可以避免和预防的。按照 PDCA 循环理论,通过"计划、实施、检查、改进"的闭环系统实现管理的自我完善和持续改进。健康、安全、环境(HSE)管理体系是国际石油石化行业共同认可、比较通行的现代管理模式,我国石油石化系统的中石油、中石化、中海油都在推行这套体系。

(1) 建立 HSE 管理体系,实现传统管理向现代管理的转变。中国石化集团的 HSE 体系按十要素设计,2001 年开始在全行业推行实施。按照集团公司的统一部署,河南油田 2002 年开始建立自己的 HSE 管理体系,目前油田及 26 个二级单位已经全部完成了体系的建立工作。

在体系的建立和推行过程中,新的管理理念与旧的思维定势的摩擦,现代管理方法与传统管理模式的碰撞是不可避免的。河南油田的 HSE 管理体系能够良好运行,主要得力于培训的及时跟进和层层渗透。在体系建立阶段,为了培植共同的观念基础,全面开展了 HSE 基本认识和管理理念培训,解决传统管理思维向现代管理理念的观念转变;在体系的推行完善阶段,围绕"只有懂章才能正确执行"的思路,重点抓好体系文件的宣传和贯彻,通过制度培训解决管理状态的转变;在 HSE 文化形成阶段,为了形成文化管理氛围,重点抓好安全生产价值观和油田新的管理思想的教育培训,实现由"要我安全"到"我要安全"的意识转变。培训工作根据管理阶段任务的及时跟进和同步运作,保证和带动了 HSE 管理体系的有效运行。

(2) 按 HSE 体系十要素抓好安全管理和培训工作。为让所有员工熟知和接受体系化管理思路,实现全面覆盖、不留死角,几年来河南油田在安排、总结和汇报工作时全部采用十要素构筑框架。

① 领导承诺、方针目标和责任。本要素是体系建立的核心,培训的重点是方针、目标、承诺和责任。实施的重点有三方面:一是制定企业切实有效的方针、目标,最高管理者作出承诺;二是每年的工作安排以十要素为主体,配属"部门 HSE 实施计划"、"HSE 重点工作运行计划",把目标和责任层层分解;三是建立可追踪、可考核的领导干部责任制和责任追究规定,明确重点要害部位承包检查责任,落实考核措施。

② 组织机构、职责、资源和文件控制。本要素是体系运行的保障,培训的重点是各层级的管理责任。实施的重点有四个方面:一是建立油田、二级单位、基层队三级支撑的 HSE 管理体系并有效运行;二是建立健全 HSE 管理机构,完善 HSE 的管理和决策机制;三是落实安全专业队伍的定岗定编,保证专业队伍的相对稳定和上岗素质;四是强化持证上岗管理,保证各级各层人员掌握岗位需要的安全知识,具备上岗基本资质。

③ 风险评价和隐患治理。本要素是运行的核心,培训的重点是岗位危害识别技术、重大危险源辨识和风险评价技术。实施的重点是落实两项制度:一是推行年度全员危害识别制度,建立岗位风险提示卡,形成《风险评估报告》;二是建立规范的风险评价运行机制,在全员危害识别和风险评估的基础上,各单位按风险度进行排序申报,安全处组织 HSE 专家按风险度进行治理项目的筛选并提交油田 HSE 评价机构对项目进行科学的风险评价,根据 HSE 评价结论,安全处与计划部门充分结合,形成方案报油田 HSE 委员会会议审定、批准后,分别上报集团公司或下达计划实施。

④ 承包商和供应商管理。本要素强调落实企业的关联责任,培训的重点是准入承包商和供应商的企内管理培训、外出施工队伍的外出前培训。实施的重点是落实承包商和供应商的准入制,承包商、供应商和外出施工队伍的 HSE 资质审查、业绩考评制度。2004 年度将 5 支 HSE 业绩不佳的承包商队伍和 14 家不合格供应商清出了河南油田市场。

⑤ 装置(设施)设计与建设。本要素强调的是源头管理,培训的重点是设计规范和相关法律法规。实施的重点是 HSE 的“三同时”管理。

⑥ 运行和维修。本要素强调的是运行的过程控制,培训的重点是体系的运行控制文件、作业指导书和操作规程。重点控制四个环节:一是建立完善岗位 HSE 责任制和作业指导书、操作规程;二是按“一切工作有标准、一切工作具备基本条件、一切工作按标准操作、一切工作按标准检查落实”的原则抓好运行操作;三是实施“安全排险标兵”评奖制度,鼓励员工“把事做正确”;四是建立严重违章、重大隐患有奖举报制度,实现安全生产的全员监控。

⑦ 变更管理和应急管理。本要素强调的是控制变化因素,培训的重点是应急培训和变更后的例行培训。实施的重点是建立应急体系,开展全员应急培训和演练。2004 年河南油田完成了总预案、13 个专业预案、37 个油田重大危险源预案的编制工作,2007 年将 20 部重大应急预案编制成了预案多媒体教学片,用于指导培训和演练。在基层形成了一套应急培训、演练策划、计划制订、实施过程、总结评审、建立记录等多环节综合的制度和程序。

⑧ 检查和监督。本要素突出的是控制技术,培训的重点是 HSE 检查技术和内审知识。实施的重点是按照“一级查一级、层层抓落实;全面覆盖、各负其责、互不代替;对隐患处理‘四不放过’;谁用工、谁主管、谁负责”的 HSE 检查四项原则,依据 HSE 检查表实施检查活动。

⑨ 事故处理和预防。本要素强调的是预防管理,培训的重点是事故预防和控制技术、案例教育。实施的重点是按照“隐患处理‘四不放过’”的原则抓好预防管理。过去河南油田只是强调对事故按“四不放过”进行处理,而对检查出的隐患和问题没有“四不放过”的要求。按照海因里希法则,每一起危害事件,都有造成伤害和演化成事故的可能,它们带给企业的安全风险是相同的,因此对隐患也要按“四不放过”追根求源、严肃处理,才能真正防患于未然。

⑩ 审核、评审和持续改进。本要素是实现 PDCA 循环的核心,培训的重点是审核和评审知识、企业的改进措施。实施的重点是抓好三个会议:一是 HSE 月度例会,对查出的典型问题进行追踪处理,实现管理过程的不断改进;二是 HSE 委员会会议,对 HSE 的重大事项进行决策,达到阶段工作的不断完善;三是 HSE 管理评审会,对 HSE 的管理绩效进行评审,实现年度目标的持续进步。

二、构建安全培训工作网络,突出安全培训主题和重点

(1)体现企业 HSE 体系的管理需求构建培训网络。从组织主体、培训层级、工作培训和创新培训四个方面来构建河南油田的培训网络。

其一,在组织主体上,采取四路并联开展工作。利用人力资源开发中心拥有的国家、省、市培训资质,依法开展各类各级的持证上岗培训;干部部门负责组织领导干部和机关管理干部的培训;安全管理部门负责策划组织安全专业队伍和相关管理人员的管理培训;人力资源部门承担组织职工全员轮训、特殊工种培训和变更培训。

其二,在培训层级上,运用三级串联上下贯通。油田负责局、厂两级领导干部和安全管理人员、油田机关部门管理人员和油田级重点要害部位负责人的培训;二级单位负责本单位机关部门管理人员、基层队干部和安全管理人员、厂级重点要害部位管理人员的培训;基层队负责员工的技能培训。

其三,在工作培训上,实行全年连续分时递进。这是针对安全专业队伍的培训。年初进行全年工作启动培训,保持上下工作的步调一致;半年开展风险分析和管理研讨培训,对管理现状进行评估;每月月度例会后进行针对性业务培训。

其四,在创新培训上,活化组织方式增强效果。课堂培训之外充分利用各种机会和各种环境,进行课堂外的渗透教育培训。例如大型活动的群众参与,各类会议的定向知识传授,专版报纸的学习交流,多媒体竞赛展播,新闻媒体的宣传培训,基层员工的应急演练培训,等等。

(2)结合不同层级人员的岗位需求设置培训内容。

① 履行"责任告知",开展法律法规知识培训。对领导干部层次,安全管理和培训部门要重点做好"责任告知"。让每位领导干部都清楚法律上自己应该承担什么责任,社会上自己应该履行什么义务,管理上自己要面对怎样的安全风险,做到"诚惶诚恐知敬畏",敬畏责任、敬畏生命、敬畏法律。重点进行安全生产理论、安全法律法规、领导 HSE 责任制和责任追究规定、企业应急预案知识等方面的培训,强化安全责任意识,提高领导干部依法决策、依法管理能力,自觉履行自己的责任。

② 提高管理技能,开展 HSE 体系培训。管理层是安全管理落实和执行的关键部位,管理上的"棚架问题"往往出在这个层面。这个层次涉及安全管理人员、专业部门管理人员和基层管理干部三大部分,突出的重点是提高管理技能。对他们的培训虽然各有侧重,但总体上应以 HSE 体系为核心进行管理培训,解决一个"干什么、怎么干"的问题。对安全管理人员重点进行 HSE 管理系统知识、安全检查技术和相关标准培训,达到懂专业、会管理、能够检查出深层次问题的要求,提高综合监督能力;对于专业部门管理人员主要进行"谁主管谁负责"的责任意识、HSE 基本知识、安全检查技术和检查标准培训,解决懂安全、会检查的问题,提高独立负责能力;对于基层管理干部着重开展 HSE 责任制、安全管理基本方法、HSE 基本知识、具体的 HSE 规定和标准培训,解决能负责、知规定、懂方法、会检查的问题,提高现场把关能力。

③ 强化业务素质,开展岗位基本能力培训。这是针对操作层开展的培训。操作层是安全的基础层,是执行力的最终体现。这个层面对培训有两个突出的需求,就是意识和技能。在体系建立之初,以强化意识培训为主,进入体系运行管理后,把重点转向基本技能培训,着重进行 HSE 基本知识、危害识别方法、安全操作技能、应急和自救互救技能等培训,强化员

工自身素质,提高岗位处置能力。在具体实施中运用"全员轮训、危害识别、岗位演练、技能考评"四位一体的方法来强化员工的技能训练。

④ 重视检查质量,开展 HSE 检查方法培训。检查活动流于形式的原因是一看现场,二看资料,三提问题,开个单子就走人。结果是同样的问题屡查不改、屡查屡犯,检查效果很差。为此,对领导层、管理层、操作层都要进行安全检查技术的培训,让大家都能够认识到安全检查的本质是"消除事故隐患",前提是"谁主管、谁负责",关键是"一级查一级、层层抓落实",核心是隐患处理"四不放过",掌握安全检查的基本技术。

(3) 根据企业 HSE 管理的层次需求开展分级培训。

① 第一层级,领导层培训。这是安全管理的核心层,他们的能动状态很大程度上决定着企业的安全管理局面。从 2003 年发布推行 HSE 体系开始,坚持每年确定一个主题,进行一次局、厂领导干部安全培训。2003 年集中进行 HSE 体系知识的宣贯,培训领导干部 312人;2004 年进行以《安全生产法》、安全管理和事故预防技术为主要内容的持证上岗培训,335 名局、处领导干部取得了河南省安全生产监督管理局颁发的上岗资质证,这在河南省还是首批。

② 第二层级,管理层培训。这个层级有三类人员:一是安全专职管理人员。2005 年以来,举办安全管理人员培训班 8 次,保证每位安全人员每年接受 2 次以上培训,送外强化培训 94 人,380 名安全人员取得了河南省安全生产监督管理局颁发的上岗资格证。为了保证安全队伍的基本素质达到要求,河南油田出台了《安全环保人员持证上岗管理规定》,把具备注册安全工程师资质作为安全人员上岗的必备条件。2004 年国家首次组织注册安全工程师资格考试,河南油田参加 327 人,50 人通过考试,通过率 15.2%。二是专业管理人员。2003 年以来,对油田专业主管部门人员进行了 3 次培训。《河南油田领导干部 HSE 责任事故引咎辞职及责任追究暂行办法》出台后,对油田机关 220 名管理人员进行管理培训。三是基层管理干部。2006 年对基层管理干部重点进行了动火、动土、临时用电、高处作业等 8 项特殊作业规定培训和全员危害识别、直接作业管理、作业指导书编制、应急管理等 7 项技能轮训。对重点要害部位管理干部,河南油田要求全部参加河南省组织的持证上岗培训。

③ 第三层级,操作层培训。这个层面有两类人员:一是企业职工全员。2007 年重点开展了危害识别知识和技术培训,让员工明确危害识别的重要意义,学会识别的基本方法,经过培训教师的现场指导,员工基本掌握了这门技术。2004 年"安全月"期间,油田有 29 个单位的 349 个基层队完成了危害识别工作,参与职工 19 413 人,识别危害因素 61 538 个。二是要害岗位人员。把特殊作业人员培训拓展到所有要害岗位人员,扩大了特殊培训覆盖面。2004 年举办特种作业培(复)训班 66 期,培(复)训 3 433 人,举办其他要害岗位人员培训班78 期,培训 4 730 人。

(4) 满足企业 HSE 管理的现实需求创新培训形式。

① 从"请进来"到"走出去",服务生产需要。油田企业的特点是点多面广战线长。各单位把人员集中起来送到 HSE 培训部进行培训,不但成本增加,而且影响生产。HSE 培训把课堂搬到一线,把能够在各单位办的班全部在各单位办,服务上门。有三分之一以上的培训工作量都是在生产一线完成的,每年培训 60 个班次以上,培训 1 500 余人次。2004 年以来他们坚持到新疆工区现场培训,把课堂搬到了四川达州、内蒙古鄂尔多斯工地,还专门对赴尼日利亚施工队伍进行了出国前培训。

② 开辟新领域、摸索新形式,服务安全管理。2007 年以来,开展了三种形式的创新培训:一是年度工作启动培训。对局、厂、车间(队)三级专职安全人员进行了全年工作启动培训,重点教会安全管理人员干什么、怎么干,提高 HSE 管理水平。二是以会代训、会训合一。HSE 培训部主动承办了油田的"HSE 月度例会",每次例会内容结束后,根据需要安排一项培训内容,使会训合一,把培训渗入了管理,渗入了日常工作。三是应急预案多媒体教学培训。为了提高培训效果,制作了 20 部重大应急预案多媒体教学片,"安全生产月"期间在电视台开展了"重大应急预案展播"竞赛和群众参与答题竞赛,并举行了大型的群众参与应急知识答题抽奖活动和颁奖晚会,共有 2.4 万余人参与活动。

③ 完善自身培训机制。为确保培训质量,借鉴 ISO 10015 国际培训标准,研究编制了《河南油田培训质量管理体系》,按照"确定培训需求—制订培训方案- 实施培训—反馈与改进"四阶段,建立了具有河南油田特色的培训体系。

第一,开展培训需求调研。每年召开一次培训工作座谈会,请相关方介绍工作动态和培训意向,听取评价意见和建议。安排专人研究 HSE 体系,根据动态情况结合体系十要素进行培训意向分析,提出培训意向分析报告。第二,科学制订培训方案。项目组根据培训调研信息精心编制培训方案。方案制订必须经过策划咨询、方案编制、甲方审查三个阶段才能进入实施。第三,实行项目人负责制,精心组织培训。第四,建立培训反馈机制。建立了督导评估制度,进行培训效果评价,收集相关意见和建议,实现培训工作的持续改进。

三、HSE 培训工作的认识

(1)领导层培训要使领导干部实现从"愿管到会管"的基本转变。为什么有些企业虽然领导高度重视安全并投入大量精力仍然效果不佳?这说明要抓好安全工作,仅仅靠满腔热情还不够,还需要掌握安全管理的技术和方法,具备岗位必需的相关安全知识。只有这样才能事半功倍,取得良好的成效。领导重视是抓好安全工作的前提,科学的方法是抓好安全工作的保障。安全培训工作的第一步是"责任告知",第二步就必须要在"教会领导干部科学方法"上做好文章。

(2)管理层培训要围绕落实"四个一切"开展工作。"四个一切"是管理层抓好 HSE 工作的基本要求,也是培训工作必须依据的基本思路。安全培训工作要根据这个基本思路,研究管理层的培训需求,提出切合实际的培训计划,为管理层落实"四个一切"提供知识储备和能力源泉。

(3)操作层培训要把提高员工技能作为基层基础建设的突破口。在基层安全管理上有三个环节必须紧紧把住:一是制度必须健全。"有章"是前提,有了制度和标准才能谈执行力;二是培训必须跟上。有了健全的制度和标准,必须先对员工进行培训,让所有员工掌握,只有"懂章"才能去正确执行;三是执行没有借口。员工掌握了制度、标准就必须无条件地"遵章",做到令行禁止。而在现实需求中通过培训让员工"懂章"是首要任务。在规范基层队 HSE 管理的过程中,抓住员工基本功训练这条主线,通过规范基本作业流程,开展全员培训和演练,切实提高了员工安全技能。在河南油田开展的"安全排险标兵"评奖活动中,2004 年有 97 名员工排除重大险情受奖,4 人荣立二等功,6 人被记三等功。

(4)通过安全检查技术培训真正提高检查的质量和效果。实践证明,安全检查"四项原则"是有效指导检查活动的基本准则,是提高检查质量和效果的有效途径,在运用中收到了很好的效果。在安全培训中要把"四项原则"作为核心内容进行灌输,使安全检查尽快走出形式主义的怪圈。

第六节　中铝广西分公司构建全员安全意识和技能提高的长效机制

一、植根企业安全健康发展,理念优先

中铝广西分公司坚持依法安全生产,遵循"以人为本,预防为主",致力于管理和科技创新;围绕推进安全与环保(HSE)工作。从 2002 年开始,逐步建立了以"1331 安全理念"为核心的安全管理模式。

坚信一个核心理念:只要采取措施,一切事故都是可以预防的。强化三种观念:安全健康具有压倒一切的优先权;安全健康要讲认真;安全健康要自主管理。执行三个全员:全员承诺;全员安全上岗培训;全员危害辨识。牢记一个确认:所有作业行为都必须预先进行确认。

"1331 安全理念"充分体现了"以人为本、预防为主、全员参与、持续改进"的原则,体现了实现"零伤害、零职业病、零事故",确保"让所有的员工到退休时有一个健全的体躯、健康的体魄去享受天伦之乐"的安全管理最高目标。

二、实施全员安全上岗培训

中铝广西分公司建立了全员安全培训上岗制度,规定所有员工必须经过严格的培训,并经考核合格后方可上岗。自 2003 年 6 月至 2004 年 7 月,公司在试点取得成功的基础上,用一年时间全面推行"员工安全上岗资格证",对所有员工进行了 4～8 天的脱产安全培训;2005～2007 年,进行了再教育培训。截至 2007 年上半年,公司共培训 63 561 人次,取证 5 387 人。

(1) 从领导入手,转变观念。2003 年,中铝广西分公司开始推行全员安全上岗培训时,面临极大的阻力和怀疑。公司领导层意识到,要顺利推进全员安全上岗培训,首先必须消除来自各方面特别是管理层的疑虑,争取他们的支持。因此,公司决定对处级、科级干部进行先期培训,使管理层充分认识到了全员安全上岗培训工作的重要性和必要性,为开展全员安全上岗培训奠定了坚实的基础。

(2) 建立培训机制,严格培训要求。中铝广西分公司对不同层次人员安全上岗培训的时间、内容以及考核都做了明确要求:主要负责人和安全管理人员培训由政府安监部门监督实施;其他管理人员培训参照国家安全生产监督管理总局令第 3 号《生产经营单位安全生产培训管理规定》中对主要负责人和安全管理人员的培训有关要求执行,内容有 12 个方面,时间全脱产 8 天,由公司安全环保部负责实施。普通员工安全培训合格证取证培训由公司安全环保部和所在厂矿共同负责,时间全脱产 8 天,安全环保部监督考试和发证。每年复审培训时间不得少于 8 学时。

(3) 培训选聘生产实践经验丰富的教师授课,授课内容贴近生产实际。培训考核严格,不追求分数高低和及格率,要求员工考出真实水平,以利于下阶段重点培训。

(4) 先试点后推广,以点带面。为有效推进全员安全上岗培训工作,2003 年 9 月,中铝广西分公司选择安全管理基础工作扎实的动力厂作为试点单位,首先开展了对基层员工的全员安全上岗培训试点,取得了较好的效果。经过试点总结后,于 2003 年 11 月起逐步在全公司全面铺开。

（5）抓好"兵头将尾"培训，培养关键岗位员工。企业班组长"兵头将尾"，其安全管理水平和安全技能的高低直接影响到企业安全绩效和安全管理水平的提高。2005年起，中铝广西分公司专门对班组长和车间安全员进行了安全管理知识全脱产集中培训，提高了他们的安全管理水平。同时，为了促进全员安全上岗培训工作，公司还实施了班组动态安全员制度，班组安全员不再由固定某一个人担任，而是由班组所有成员轮流担任，轮值时间视班组实际情况从1个月到3个月不等。动态安全员上岗之前由厂矿安环科进行业务培训并考核合格，有的厂矿还对完成轮值任务的动态安全员进行考评，并对表现优秀的员工进行表彰。

（6）重视对劳务工（农民工）的安全培训。对劳务工（农民工）的安全教育培训高度重视，将劳务工培训纳入全员安全上岗培训计划，与正式职工同等对待。中铝广西分公司850名劳务工都经过了安全上岗培训，有力地促进了公司安全生产工作。

三、全员安全上岗培训，成效明显

全员安全上岗培训使员工的安全意识和安全防范技能稳步提升，违章行为和现场隐患得到有效控制，各类事故明显减少。2003年，中铝广西分公司实现了轻伤以上事故为零的安全绩效；2004年，各类事故损失（包括设备和未遂事故）创下了历史最低；2005年、2006年连续两年实现轻伤以上事故为零的安全绩效。同时，培养出了一批高素质的安全管理人员，2004～2006年，该公司有76人通过国家注册安全工程师考试；2003～2006年，中铝广西分公司连续四次被评为"全国安康杯安全生产竞赛先进企业"；2006年4月，该公司被卫生部、国家安全生产监督管理总局、中华全国总工会授予全国首批"职业卫生示范企业"称号。

第七节 开滦（集团）有限责任公司培养本质安全型员工队伍

一、构建体系，整合资源，为安全培训工作创造条件

（1）建立了四级安全培训工作组织领导体系。开滦（集团）有限责任公司（以下简称"开滦集团"）坚持统筹安排，从集团公司、专业公司，到三级单位、基层区科，自上而下地建立了由行政正职负总责、党政工团齐抓共管的安全培训责任保障体系，把安全培训的管理职能统一归口到各级安全管理部门，负责安全培训工作的协调领导、计划组织、监督检查和考核激励，形成了"统一管理，分级负责，协调配合、运转高效"的四级员工安全培训管理体系。

（2）合理整合培训资源，构建完备的安全培训实施体系。为了提高培训资源的利用率，2004年以来，开滦集团对矿区范围内的培训资源进行了整合，按区域组建了1个国家二级资质煤矿安全培训中心、3个三级资质煤矿安全培训中心和6个四级资质煤矿安全培训中心，累计投入800多万元，加强了各级安全培训中心的硬件设施建设。按照专业化、特色化的原则，设置了采掘、机电、通风安全、洗选、管理等五个实物培训基地，初步形成了布局合理、功能完备、特色鲜明、优势互补的安全技术培训网络。

（3）建立制度，健全了安全培训的工作机制。开滦集团先后制定出台了《企业员工安全教育培训管理办法》《安全培训工作管理规定及考核办法》等一系列规定，通过定期召开安全培训工作会议、交流研讨会、检查督导、总结表彰等形式，加强了对安全培训工作的检查、指导和考核。同时，建立健全了安全培训的激励约束机制，全面推行了"先培训后上岗"的岗位准入制度和安全结构工资，将安全培训与奖金分配挂钩，对安全培训成绩优秀及利用所学知识在工作中解决安全问题者给予奖励，对不合格人员进行相应处罚，调动了员工学技术、保安全的积极性。

二、把握重点,分类实施,增强安全培训的针对性

(1)抓关键,突出培育企业领导人员和现场管理人员的安全责任意识和安全管理水平。开滦集团定期召开各级安全领导小组会议,不断强化各级班子及其成员的安全责任意识。把煤矿单位安全情况、安全培训开展及培训效果作为领导班子绩效考核的重要内容,实行了"问责制"和"一票否决"。对煤矿负责人及各级安全管理人员实行轮训和调训,分期分批地选派参加安全技术资格培训。为了更好地开阔眼界,提高安全管理水平,开滦集团每年都安排相关人员到其他先进单位进行学习培训,先后选派近200人到西方发达国家进行安全方面的培训考察,选派113人赴日本进行安全技术培训,组织340多人在国内接受日本专家的安全技术培训;先后组织80余人赴德国鲁尔集团进行安全技术培训,组织40多人赴波兰进行"矿井灾害与应急救援"技术培训。加强出国培训成果的推广应用。如学习借鉴日本先进的煤矿安全理念、技术和经验,重点研究和实践了"危险预知、安全确认"等安全管理新方法,全面推行了"手指口述"、"系统追问"安全管理方法,规范员工操作过程,推进员工安全行为养成,取得了较好的效果。

(2)以培养本质安全型队伍为目标,突出实施全员、全面、全方位系统培训的战略。一是塑造"本质型安全员工"、全面宣传灌输安全理念,使安全理念内化到员工心灵深处,转化成员工的安全行为,形成共同的安全价值观和行为准则。二是把安全培训工作的重心下移,突出抓好区科一级的日常安全培训工作。要求区科做到"五个必须",即每班必须有班前会安全提醒,每周必须组织一次群众安全活动,每月必须进行一次作业规程培训考核,每季度必须进行一次操作规程的考试,每半年必须进行一次本岗位安全操作应知应会的培训考核。三是抓关键岗位,突出抓好特种作业人员的培训。在内部培训上,针对2万多名特种作业人员的实际,全面推行了"四个一"制度,即每日一题,每周一课,每旬一例(案例),每月一考,提高操作技术水平。在外部培训上,克服工种繁杂、人员众多等困难,以实现全员持证上岗为目标,严格执行了调训制度,分期、分批地输送相关人员参加安全操作资格培训,特种作业人员持证上岗达到100%。

(3)以农民劳务工为重点,突出抓好岗前培训,预防在先。开滦集团坚持了先培训后上岗的规定,对每年招收和引进的新员工,都要安排为期一个月的入矿教育。近年来,开滦集团变招工为招生,对从社会上招录的高职技工等新工人进行为期1~2年的安全技术培训,经培训考试考核合格,并取得相应的安全技能资格后,方能录用上岗。把占生产一线作业人员50%以上的农民劳务工作为重点,着重解决存在的文化素质偏低、纪律性较差、短期思想严重等问题。一是提高了招收准入门槛,要求必须具有初中以上毕业证书,一些现代化程度高的煤矿要求必须高中毕业。二是将培训关口前移,农民工在入矿前就由县区劳动主管部门进行2~3个月的安全及技能培训,经考试合格后再正式入矿使用。三是采取"四步曲"的方法,对农民劳务工入矿后继续培训:第一步:军事化训练,增强组织纪律观念,消除散漫性;第二步:安全思想灌输,以矿史、事故案例、"一通三防"教育为主要内容,增强安全意识,树立安全第一思想;第三步:规程培训正规化,到区队生产单位后由工程技术人员对他们进行"三大规程"的培训,掌握安全操作知识;第四步:技能提高日常化,师傅带徒弟,传、帮、带,提高农民劳务工抵御各种灾害事故的能力。

三、改进方式,加强管理,提高安全培训质量

（1）不断改进和创新安全培训的方式和内容。2004年,开滦集团依托企业局域网,开通了"开滦培训网站",为广大员工搭建了网络培训平台。2005年以来,在国家安全生产监督管理总局培训中心的指导下,结合企业实际,引进了网络版多媒体培训教学系统软件,主要包括以下五大部分:① 适用于安全培训机构教学和基层区科进行日常安全技术培训的"煤矿安全生产技术培训多媒体教学系统";② 适用于培训管理部门业务信息网络化管理的"煤矿安全技术培训管理系统";③ 即时互动式的培训教学的"VOD视频点播教学系统";④ 基于有线电视网络,通过专门的培训播放频道将安全技能知识和安全理念送入千家万户的"煤矿安全生产技术培训有线电视播放系统";⑤ 在煤矿井口、更衣室、食堂等员工经常驻足的公共场所安装了以播放安全知识和政策信息为主的"煤矿安全培训多媒体信息发布系统"。

上述系统的推广使用,基本构成了一个优势互补、全方位覆盖、多层次、多角度的立体式培训信息化平台。这种集动画、图、文、声于一体的教学手段和灵活直观的表现形式,给一线员工带来了全新的感受,取得了传统培训手段难以达到的效果。

（2）加强教学管理,严格培训考核。坚持"培训一个,安全一个,保证一个"的目标,把加强各级培训机构基础建设作为保证培训效果的源头来抓,建立健全了教学教研制度,推行了"四严"教学教管法,即严格按有关规定进行注册,严格按照教学大纲教学,严格考试,严格发证;建立了教师集体备课、调研、公开课等制度,坚持了教学大纲、教材、教师教案、教学进度计划的四统一,实行了教考分离,保证了培训的严肃性,提高了培训质量。

（3）强化师资队伍建设,建设素质优良、结构合理、专兼结合的师资队伍。一方面,采取组织选配、公开招聘等手段,将一些管理能力较强、业务素质较高的工程技术人员调整充实到各级安全培训机构担任专职管理人员和教师。另一方面,通过组织评选和专家审核的形式,在公司广大工程技术人员和技师、高级技师中选聘了6大专业系列、60多个工种,总数达300人的安全技术培训兼职教师队伍,并制定了兼职教师选聘、调用和考核激励制度,全体师资人员在全公司范围进行调用,实现了教师资源的共享,为搞好安全技术培训奠定了基础。

第八节 中石化长岭炼化公司、长岭分公司强化全员安全培训

一、领导重视是关键

多年以来,中石化长岭炼化公司、长岭分公司高度重视安全培训工作,始终坚持"安全第一、预防为主、综合治理"的安全方针,传承"居安思危、言危思进,思则有备、有备无患"的安全理念。公司领导班子布置工作时,明确了安全培训"三个第一"的要求,即在所有教育培训中,必须把安全教育培训放在第一位置;在所有投入中,必须把安全培训中心和安全教育室的建设放在第一位置;在对班子的所有考核中把事故率高低作为评价培训工作重视程度的第一指标。

二、加大投入是基础

为提高安全培训水平,中石化长岭炼化公司、长岭分公司提出创建安全培训的"三个一流",即建设一流的培训基地,建设一流的培训师资队伍,建设一流的安全文化。经过几年的

努力,公司投资 500 多万元,建成一个面积达 1 000 多平方米的集课堂教学、多媒体教学、微机教学、模型教学、仿真培训、实物演示、安全教育、读书阅览、档案管理 9 大功能于一体的三级安全培训中心和一个面积达 300 多平方米可容纳 120 人的专用安全教育室。在师资方面,建设了一支由专业教师、兼职教师、客座教授组成的学历高、经验丰富的教师队伍。公司从事安全教育培训的 30 名教师中,具有高级职称的 10 人、中级职称的 15 人,公司具备 8 个特殊工种的培训资质。

三、安全文化是先导

在安全文化培育方面,中石化长岭炼化公司、长岭分公司提出了"安全培训 5 原则",即"教育使其不为、培训使其不惑、规范使其不乱、奖罚使其不敢、制度使其不怨"。在安全文化建设方面,公司制定了安全文化建设三年规划。计划投入 300 万元,有计划、分步骤统一规划厂区安全文化走廊,2006～2007 年已投入 100 万元,在炼油生产装置操作室、公司主干道建起了安全文化走廊,用灯箱、标语、警句明示安全理念。公司每年组织一次全员签订安全承诺书和安全生产风险抵押合同书,每年组织一次全员安全持证上岗考试,在员工中开展提安全合理化建议,编写安全警言、警句等活动,在公路、铁路交通要道,设置了安全提示语音箱、交通指引图标等指示标志。这些活动的开展,时时处处启发员工感染安全文化氛围,规范安全心理行为,初步形成了具有公司特色的安全文化。

为加强员工日常安全教育,公司每半年组织一次、基层单位每季度组织一次事故预案演习,基层单位每月组织两次班组安全活动,这些均做到雷打不动。为促进班组安全活动收到实效,公司领导每季度一次、处室领导每月一次均要到定点联系承包单位参加安全活动,督促、指导安全工作。公司每年还组织多种大型安全活动,如元月安全月活动、六月全国安全生产月活动、职防宣传周活动、"119"消防宣传日、"安全在我心中"演讲、安全知识竞赛、消防运动会等等。通过各种群众喜闻乐见的日常安全教育活动,不断提高了全员的安全意识、安全素质和安全使命感。

四、全员参与是保证

安全培训对象分为四个层次:第一个是领导层、第二个是管理层、第三个是操作层、第四个是承包商。根据各层次安全培训的要求、特点和内容不同,开展针对性的安全培训,促进了全员安全素质的提高,有效预防了不安全行为的发生。

一是抓领导层的安全教育培训。湖南省安全生产监督管理局委托中石化长岭炼化公司、长岭分公司举办了多期安全资格培训班,公司所有领导班子成员和各基层单位行政一把手都积极参加并考核合格,全部取得了由湖南省安全生产监督管理局颁发的安全资格证书。

二是抓管理层的安全教育。公司每年选派基层单位安全科长、安全工程师、安全员到中国石化北京燕山培训中心和上海华东理工大学进行安全轮训,2003 年以来共有 80 名安全管理人员进行了安全培训,安全管理人员持证上岗率 100%。积极组织人员参加全国注册安全工程师、安全评价师、企业培训师考试。目前,组织了 102 名安全管理人员参加全国注册安全工程师考试,合格 43 人,通过率 42%;组织 12 名安全管理人员参加安全评价师资格考试,合格 6 人,通过率 50%;组织 40 名安全管理人员参加企业培训师资格考试,合格 28 人,通过率 70%。

三是抓操作层的安全教育培训。严把新入厂员工的三级安全教育关,确保向企业输送合格的高素质人才。公司每年都组织优秀教员,对新入厂员工进行严格的三级安全教育。

每一级教育完成后均要进行安全考试，只有三级安全考试合格的人员才能下车间、进班组，才能成为公司的正式员工。抓好特种作业人员的培训取证关。特种作业人员专业性强、技术含量高、危险性大，公司特别重视这部分人群的培训工作。公司共有电工、焊工、压力容器操作工、起重工等10个特殊工种，从业人员约2 000人。每年初，公司都要下达全年培训工作计划，委托安全培训机构负责全公司特种作业人员的培训、复训工作，严格执行"先培训、后取证，先取证、后上岗"的规定，确保特种作业人员持证上岗率100%。

四是抓承包商的安全教育。随着企业的发展，生产装置的大检修、维修任务重，新改扩建工程多，且这些工作大都由承包商完成，因而每年进入企业施工作业的外来人员大约有3 000~5 000人，这些人员的安全意识大都不强，安全素质大都较差，给企业的安全生产带来了很大的不稳定因素，属流动的"危险源"。为此，将承包商的安全教育纳入公司安全教育培训体系，同步安排、同步实施、严格考核，规范其安全行为，收到很好的效果。

第九节　中国北车集团齐车公司健全安全培训有效机制

一、更新安全培训理念，营造氛围

由于思想认识的局限性，多年来，中国北车集团齐车公司（以下简称"齐车公司"）安全培训工作培训工作停留在"只求过得去，不求过得硬"的低层次上。随着安全生产法制化进程的深入，安全教育培训工作已上升到法制的高度。对此，齐车公司专门召开会议，反思梳理安全培训存在的四个问题：一是对培训的重要性认识不足，把培训当成一劳永逸的程式化工作；二是安全生产教育培训对象的覆盖面不足，重现场生产作业人员、轻安全管理人员和企业经营负责人培训；三是企业对安全生产培训评估管理不力，各级员工安全学习的动力不足；四是教育培训缺乏规划，培训内容不能适应企业扩张和管理水平的需要。针对这些问题，齐车公司召开了宣传贯彻《安全生产法》动员大会，公布了《公司安全培训大纲》，特邀齐齐哈尔市安全生产监督管理局的领导作学习《安全生产法》的专题讲座，有效增强全体员工学法知法、依法办事的自觉性。同时开展以"人本管理"为目标的主体宣传教育活动，采取黑板报、"职工小家"等形式，加大全员思想、态度、责任、法制、价值观等方面的系统教育，筑牢"安全零起点"的观念；采取举办专题讲座、安全论坛等方法，使职工受到生产作业安全技术知识、专业安全技术知识等方面的教育；利用现代网络、多媒体技术和模型教学、实物操作等手段，将理论灌输与实践体验紧密结合起来，对作业现场危险源和危害因素有了更深入的了解。通过企业安全文化的建立，逐步形成"我要安全、我懂安全、我会安全"的浓郁气氛。

二、搞好重点人员安全培训，以点带面

齐车公司从抓好薄弱点、特殊点和困难点入手，推动全员培训的落实。

一是加强各级管理人员的安全教育。针对以往安全培训重生产一线职工，忽视管理人员及领导的现象，以国家安全生产方针政策、法规，行业的标准、规范，企业制度、应急管理、应急预案编制，以及安全管理技术和事故案例分析等为内容，每周组织28名中层以上安全管理人员和81名安全工作人员进行一次专题业务学习；组织董事长、总经理等高管参加省里组织的安全管理培训；与齐齐哈尔安全教育中心等安全培训机构联合举办安全培训班，定期对17名公司中层以上安全管理人员进行培训辅导，目前主要负责人和安全管理人员年均

再培训时间均达到 12 学时以上。

二是严格管理特种作业人员安全培训。对公司现有的特种作业人员,除每年分两次强化培训外,还建立互帮互学措施,由班组长、党员和有经验的老同志等骨干和特种作业人员结成对子;实行定点定人挂钩,对特种作业人员的安全思想教育从考勤到听课记录,从作业到考试等环节都指定专人负责,不断提高他们的安全意识和"三不伤害"意识;有重点地进行技术培训,组织技术、安规、安措等考试,不合格不上岗,从外部环境强制他们钻研技术,提高安全素质。

三是把好新工人"入门关"。结合入厂新工人主要来源于应届毕业生和部队复转军人的实际,针对应届毕业生文化水平高的特点,公司集中组织应届毕业生进行安全防范意识、安全管理理论及方法、安全管理制度、劳动纪律等方面的培训,经考试合格后,按专业分配到各单位进行生产见习;针对部队复转军人文化素质普遍较低、风险意识淡薄、安全知识不足和事故防范应急能力不强的特点,公司组织各相关部门对其强化培训,经考试合格后进入公司职业技术学校接受为期两年的专业技术培训,结业后才可入厂工作。

四是强化劳务人员的安全培训。对外来劳务人员,报到前及时与输出单位沟通,先由原单位对劳务人员进行安全教育;到公司报到后,公司再进行三级安全教育,经考试合格者可以留用,不合格者退回原单位;分配到班组后,由班长指定专人对其负责,加强安全监护。

五是做好物态安全本质化培训。随着公司产品批量出口国外增多,齐车公司与国外同行接触也日趋频繁,在中西方安全文化的碰撞中,引入了国外先进管理办法,如 PDCA 循环管理、6 西格玛管理、5S 定置管理等,从构建紧跟时代、适应厂情的安全系统大层面上,促进了消除安全事故隐患能力的跃升。

三、认真实施五项制度,提升质量

(1)明确安全责任制度。重新修订了 6 大系统、122 个部门(岗位)和各类人员的安全生产责任制,完善了 26 项安全管理制度;统一了岗位行为标准,对 18 类 338 个工种岗位的安全操作规程予以明确;编发了违章行为 50 种表现资料下发到各单位;编制了设备、设施、作业环境等 42 类安全检查表,统一了现场安全检查标准;编制了《重点部位防范控制标准》,明确了 21 项、371 个重点部位的安全、防火防爆控制要求。

(2)领导干部安全资质达标制度。结合公司领导干部岗位职务规范,提出各级各类干部应具备的安全理论素养、安全文化水平和安全工作能力要求等任职安全资质,定期参加任职安全资质测试,对于不能通过任职安全资质测试的,明确规定不得提拔任用。对一些专业性比较强的领导岗位,领导者上岗前后,必须参加相关的安全专业知识培训,设置必修的安全专业知识课程,在规定时间内不能完成必修课程的,采取留岗停职参加安全教育培训等强制性措施。

(3)建立安全生产继续教育制度。公司安技部门根据企业新产品、新工艺、新材料、新设备的应用情况,详细制订整个职工队伍继续安全教育培训的计划,积极引导全体职工自觉地在岗安全学习,定期指定一批必读安全专业书目,提出读书的目标、重点思考题和基本要求,组织多种形式的安全学习成果交流活动,定期进行严格的考核,实现其安全知识结构和岗位安全需求的最佳匹配。

(4)建立职工安全教育培训考核制度。把考核作为衡量干部职工安全教育培训的一种重要手段,考核情况通过邮件的形式反馈给人力资源部,并在一定范围内通报;利用电子计算机建立企业安全教育培训档案系统,将每一位干部、职工接受安全理论教育、安全专业培训和安全专题讨论情况,包括培训时间、培训内容、培训层次、考试成绩等记录在案,并适时提供给干部任用部门和企业决策层。

（5）建立安全教育培训与实际相结合的制度。对拟选调职工进行资格预审时,把其参加安全培训教育的情况作为重要条件之一,安全教育培训没有达到一定要求时,一般不予提拔重用;对确有特殊情况的,采取规定其接受安全教育培训的期限和内容的办法进行"补课"。

第十节　中石化金陵石化公司坚持以人为本,推进全员培训

一、加强组织领导,保障全员安全培训工作落实

为了有效地推进中石化金陵石化公司（以下简称"金陵石化公司"）的全员安全培训工作,提高全体企业员工的安全生产意识和业务素质,公司建立了以主要领导为首的员工培训考核工作委员会和各单位工作领导小组,制订年度培训计划,层层分解落实培训任务。同时,建立了以安全职能部门和人力资源部门专职人员组成的全员安全培训工作检查指导办公室,为全面推进公司全员培训提供组织保障。

公司有关主管部门根据年度培训计划,按月组织和布置培训学习任务,并加大督办力度,在每次月度培训工作和安全专项工作检查以及季度岗位责任制大检查中,结合公司开展的"争先创优"活动,对培训情况特别是对领导干部培训情况进行综合检查考核,并在经济责任制中加以落实。

二、完善制度,为开展全员安全培训提供制度保障

金陵石化公司结合实际,认真贯彻执行中石化集团公司的《安全生产监督管理制度》,制定和完善了公司《安全生产监督管理制度》、《安全教育培训规定》和员工《岗位培训制度》,每年以文件形式下发公司《年度培训工作计划》,对其中的安全教育培训内容、形式、时间和考核作出了具体明确的要求,对公司各类员工胜任岗位工作所必备的安全知识和技能以及持续性安全教育和学习提出了具体的规定。金陵石化公司每引进一个员工,都按照中石化集团公司的《安全教育管理规定》,对其进行三级全方位的安全教育,考核合格方可进入生产车间从事学习和生产工作,不合格不上岗。对在岗职工,除了利用交接班、晨会、副班等时间及时了解上级有关安全生产精神、安全生产动态和安全生产经验教训、案例分析,抓好安全意识教育,提高员工安全防范能力外,还通过开展员工岗位培训、职业技能鉴定与考核、师带徒、岗位练兵、事故预案演练、现场考评、操作经验交流、在岗技术问答、脱产课堂教学、安全生产知识竞赛、业务技能比武等多种方式的活动,提高他们的安全生产意识和安全技术水平,从而达到了不断学习,不断提高的全员安全生产培训工作目标。

三、突出重点,分层次开展全员安全培训

首先从领导层抓起,制定了"中心组"安全学习制度,领导班子成员定点联系单位和定时参加基层单位的安全教育学习制度,领导班子成员定点联系主要装置、重点岗位制度,同时还通过参加集团公司领导干部安全生产教育培训班和地方政府组织的培训班,进行 HSE 知识培训、生产理论培训和管理业务培训,大大提高了领导班子安全生产的决策能力。

抓好中层干部安全培训,是推进全员安全培训,促进安全生产的重要环节。公司除了抓

好两年一度的地方政府对企业安全生产管理人员的安全资格培训外,还每月组织一次集中学习培训活动,规定中层干部每周参加一次班组安全教育学习,并不定期组织现场安全教育和安全工作分析活动。加强安全教育培训,提高全体中层干部的安全守法意识、安全责任意识,丰富了安全技术知识,提高了抓好安全管理工作的自觉性。

加强专业管理人员培训,是推进全员安全培训,促进安全生产的重要组成部分。公司现设置有专业监管人员岗位 139 个,均选用业务素质较高的工作人员担任。对于这支骨干队伍,金陵石化公司采取在岗和脱产相结合、内训和外送相结合、培训和演练相结合等多种方式进行培训。定期组织他们到华东理工大学安全工程专业班学习深造,系统学习安全工程专业知识,提高整体素质。

强化技能操作人员培训是金陵石化公司推进全员安全培训,促进公司安全生产的关键。长期以来,金陵石化公司把强化技能操作人员培训作为推进企业全员培训工作的重中之重。公司根据石油石化生产特点和加工高含硫含酸原油规模不断扩大的趋势,从生产操作现场的实际出发,加大了对技能操作人员的培训考核力度,多次组织消防技能演练、气防技能演练、防硫化氢中毒、防硫化亚铁自燃、职业病防治和现场救护等各类培训演练活动。近年来,每年约有 4 000 多名技能操作人员参加公司举办的 HSE 知识考核和消防、气防现场实际操作考核;对接触硫化氢介质的 2 200 多名技能操作员进行防止硫化氢中毒专项培训。

督促承包商人员培训,是公司推进全员安全培训,促进公司安全生产的重要保障。金陵石化公司每年都要与数十家承包商签订安全生产合同,也把对签订合同的承包商队伍的培训当做公司自己的事来抓,坚持实行承包商队伍准入制,严格资格审查和考核,坚持承包商队伍进入生产区域施工作业必须进行一级安全教育,在此基础上先签订安全合同再签订工程合同。近年来,金陵石化公司每年对 3 000 多名承包商人员进行教育培训,保证了持证上岗。

通过持续开展以上几个层面的培训,金陵石化公司领导干部的安全法规意识、责任意识得到不断增强;安全管理队伍的业务管理水平和管理执行力明显提升;技能操作人员的安全生产知识水平,岗位操作技能、应急处理能力不断提高;承包商的遵章守纪意识和自我保护意识逐步加强。几年来,公司生产稳定,装置运行正常。由于安全技术水平的提高,岗位职工果断处理和避免各类事故 121 起,保证了公司的安全生产和效益的提高。

第十一节　太原钢铁(集团)有限公司强化安全培训

太原钢铁(集团)有限公司(以下简称"太钢")经过 70 年发展,特别是近 7 年的发展,已经成为全球最大的不锈钢生产企业。现有在岗职工三万八千余人。

一、高度重视安全培训

多年来,太钢始终把安全工作作为各项工作的第一要务,通过严格的管理,确保职工的生命安全。太钢先后出台了《职工培训管理暂行办法》、《安全生产奖惩制度》、《职工生命保障规则》、《全员安全培训管理办法》等,对职工的安全培训工作都有相应的规定。公司在每年培训计划的制订中,都把职工的安全培训和特种作业人员培训列入其中,并把培训计划的实施作为各单位和厂处正职领导干部的绩效考核的内容。公司每年要组织两次教育培训检查,每季度要进行一次包括安全培训在内的安全评价。每年用于培训的投资都在四千万元以上。

二、逐步完善培训体系

（1）规范培训标准。按照"开展培训需求调查，设计和策划培训课程，精心组织和控制培训过程，实施培训效果评估"四个环节，对培训工作进行了全方位监控，促进了培训工作的全面发展。为了进一步规范和创新培训管理工作，提高培训的针对性和有效性，2006年年初，结合 ISO 10015 培训标准和 ISO 9000 质量体系，制定了太钢培训质量管理标准和作业文件，形成了完整的培训质量管理体系。目前，太钢的安全培训都严格按照培训管理体系运行，定期召开培训质量分析会，持续改进培训教材、培训内容、培训方法、培训管理等工作。

（2）严格考核纪律。坚持把抓考风考纪作为强化培训管理工作、提高培训和教学质量的突破口，建立了完善的培训考试管理办法。对于未按计划实施安全培训的单位及存在未持有效证件上岗的，对单位予以考核，并扣培训主管10％的岗薪工资；未完成培训课时的，不能参加考试；培训考核不合格，扣除单位200元/人；职工初次参加考试不合格，离岗学习；考试中有作弊行为的，取消考试成绩，并予以通报，坚决杜绝考场作弊行为的发生。对参加监考的教师进行相关技能的培训，监考实行持证上岗。2006年，在7 200余名特种作业人员初、复试中，第一次考试成绩不及格的有866人，在考场上作弊按零分处理的有72人，因替考取消考试资格的有8人。煤气安全知识培训中，有124人考试不合格被调离岗位。全员安全培训中，在太钢组织培训的2 464名科段长、班组长中，有69人因未完成培训课时、作弊而取消考试资格。

（3）提高师资水平。太钢举办了三期企业安全培训教师培训班，培训学员118人。聘请北京科技大学等单位的专家、教授进行为期一个多月的安全专业知识培训，聘请专业培训咨询公司进行为期10天的企业培训教师相关技能培训，在公司危险辨识工作和全员安全培训中，安全培训师发挥了巨大的作用。在山西省安全生产监督管理局、太原市安全生产监督管理局的支持下，太钢培训了61名特种作业人员培训专兼职教师。

三、全方位强化全员培训

（1）全面强化标准化操作培训。推行标准化，把标准有效转化成职工的操作行为。出台了《关于开展标准化操作竞赛活动的通知》，在全公司开展了以岗位标准化为核心的全员岗位练兵活动，各单位组织职工通过开展标准的现场讲解，进行动作示范、事故预警、故障处理、应急响应等培训，高频次地反复演练，使职工熟练掌握了标准的动作要领、操作程序，规范了作业行为，提高了标准执行率和操作技能。每年全公司参加岗位练兵活动的职工有2.5万余人。28年来，每年组织40余个工种进行标准化操作技术比武，对每个工种的状元予以重奖。

（2）强化专业安全培训。大力开展了厂处长安全资格培训、安全专业管理人员专业知识培训、专业人员危险辨识培训和职业健康安全管理体系及内审员培训。同时，根据公司各专业管理要求，太钢积极开展专业安全培训，举办了特种设备操作，设备点检与维护，电气、煤气、燃气作业，消防，民爆等专业的安全知识培训，提高了职工的专业安全技能。每年接受培训人数在5 000人左右。

（3）强化特种作业人员培训。太钢从事特种作业的人员有一万二千余人，为了搞好特种作业人员的培训，太钢职工教育培训中心申报并取得了三级安全培训机构资质，建立了完善的特种作业人员培训制度，强化培训过程管理，严格考试制度，多年来一直是山西省和太原市安全培训先进单位。

(4) 强化全员安全培训。太钢承担了《太原市冶金行业全员安全培训教材》的编写任务,同时为了有效地开展全员安全培训工作,针对不同层次安全管理的需要,组织编写了太钢厂处长安全培训教材——《安全生产的领航人》、太钢科段长安全培训教材——《不锈乐园的安全基石》、班组长安全培训教材——《杰出班组长训练营》和矿山专业安全培训教材,建立了科段长、班组长、其他岗位人员和矿山其他岗位人员安全培训考试题库。公司还规定每2年组织一次优秀教材的评选,安全培训优先使用优秀教材。公司下发了《全员安全培训管理办法》,职工教育培训中心制定了全员安全培训工作流程。建立了两级安全培训体系,班组长以上培训由公司职工教育培训中心组织实施,其他职工由各二级单位组织实施,公司制造部、人力资源部、职工教育培训中心负责监督、检查、考核。截至目前已培训职工2万余人。

(5) 严格执行新上岗人员三级安全教育制度。在上岗前厂级安全培训不低于8学时,工段级安全培训不低于16学时,班组级安全培训不低于24学时。矿山单位、涉及危险化学品单位,厂级安全培训不得低于16学时,工段级安全培训不低于32学时,班组级安全培训不低于48学时。经过厂(矿)、车间(工段、作业区、队)、班组三级安全培训教育,由厂、车间(工段、作业区、队)和班组分别填写职工安全培训教育卡并归档留存,卡片随本人工作变动同时流转。新上岗人员必须在三个月内取得《安全培训合格证》。全公司每年新进员工都经过培训取得了合格证书。

(6) 广泛开展事故案例教育。太钢把事故案例教育作为安全培训教育的一种有效方式加以推进,组织职工讨论剖析发生在身边的各类人身伤害及险肇事故,对照查找差距,制定措施,收到了一些效果。事故反思现场会、现身说法等活动的开展,使职工的心灵受到震撼。公司还注重汲取同行业兄弟单位的事故教训,举一反三开展隐患排查和整治,有效预防了事故发生。

太钢安全培训的大发展,推动了企业安全生产和经营的大跨越。近年来,太钢伤亡人数呈现出明显的下降趋势,不但完成了山西省、太原市下达的安全控制指标,而且在整体过程控制能力上达到比较高的水平。经过坚持不懈地推进安全培训,作业行为不规范造成的事故比例由原来的70%下降到2006年的17.9%,生产安全事故频率下降明显,伤害次数/百万工时2004年为0.85,2005年为0.78,2006年为0.74。

第十二节　中石化金陵石化公司抓实全员安全培训,
提高安全保障水平

一、强化全员培训,提高安全生产工作水平

(1) 加强干部培训,提高安全管理能力。中石化金陵石化公司(以下简称"金陵石化公司")建立各级干部轮训制度和关键装置定点联系制度,将脱产轮训与平时学习、举办专题讲座、网络在线学习、组织交流参观有机结合起来。公司每年都举办安全管理人员资格证书取(复)证培训,做到100%持证上岗,增强了各级干部的安全法规意识、防范意识、责任意识,提升了安全管理队伍的业务水平和工作执行力。

(2) 加强专业人才培养,提高技术支撑水平。多年来,金陵石化公司有计划地开展专业

技术、专业安全管理培训,对直接关系到安全生产的260多名工艺员、设备员进行集中考核,然后用两周时间分批轮训,以提高岗位履职能力。对新招的大学生,安排到一线主要生产装置集中培养,实行分阶段、轮岗位、全流程实习锻炼,促使他们尽快成长成才。适应企业发展需要,突出抓好重点人才、紧缺人才培养,在主要专业、主体装置实行导师带徒人才培养,并发放导师和学员津贴。导师每月布置学习内容、每周辅导两次、每日至少出一道技术问题;学员每日写出学习日志、每月撰写技术报告;公司每月进行检查考评。2006年～2007年已有57名同志经过了导师带徒培养。2006年,公司首次评选聘任了6名高级技术专家和11名装置专家,明确了专家岗位职责,并给予较高的薪酬待遇,充分发挥了专业技术人员的技术支撑作用。

(3)加强生产操作人员培训,提高职工安全技能。金陵石化公司现有11个工种3 000多名特种作业人员,该公司严格执行特种作业人员培训制度,坚持做到"先培训、后取证,先取证、后上岗",特种作业人员持证上岗率100%。金陵石化公司在特种作业环节从未发生过安全死亡事故。

生产一线人员直接从事装置生产操作,是保障生产安全的第一道防线。金陵石化公司坚持培训工作向一线倾斜,对新入职员工开展集中培训和三级安全教育,考试合格才能上岗;对在岗人员开展业务培训、副班学习、技能竞赛、系统操作和仿真培训。多年来,该公司坚持做到"每日一题、每周一课、每旬一演练、每月一考核",使操作人员掌握操作要点,提高防事故应变能力。在实行员工职业技能等级鉴定的同时,注重技能骨干培养。每年举办班组长、技师培训班,对技师、高级技师实行评聘分开,每年底组织一次集中考核,将业绩与聘用结合、聘用与待遇挂钩,形成了高技能人才培养机制。截至2007年,金陵石化公司有高级工2 025名、技师380名、高级技师34名、首席技师3名,高级工及以上高技能人才已占技能操作队伍50%以上,成为保障装置安全、稳定、长周期生产的一支骨干力量。

金陵石化公司将岗位培训与技能竞赛、自我教育紧密结合。每年都组织部分工种开展技能竞赛,组队参加集团公司技能大赛,对获奖选手给予重奖,连续14年开展安全大讨论,2007年开展"我要安全、科学发展"活动,在员工中征集安全警句,将朗朗上口、易记易懂的安全警句制作成标牌,悬挂在操作室内,张贴到交通车上,送进员工家庭,让员工时时处处受到安全教育。

二、强化专项培训,提高安全生产防控水平

(1)加强防硫化氢中毒培训。针对加工高含硫原油特点,金陵石化公司每年对接触硫化氢介质的2 200多名技能操作和管理人员进行经常性的提醒教育和多轮次反复培训,并定期组织消防、气防演练和现场救护等专项培训;针对装置区域硫化氢分布状况,在现场安装有毒有害安全警示牌,给巡检操作工配带报警仪,时时警示,时时防范。及时组织关键装置和重要部位危险点监控培训、危险化学品管理培训、放射线作业安全防护培训、检修安全培训、监火工作培训、票证管理培训等,每年都有4 000多名员工参加公司举办的各类安全培训。

(2)加强操作人员仿真培训。炼化企业的重要特点就是长周期连续生产,针对员工缺乏装置开车、停车、事故处理的操作经验,金陵石化公司投资600多万元,建成了拥有11套主要生产装置的仿真培训基地。仿真培训软件完全模拟实际装置生产流程、操作方法,可以真实模拟装置开车、停车和可能发生的事故。仿真训练,能够在较短的时间内提高操作技术水平和事故应急处理能力。集中开展仿真训练,使员工很快掌握了装置操作技能,保证了新装置开车一次成功。在中石化举办的职业技能大赛中,金陵石化公司选手于 2006 年、2007 年连续两年获得仿真操作单项成绩第一名的好成绩。

(3) 加强承包单位施工人员的安全培训。实践表明,外来施工人员已成为影响企业安全生产的"危险源"。2006 年,金陵石化公司从事工程承包单位有 178 家,施工人员 6 000 多人,重点是把好外来人员安全教育关和企业准入关。每年初分期举办外用工培训班,对进入生产区域施工作业所必须掌握的安全知识、安全规定进行专项培训和考核,考核合格后发放安全教育合格证和临时通行证,做到人人持证上岗。2008 年外用工安全培训考核淘汰率为 13.6%。专门举办承包单位的经理、项目经理、安全员、施工作业班长等管理人员培训班,考核合格后,公司方与承包单位签订安全生产责任状。同时,购置了二代身份证识别仪和特种作业证书识别仪,确保外来施工人员基本素质和特种作业人员持证操作。

三、强化保障措施,保证安全培训工作开展

(1) 以投入保证培训。金陵石化公司每年按工资总额的 2.5% 提取教育培训经费,对外来劳务人员按劳务费用的 1.5% 安排培训费用。建有占地 120 亩的培训中心,60 多间专用教室,3 500 位标准课桌,配备多媒体教学设施,配有系列安全教育录像资料以及技能实训考核场地,专兼职教师 29 人,其他专业兼职教师 40 人。取得了三级安全教育培训机构资质,为安全培训工作的开展提供了保障。

(2) 以制度规范培训。金陵石化公司按照安全教育培训法律法规和上级要求,结合实际,制定了安全教育培训、员工岗位培训和承包商反"三违"安全奖惩管理规定等制度。每年初都以文件形式下达包括安全教育培训在内的全员培训计划,对培训内容、形式、时间和考核提出明确要求,保证安全培训常抓不懈。

(3) 以考核促进培训。强化培训考核,每月对基层单位培训工作情况进行检查,将检查结果纳入经济责任制考核;对参加技能培训的员工分阶段进行考核,将考试成绩与月度奖金挂钩,并作为上岗和技能等级晋升的依据,促进了培训工作的开展。通过培训提升了员工素质,共有 547 人次避免或消除事故隐患 553 起。

第十三节　鸡西矿业集团推行必知必会,提高员工素质

一、根据岗位需要确定"必知必会"

所谓"必知必会"就是依据员工不同工种、不同岗位而制定的培训内容,是员工必须熟练掌握和运用的本岗位专业知识和技能,具有因人因岗施教、针对性强的特点。依据国家《教学大纲》和《统编教材》的基本要求,结合各岗位和员工的实际,通过员工讨论、生产骨干和技术人员联合审议,把员工必须掌握的岗位专业知识、必须知道的岗位危险源识别与处理、必须遵守的基本规则确定为"必知必会"内容。

鸡西矿业集团将"必知必会"编制成煤矿井下 53 个工种、地面辅助单位 473 个工种的《员工岗位"必知必会"解析读本》,编制了 91 个岗位工种的《员工岗位危险源辨识读本》、《瓦检员素质考核手册》和各专业《班组长素质考核手册》,作为"必知必会"基本教材;针对部分学习能力较差的员工,制作了《"必知必会"图解》、《"必知必会"电教片》等视听教材;按"应知应会"与"必知必会"各占 50% 的比例,建立了考试题库,作为考试教材。遵循由浅入深的原

则,教材每年升级一次,题库每半年升级一次。为了便于学习考问,把学习内容浓缩,印制50余万张"必知必会"塑封卡片,每名员工发放两套,一套放在家中自学,一套放在工作服中班中学习。

二、运用多种方式学用"必知必会"

鸡西矿业集团要求党员和各级干部带头学懂会用"必知必会";要求各级干部必须熟知岗位责任制,生产井区(车间)段级以上干部必须掌握本专业三个以上工种的"必知必会"和本专业《班组长素质考核手册》内容;要求班组长、瓦斯检查员等特殊工种重点学本岗位《素质考核手册》,每名员工必须掌握本岗位"必知必会"。

(1)培训课堂学。把"必知必会"内容纳入到三、四级脱产培训中,每期脱产班"必知必会"内容占50%,培训不合格的学员不予结业。为了给员工创造好的学习环境,2006年,该集团公司把原准备装修已经使用30多年的办公大楼及更换20世纪60年代办公桌椅的1 000万元省下来,建成了黑龙江省一流的培训中心。

(2)班前班后学。利用班前会、收工会,以员工抽签、干部提问、有奖问答等方式,督促员工学习。井区当班出勤人数的30%要接受考问,每名员工要参加15分钟的班前"应知应会"学习和班后"必知必会"自学,全月不得少于15题。煤矿副总以上领导每月5日前、井(科)领导每旬深入班前开展员工安全教育,公司副总以上领导每月必须到挂点单位检查学习情况,每季度必须到基层讲一次安全大课。

(3)家庭社区学。鼓励员工在家自学。通过媒体宣传、举办家属培训班、召开离退休人员座谈会等形式,引导家属支持、帮助员工学习。

(4)岗位实践学。坚持开展"行为规范年"活动,制定了员工岗位行为规范、行为养成方案、十条严禁行为标准,大力推行"口述手做"法,从员工在工业广场右侧行走、井下不得摘安全帽等小事抓起,从员工入矿前、入矿后、入井后、升井前、升井后五个区段确定规定动作,做到人人、时时、处处都有所遵循。

(5)潜移默化学。强化形象识别,在员工工装、安全帽、矿灯上制作特殊标志,警示员工注意自己的身份行为;在密闭、风门等重要地点设立危险标志,警示员工注意安全行为;在入井长廊等人员集中的地点设置安全理念标志、语音提示,用安全理念和亲情寄语激励约束员工行为养成,让员工在潜移默化的感染熏陶中养成良好的行为习惯。

(6)树立榜样学。开展"大学习、大练兵、大比武"活动,鸡西矿业集团每季度出资20万元对煤矿各专业练功比武前10名给予奖励,对优秀选手组织外出参观学习、休假。通过评选学习状元、技术能手等活动,共选出不同岗位"兵王"300多人,2008年,鸡西矿业集团共发放技术补贴1 033.39万元。

三、严格考评奖罚落实"必知必会"

(1)随时考问。制定了《干部入井带班现场考问制度》,要求专业上岗、干部值班、入井带班、安全检查四个必考,规定党群干部每次入井考问员工不得少于4人次,行政专业干部不得少于2人次。对考问次数不够的干部通报批评并罚款,对现场考问不及格人员一次罚款50元,并连带罚段长、支部书记。2008年考问累计罚款10.64万元。在考问工人的同时,推行干群互考,要求各级干部考问时要会讲解,对员工提出的问题要能讲清楚、做示范、当教练,干部每周至少主动接受工人考问2次,双方要在考问本上签字。集团公司上岗检查和专项抽查,1人未持卡或考问不及格,扣当月质量达标培训专业0.1分。2008年,全公司各级干部共现场考问员工 180 余万人次。煤矿副总以上领导人均月考问人数在 100 人左右,矿长、党委书记最多的每月考问达 210 人次。

(2)严格考试。一是坚持全员月考。每月由各单位自行组织一次全员考试,对全员月考试优秀和不及格的员工,按照本人月收入采掘工 5%、辅助工 3%对等奖罚,无故不参加考试的按不及格处理,2008 年累计对等奖罚 22.3 万元;对漏考人员组织补考,补考不及格离岗培训。二是坚持随机抽考。每月初,由公司相关部门对各煤矿主要负责人、安全生产管理人员和特种岗位作业人员,采取计算机机考抽签的方式组织集中考试。三是坚持重点专考。集团公司和矿副总以上领导每次深入基层,重点对井区干部、段队长、班组长、瓦斯检查员,按《素质考核手册》内容进行考问,并由宣传部、安全监察部负责统一考试,对考试不合格者离岗培训并补考,补考不合格的干部免职。2009 年 1~4 月,全公司段队长、班组长每人月平均被考问 10 次以上,瓦斯检查员平均 28 次以上,其中,有 11 名干部因补考不合格被免职。

(3)严格考评。培训结果纳入每月安全质量标准化建设达标检查,对连续三个月培训专业不挂金牌的单位主管领导免职;每月对公司和各矿副总以上领导考问班组长、瓦斯检查员情况用公司文件进行通报,对各矿副总以上领导考问员工情况在媒体上公示,各矿用文件对本单位基层段级以上干部"必知必会"考问情况进行通报;把培训效果作为评选先进的硬件条件,培训工作不合格的单位取消评优资格,考试成绩差的人不能提干、评优。对不参加培训、不组织培训的工人、干部给予处罚,让不参加培训的工人丢岗位、丢票子,让不组织培训的干部丢帽子、丢面子。2008 年,鸡西矿业集团拿出 214.18 万元奖励培训有功人员。

通过坚持不懈地抓全员"必知必会"培训,提高了员工素质,规范了员工行为,筑牢了企业安全发展的根基。2003 年以来,鸡西矿业集团消灭了 3 人以上伤亡事故和瓦斯煤尘事故,2008 年全公司安全、生产、经营等 10 项工作创出建企 60 年来最好水平。

第十四节 杭州钢铁集团公司创新手段提高安全培训工作水平

一、切实加强领导,保障培训需要

长期以来,杭州钢铁集团公司(以下简称"杭钢集团")始终把加强安全教育培训作为确保企业安全生产的治本之策,有效落实各项措施,充分保证培训经费。一是明确安全教育培训的责任部门,强化了安全生产培训教育职能。二是近年来每年持续投入近百万元安全生产培训教育经费,建立了安全生产教育培训基地,并配备相应的师资力量和教学设备。目前,杭钢安全培训考核站具有安全培训三级资质,共有专兼职教师 48 名,拥有多媒体教室两个,配置了投影仪、协同办公系统,以及电工、电气焊、起重机械、企业机动车辆等专用考核设施,有效地承担了企业管理人员、特种作业人员、新进员工的安全培训考试、考核管理工作。三是层层签订责任书,并纳入年度工作目标责任制考核。2008 年,杭钢集团与 60 家二级单位及控股子公司签订了安全生产责任书,收取安全生产风险抵押金 236 万元,有力推动了安全管理工作的落实。四是将员工安全生产教育培训列为创建企业"四好"领导班子考核内容之一,发挥了企业管理合力。

二、科学制订计划,有序组织培训

(1)周密制订培训计划。制订中长远的安全培训规划并组织实施。在制订年度培训计划时,杭钢集团严格要求各二级单位提出具体的培训需求,及时把企业管理人员、安全管理人员、车间主任培训计划报安环处审核,特种设备管理人员报设备处审核,特种作业人员报人力资源部审核,然后由人力资源部根据各部门的审核意见,确定下一年度教育培训计划。

(2)分类实施安全培训。根据培训对象岗位的不同,分为企业管理者、特种作业人员、从业人员、外来劳务人员四个层面,有针对性地开展教育培训。企业管理者培训侧重于提升安全生产综合管理能力,特种作业人员培训侧重于从事工种的设备性能和安全防护知识,从业人员培训侧重于掌握规章制度和安全规程,外来劳务人员培训侧重于提高安全生产技能。

(3)开展全员安全教育。杭钢集团规定用人单位的行政一把手必须是本单位全员安全培训第一责任人,负责落实对员工的全员教育和监督。每个员工必须经过公司、二级单位、车间组织的 12 个课时的三级培训教育才能上岗。同时对新进公司的员工,进行厂史厂情、企业文化、职业道德等方面的教育。为引导全员培训工作,出版了《安全大家谈》班组安全学习专刊、《职业卫生知识》学习专刊等学习资料;以《杭钢报》为宣传载体,定期刊登安全生产周评;编写了事故案例汇编;积极参加浙江省"安全生产月"活动——"寻找你身边的隐患"演讲比赛,荣获三等奖;获得省电力杯安全知识竞赛组织奖。安全文化活动为全员培训营造了良好的氛围。

三、创新培训方式,提高培训质量

(1)实施导师带徒机制,提高培训实效性。近年来,杭钢集团每年都对人力资源进行合理调整,引进大量的新生力量。但同时也发现,有些员工在岗位上的动手能力不强,实际操作考核与理论考试存在一定差距。为了提高员工实际操作能力,杭钢集团规定员工在参加特种作业培训前,用人单位必须与当事人签订 6 个月的特种作业岗位师徒合同,师傅负责进行岗位安全规程和岗位规范教育,增强对特种作业操作的感性认识和了解。师傅带徒弟期间,每月有 60 元的补贴,但补贴费必须在徒弟考试合格取得《特种作业人员操作证》后才能发放。实施导师带徒以来,学员不但对特种作业岗位的操作有了基本认识,而且在实际考核中,对安全技能、安全措施、安全规程、安全意识都能全面掌握,考核合格率大幅提高。

(2)创新教育培训方法,提高培训质量。一是不断强化实际操作技能培训。要求教师深入生产现场,掌握培训实际需求,理顺培训管理流程,完善现有培训程序,促进了教学质量稳步提高。二是创新培训教学模式。采用双向互动教学模式、启发式教学模式、现代化教学手段以及开放式教学方式,不断提高员工的学习兴趣和知识接受程度。对于岗位安全操作规程和职业卫生等培训,由教师在现场做示范和讲解,既丰富了教学内容,又使学员加深了对所学知识的理解。三是每季度组织相关专业人员,到用人单位检查特种作业人员参加安全生产培训前签订师徒合同的具体执行情况。在实际考核前,组织工程技术人员有针对性地对学员进行安全技能培训,使学员上岗后很快就能胜任工作。

(3)因地制宜,开展事故预案培训。结合公司各个作业岗位的危害因素和排查结果,因地制宜,对从事高危作业岗位人员有针对性地开展安全事故预案培训,确保熟悉和掌握事故预案的基本程序,做到警钟长鸣、隐患常思,促进事故防范责任的有效落实。

四 注重培训评估,提升教学水平

(1)开展培训效果评估。一是在每期培训班结束时对授课教师进行评估,由班委组织学员对教师进行不记名评分。二是组织专业考评组定期听课,对每位授课教师的教案、教学内容、课件以及案例的分析和政策的运用等在培训结束后一周内实行实名制评估。三是由用人单位通过学员的培训效果对教学管理进行评估,主要是对学员的考试合格率、实际操作技能、岗位安全意识进行综合评定。对所有师资人员综合评估后,凡是总分达不到80分者一律解聘,对总分在95分以上的教师,在年度职称评定、聘任等方面优先考虑并给予一定的物质奖励。

(2)组织教学课件评估。为了提高全体教师的多媒体教学能力,杭钢集团每年组织一次全体教师参加的多媒体课件研讨活动,先由教师演示,再由教师和专业技术人员组成评审小组,对每个教师的课件进行评审,对好的课件进行推广,对不够完善的课件提出修改意见和建议。通过全面评估,提高了教学水平。

(3)实施培训台账分级管理。在每次培训班结束后一周内,将参训学员所有培训材料分类整理,一期一档,一员一档。内容包括:培训调研报告、培训通知、教学课程表、学员申请表、点名册、考试成绩、考试试卷、评估材料、班委名单、培训总结等资料。同时还专门制作了统一的档案柜,对参加培训人员的合格证,按工种、证号、单位分类统一进行管理,使学员的培训资料一目了然。考核站负责管理员工合格证原件,用人单位负责建立培训计划台账,员工随身携带合格证副证,做到台账清晰、账证合一。

第十五节　山西兰花煤炭实业集团有限公司创新培训教育形式

一、推广"手指口述",激发学习兴趣

"手指口述"安全确认法的推广应用关键是搞好职工的培训工作。山西兰花煤炭实业集团有限公司(以下简称"兰花煤炭集团")大力实施"手指口述"安全确认法培训教育,培训内容为有关工种的手指口述安全确认操作内容,包括程序、标准、口语和手势等的确认。各区队制订生产岗位作业操作的手指口述规范卡,人手一卡。培训采用逐级带动形式,培训中心负责培训区队管理技术人员,区队管理技术人员负责培训班组长,班组长负责培训作业人员。培训采取课堂讲解和现场示范相结合的方法。如在一些工种的培训中,兰花煤炭集团选择技能熟练的职工作为示范人员,利用各培训基地或工作岗位现场示范,言传身教,教育职工正规操作,安全确认;各项目部示范人员作为兼职教师通过班前辅导、班中指导、班后纠正的方法,促进了职工严格按照要求,做好岗位安全确认,提升了职工的实战能力及安全自保、互保能力。

二、实施练兵周卡,巩固培训成果

在化工企业推行岗位练兵周卡。具体做法是:各车间每年对员工进行两次集中轮训,轮训时间每次为15天,轮训内容包括安全操作规程、环保质量要求、生产工艺原理、主要设备构造、事故案例分析、防护用品使用、职业危害预防、节能减排等,员工集中培训每轮不少于5次,每次2~3个课时,培训地点为职工教室,由车间指定技术员以上职称人员授课,安全科、环保科、生产科、设备科根据工作侧重穿插到车间轮训中进行培训,培训结束后车间配合培训中心组织考试,考试内容必须包括课程要求中的所有内容。为巩固培训成果,轮训结束后车间将每次培训的内容再制作成卡片放在各岗位的固定位置,卡片内容包括问题和标准答案,一周更换一次,使员工对所在岗位应该掌握的知识常学常新,真正起到了应知必知,应会必会,规范操作,远离事故的作用。

三、推行电脑考试,检验学习效果

在全员安全培训中推行电脑考试考核。兰花煤炭集团出台了《关于开展在岗员工安全知识考试考核工作的通知》,充分利用三级培训模式,组织全员学习,每季度上机考试一次,并将考试成绩直接与安全工资挂钩,强化了职工的安全意识,提高了职工学习企业文化、安全知识的积极性。该项工作的实施过程为:首先,由培训部门组织专人编写试题库,并将企业文化、安全知识等相关内容及试题库资料发到员工手中,要求各单位、班组及个人采用班前会、周二学习例会等形式进行学习。其次,将试题库和各单位在岗员工的工号、姓名、队别、工种、照片等信息资料制成软件,输入电脑中。第三,由各单位培训部门、劳资科、工会等组成监督考核组进行考试,考试期限为每3个月一次,考试期间,在岗员工可以结合自己的情况随时上机考试。第四,每人每次上机考试时间为45分钟,试题由电脑随机组成,考试结束,电脑随时显示成绩。第五,考试成绩满分为100分,及格为60分,考核成绩与安全工资挂钩。具体考核办法为:每季度的第三个月从工资中按一线人员300元、二线人员200元、三四线人员100元的定额提取安全考核工资,及格者可得全额安全工资,不及格人员相应扣减安全考核工资,无故缺考者,除不得相应的安全考核工资外,须另外罚款200元。

四、实行“三表一卡”,细化培训管理

在化肥企业推广实施“三表一卡一记录”工作制度,该制度主要是加强对车间培训的管理与考核,培训中心根据每年的培训安排,制定了职工培训月计划表、培训月总结表、培训月考核表、职工培训登记卡以及职工培训记录表,每月月初下发各车间,车间要根据当月的培训安排如实填写,月末培训中心会同人事劳资科对各车间培训情况进行考核。对考核期间发现的问题,培训中心及时提出建议或改进办法。通过对各部门培训情况逐项打分,准确评判,与绩效挂钩、与各项评比挂钩,使各车间的分散培训与整体培训有机结合,确保了基层培训工作规范有序开展。

五、运用事故案例,加强警示教育

每年安全生产月期间都举行工伤工残及家属警示教育演讲会,用发生在员工身边的事故案例教育职工。各基层单位工会都组织工伤工残职工、事故亲历者及家属们现身说安全,以亲身经历和对生活的感受,讲述事故发生经过,分析事故发生原因以及事故给家庭、亲人和社会带来的危害,此举有力地震撼了职工心灵,提升了职工的安全意识,让职工零距离地感受到不按规程操作带来的危害,警示职工牢固树立安全才能幸福的意识,杜绝“三违”,按章操作,确保安全。

六、坚持以人为本,推行亲情教育

兰花煤炭集团在总结多年安全工作经验的基础上,推广唐安煤矿首创的“全家福安全宣誓”和“生日安全聚会”管理经验,在井口设置安全教育室,每个职工的全家福照片都悬挂在安全教育室的墙上,职工每天下井之前要面对自己的全家福进行安全宣誓,从内心深处感受到“妻儿盼我安全归”,自觉做到安全生产;各基层生产单位每月都要举行一次“生日安全聚会”,每月选择一天,为当月过生日的员工进行生日祝福,单位领导送上生日蛋糕,使员工能感受到大家庭的温暖,形成了“人人关爱生命,人人关注安全”的亲情人文环境。通过人性化教育,把安全教育做到员工心里,极大地增强了职工的主动安全意识。

七、创办培训简报,交流工作经验

兰花煤炭集团培训部门致力于教学改革与创新,编发创刊了《兰花培训》简报,及时传递

培训信息,通报培训情况,交流培训经验,激励先进,鞭策落后,为探索培训工作的新方法、新途径搭建一个崭新的平台。2008年《兰花培训》共发布培训信息50余条,刊载教育培训工作经验10余篇,引起各单位主要领导的重视,激发了培训部门的工作热情,成为公司各单位培训职能部门及教师员工进行信息交流的平台和桥梁。

第十六节　金川集团有限公司提升安全培训管理现代化水平

一、导入三标体系,加强过程管理

金川集团有限公司(以下简称"金川集团")是我国最大的镍钴生产基地和铂族金属提炼中心,也是我国北方最大的铜生产企业。多年来,金川集团以贯彻落实安全生产方针为切入点,以构筑"把公司的发展建立在员工安全与健康基础之上"的安全管理理念为核心,不断学习和借鉴国内外成功经验,引进先进的管理体系,使安全培训管理工作向着现代化、标准化、程序化的方向前进。

质量、职业健康安全和环境(QES)管理体系是国家按照国际通行惯例对质量管理体系(ISO 9001:2008)、职业健康安全(OHSAS 18001:2007)和环境管理体系(ISO 14001:2004)进行整合后所颁布的标准。2007年将QES管理体系导入培训过程管理,使体系标准与培训过程管理实现对接。

一是从培训计划、培训资源配置、培训过程组织实施、培训效果评价等几个重要环节入手,对照体系要求和标准,设计了包括管理手册、程序文件和作业指导书为主的体系结构,先后修订完善了66个体系二级支撑文件,编制了48个培训过程控制表单,精简了体系文件和质量记录,提高了文件的可操作性。

二是利用过程控制方法,以质量管理体系为主线,将职业健康安全体系、环境管理体系所涉及的"过程"进行系统的整合,有机地"融入"整个管理体系,内容涵盖从培训计划到培训组织实施再到培训效果评价全过程。在具体培训班的策划上,不仅考虑培训活动本身的各种因素,而且还把影响到培训组织实施和培训效果的安全、环境及学员的健康等因素加以全盘考虑。例如,在安全实训基地的建设与管理上,金川集团严格按照QES管理体系的要求,重新修订了各实训基地的岗位工作职责,完善了部分工种安全操作规程,在醒目的地方悬挂了安全警示标牌,辨识了危险源,还对烟尘、噪声等影响环境和健康的因素提出了明确要求,甚至对设施设备的摆放、工器具的整洁都做了具体规定。由于职责明确,管理到位,保证了培训质量,提高了工作效率。

三是为保证体系的有效运行,公司职工培训中心每年都接受1次公司质量管理部门的内部审核,每两年接受1次省CQC认证机构的外审。在2005年公司内部审核中,查到公司某单位人员持失效证件上岗,究其原因是工学矛盾突出,单位没有办法派此人按时参加培训,为此公司追究了单位领导的责任。在2006年省CQC认证机构外审中,发现公司某单位实训基地的消防设施没有按期到有关部门校验,存在巨大安全隐患,责令该单位限期整改并通报批评。通过对体系的审核,及时发现问题并持续不断改进,加强了培训各环节的控制与管理,推动了培训工作规范化开展。

为提高培训质量,金川集团把住两个关口,加强中间环节控制。一是严把入口关。在培训对象的选择和选派上严格把关,对不符合要求的学员予以清退,杜绝培训"专业户"现象。

二是严把出口关。对考试考核不合格的学员延缓结业,避免"混证书"现象发生。三是加强中间环节的控制。重点加强学员考勤、行为规范管理、培训过程组织、考试环节控制,以确保培训质量。2006 年在全公司 6 896 人参加的安全类培训中,职工培训中心先后清退各单位不按要求选派的学员 86 人次,通报批评违纪违规学员 48 人,考试考核不合格学员 139 人,扣罚单位绩效考核分共计 537 分。人力资源部和安全环保部追究处罚相关责任人 22 人。

二、实施项目开发,提升培训实效

多年来,金川集团始终坚持以培训项目开发促培训手段创新,提高培训的针对性和实效性,带动培训工作全面发展。为调动广大教师参与培训项目开发的积极性,实行了培训项目开发负责人制度,把项目开发与教师职位评聘、骨干和学科带头人选拔、个人评先选优和部门绩效考核挂钩。

新机制带来了新活力。2007 年,金川集团成立了安全管理培训项目组,负责《企业负责人和安全管理人员培训》、《特种作业人员取证复审培训》和《班组长安全管理知识培训》等安全类培训项目开发工作。项目组从安全培训的目标定位入手,组织部分教师下厂调研或挂职锻炼,收集相关资料,开展大规模的培训需求分析。通过需求调研发现,以往培训部门组织的安全培训,任课教师只注重安全知识和理论的传授,忽视了安全法律法规和安全操作规程的讲解,尤其不注重安全技能的培养。在《特种作业人员取证复审培训》项目中,加强了安全法规的灌输力度,加大了事故案例分析课程的比重,增加了安全技能课时的比例,完善了18 个实训基地的组织机构和工作程序,优化了人员配置,加强了实训教师力量。在《电气作业人员取证复审培训》子项目中,项目组成员利用课余时间深入到公司厂矿、车间、班组,对培训任务、培训对象、培训组织需求和个人需求进行了系统的调研分析。根据多数员工缺乏系统的电气作业安全知识和安全技能,确立了以安全技能提升为主线,开发出一系列电气作业技能训练模块。目前,已开发出 7 大类、22 个培训项目。其中《班组长安全管理知识培训》、《特种作业人员取证复审培训》及《企业负责人和安管人员安全资质培训》等教材在培训中广泛应用,组织专家编写了《教训》读本,把国内外及公司新近发生的典型事故案例进行汇编、整理,下发到班组,组织职工学习、讨论;把新修订的《安全管理制度》、《安全操作规程》印制成小册子,人手一册,便于员工全面熟悉掌握。

三、加强绩效考核,确保工作落实

根据实施卓越绩效模式的有关要求,公司先后修订完善了一系列安全教育培训的管理制度,对培训质量评估和效果评价以及绩效考核提出了具体要求。实行公司主管部门对培训部门、培训部门对公司各二级单位、培训学员所在单位对学员进行绩效考核,同时,培训部门内部也进行绩效考核。

每年年初,公司以 1 号文件的形式,对全年的安全生产和教育培训工作作出安排,并下发具体的安全教育培训计划,职工培训中心和各二级单位根据培训计划组织开展培训。为确保培训质量,公司安环部会同人力资源部指派专人对培训过程进行抽查或专项考核,重点检查培训班学员的报到注册与考勤情况、教师的教学组织与授课情况、考试考核组织情况以及三标体系的贯彻落实情况,并根据检查结果对培训主办单位进行质量评估与效果评价,作为单位绩效考核的依据。在对安全教育培训专项考核中,考核组按照"培训质量成绩=单位自评×50%＋学员评价×20%＋验收评价×30%"的公式计算考核成绩,对于低于 80 分的班级,扣罚培训主办单位绩效考核 10 分,并对相应的责任人给予一定的经济处罚;在安全教育培训绩效考核中,公司明确规定:公司中层领导的生产经营奖的 10% 与安全绩效挂钩考核,员工浮动效益工资的 50% 与安全绩效挂钩考核。对安全生产成绩突出的厂矿、车间、班组和员工实行重奖,对事故单位和责任人实行责任追究制度。因措施到位,考核严格,推动了安全教育培训工作的顺利开展和员工持证上岗制度的落实。

第十七节　湖南煤业集团公司周源山煤矿推行五个一安全培训模式

一、每日一题,专人讲解,口述笔记,强力培训

周源山煤矿是湖南省煤业集团公司的主力生产矿井,核定生产能力 66 万 t。现有职工 2 767 人,其中,井下作业人员 1 804 人,下设 24 个生产连队,178 个生产班组。煤矿"三大规程"、安全质量技术标准和安全生产基本知识等内容繁多,不利于员工学习、记忆。为了解决怎么学的问题,周源山煤矿根据矿井安全生产工作实际,对"三大规程"所有涉及安全工作的知识、条款进行梳理、提炼,全部以通俗的口语、精准的描述,改编成"一问一答"的形式,实行"每日一题"制度,每天班前会 15 分钟学习一个题目。为确保学习效果,设计、印发了《周源山煤矿员工安全学习笔记本》,人手一册,专门用于职工作安全培训记录。为了促进职工对"每日一题、每周一案例"的学习理解,制订完善了《周源山煤矿员工安全学习管理办法》,班前会要求每个生产工区、连队必须指定专人,对照班前室闭路电视上播放的安全培训内容,结合本单位生产现场存在的安全隐患,进行详细讲解,提高安全培训的针对性和实效性。

二、每周一案例,举一反三,现身说法,吸取教训

事故是最好的反面教材。为了使职工举一反三,吸取事故教训,周源山煤矿组织工程技术人员对建矿以来发生的各类人身伤亡事故、典型的非伤亡事故,分专业编写事故案例,事故案例教材内容包括事故发生的时间、地点、人物、简要经过、主要原因及防范措施等,共编写各专业案例 201 个。由于事故案例的内容较长、所包含信息量大,相对一问一答形式的"每日一题"来说,员工学习、记忆起来,难度要大得多。如果也采取每日学一事故案例的方法进行培训学习,肯定会事倍功半。为此,周源山煤矿实行了"每周一案例"制度。每周由培训中心根据矿山现阶段安全隐患集中反映的特点,分专业从案例库中抽取相应的一个案例,制作成电教专题片,与"每日一题"内容同步在连队班前室闭路电视上循环播放。只要员工一踏入班前室,所看、所听、所学、所记、所思、所想,无不是安全知识、案例教训,从而营造了良好的学习氛围。

为了使事故案例教育打动职工,使其有切肤之痛,提高教育效果,周源山煤矿还不定期地组织职工,特别是事故亲历者,召开各种形式的座谈会,写观后感,现身说法。一职工在看了本队发生的顶板事故后说:"这起事故就是由于断层带放顶,某某某未按规程要求,事先加固,少打一根支柱,结果,顶板来压,自己被一块冒落的横板矸石压住,失去了生命。"血的教训,使职工永远不能忘记。

三、每周一考问,现场检验,严格考核,奖罚有序

周源山煤矿由于职工队伍文化层次参差不齐,特别是农协工年龄偏大,文化程度偏低,造成安全知识培训学习今天学,明天忘,实际效果不明显。为了巩固学习成果,强力推动职工安全素质的提升,周源山煤矿及时出台了学习效果的检验标准和考核制度,将机关部室全部与生产工区基层连队进行联责挂钩。由各挂钩部室负责人组成学习考问小组,安全培训中心提供考问表格,每周或到连队班前室,或到井下工作面现场,对职工就上周培训过的安全知识进行考问。考问时职工手指口述,边操作边答题,理论与实践相结合,进一步加深了记忆,巩固提高了学习效果。答对的当场奖励纪念品一份,答错的当场记录姓名、队别,按照5元/人次的标准,从当月工资中扣除,从而调动了职工学习安全知识的积极性。

管理人员带头学安全,是落实安全培训工作的关键。为此,周源山煤矿推行层级考问制,利用管理人员调度值班、下井带班、安全小分队、安全评估等契机,在全矿上下开展了管理层与执行层的层级考问活动,矿长考区(部)长,区(部)长考队长,队长考工人,一级考问一级,不留死角,不搞特殊,安全培训工作执行力大为增强。从 2007 年 7 月矿安全培训中心成立到现在,全矿累计考问 10 498 人次,奖励 61 200 元,罚款 3 055 元。考问正确率达 97%。

四、每月一检查,每季一评比,完善制度,不流形式

为了进一步激发职工安全学习的热情,夯实基础,不走过场,周源山煤矿在坚持每周定期、不定期考问工作的同时,还完善了检查评比制度,即实行"每月一检查,每季一评比"的制度。每月 10 日前,由培训中心牵头,组织党群部门、安全监察部门、生产工区负责人,对生产连队员工日常安全培训教育情况进行全面检查,检查内容包括员工参加班前安全学习签到记录情况、学习笔记情况、题库台账登记情况、事故案例电教片台账登记情况、播放网络系统故障维修情况、层级考问情况等。每个检查指标都量化打分,每月各单位得分结果及时通报,每季及时考评,奖罚兑现。考评结果列入单位年终评先推优条件之一。

通过开展"五个一"日常安全培训教育活动,"先培训、后下井,不培训、不安全"的理念已经深深扎在全矿员工心中。该矿井的经验是:一是学习内容要实用。周源山煤矿成立了"每日一题,每周一案例"和《习惯性'三违'处罚条例》培训教材编写领导小组,以"实用、可操作"为标准,编制了深入浅出、通俗易懂的安全知识培训教育题库。共有问答题 1 208 个、事故案例 201 个。二是教材形式要直观。所有内容全部制作成音频、视频、动画一体的电子演示文档、电教专题片,链接到矿区班前教育电脑播放网络系统中。三是培训时间要灵活。周源山煤矿在每个连队班前室安装专用接收终端—闭路电视 1 台。每班班前滚动播放 1 小时,或是利用班前会时间,或是利用生产现场休息间隙进行,在时间上见缝插针。四是学习过程要逐步深化。图像、声音、动画、文字全方位融合,再经过员工手抄笔录,安全知识在员工头脑中印象逐步加深,最终达到根深蒂固的效果。测试数据表明:同一个知识点,经第一次培训,考问正确率为 75%,经第二次培训,考问正确率达97%。五是检测方法要简单,能够激发兴趣。周源山煤矿采用现场"一对一"考问的方式,不用写字,手指口述,答对有奖,答错惩罚,调动了学习积极性。班前会看安全电教片的多了,记笔记的多了,想隐患的多了,员工自保、互保、联保意识有很大提高。六是组织领导要有力。历届矿领导都高度重视安全培训工作,2007 年 5 月周源山煤矿专门设立了职工安全培训中心,由安全副矿长、总工程师兼任培训中心主任,并设正、副部级管理人员各 1 名,专职教师 3 名,工作人员 5 人,聘任了 12 名技术员、工程师为培训中心兼职教师,为"五个一"安全培训教育提供组织保证。七是培训软硬件要保障。周源山煤矿投入近 100 万元,先后添置了培训专用液晶电脑 10 台,笔记本电脑 1 台,投影仪 2 台,等离子电视机26台,音频、视频输出控制器1组,科技图书23 000余册等设备设施;改造了培训教室5间达300余平方米;建立了音频、视频、文字、声音、图像、动画一体的电教化安全培训系统。八是培训管理要规范。周源山煤矿建立健全了《员工"五个一"日常安全培训教育管理办法》、《班前室电化教育管理办法》、《"手指口述"现场考问实施细则》、《习惯性"三违"处罚条例》等一系列管理制度,确保了"五个一"安全培训工作的规范化。

第十二章 提升安全生产教育培训质量

第一节 甘肃省安全生产监督管理局抓好三项建设,提高培训质量

一、加强安全生产培训机构建设

(1)统筹规划和合理布局,建立覆盖全省的安全培训基地。甘肃省有 4 家国家二级安全生产培训机构。近年来,按照国家安全生产监督管理总局第 20 号令和《甘肃省安全生产培训机构评估标准》要求,甘肃省安全生产监督管理局(以下简称"甘肃省安监局")对办学条件、教学组织、后勤保障三大类共 20 个小项,采取现场审核与书面综合评审相结合的方式进行审核。结合各培训机构的培训对象和培训业绩、合理生源布局等因素,先后确定 25 家培训机构获得三级安全培训资质,22 家培训机构获得四级安全培训资质。47 家安全培训机构分布在 14 个市(州)安监部门、省属大型骨干企业及中央驻甘企业,其中,各地州市培训站 13 家,冶金行业培训站 9 家,重点行业培训站 6 家,机械、铁路、国防工办、石化、电力、建筑、电子行业培训站共 17 家,其他行业培训站 2 家,既满足了各地实际培训的需求,又满足了行业培训需要,形成了从上到下、布局合理的安全培训网络。

(2)强化对安全培训机构的日常指导和监督。利用办班计划审批、考核计划审批、办班考试、专项监察,对培训机构进行检查和抽查,定期组织开展安全培训机构之间培训质量的抽查、互查,及时发现培训工作中存在的问题,督促其规范过程管理,提高培训质量。为使甘肃省安全培训的关口前移,提高培训质量,甘肃省安监局对企业主要负责人资格和安全生产管理人员资格培训的考核进行专项检查和抽查,初期一次性考核不合格率平均为 20%,对不及格的学员,只是将其当场留下,在老师的指导下,进行所谓的"补考",绝大多数学员都能通过。为确保培训质量,甘肃省安监局规定:凡本期专项检查考核不及格的学员,一律参加下期培训班的考试,并将每期专项检查的结果作为对培训机构评估考核的一项重要内容,引起了培训机构的重视,真正杜绝了专项监察走过场,改变了过去那种不管培训质量,不管培训效果,甚至不培训,只收钱发证的做法。不仅使受训学员形成努力进取、积极向上的良好学风,同时也净化了甘肃省安全培训市场,受到了广大学员的理解和各地主管部门、送培单位的欢迎和支持。

对管理松散、不按规定开展教学、培训走过场、培训质量不高的培训机构进行严肃处理。2008 年一培训机构管理松散,在特种作业人员培训考试中弄虚作假,甘肃省安监局给予培训机构警告,责令其限期整改,暂停培训业务三个月的处罚,责令其负责人做检查,培训机构也对弄虚作假的工作人员作出调离培训教学工作岗位的处罚决定,并在全省安全生产培训机构负责人座谈会上进行了通报,警示各培训机构规范管理,确保了全省安全生产培训质量稳步提高。

（3）建立培训机构的优胜劣汰机制。引导培训机构树立竞争意识，创立培训品牌，实现安全培训资源的优化配置。经过各方努力，各级安全培训机构均达到了规定的标准，拥有比较先进的教学实验设备，严格的教学管理制度，优秀的专、兼职教师队伍，设施完善的后勤保障体系，优美的校园环境。2009年初甘肃省安监局根据国家和甘肃省有关规定，对所有机构重新进行审核认证。在初步评估的基础上，准备淘汰基础条件较差、培训质量不高的4个培训机构，同时把2个符合条件的培训机构补充进来。充分运用优胜劣汰机制，实行动态管理，不断提高安全培训机构的水平。

二、加强安全生产培训师资队伍建设

（1）建立优化教师队伍的有效机制，实施教师持证上岗制度。甘肃省安监局要求所有专兼职教师必须从事与所教学专业相符的培训或进修，各培训机构的教师要从安全生产方面具有较深理论功底和丰富实践经验的专家学者中选聘。教师除了必须具备教师资格外，还必须经过国家安全生产监督管理总局或甘肃省安监局组织的教师资格培训。为此，甘肃省安监局按照规模适当、结构合理、素质优良、专兼结合、动态管理的原则，优化师资配置。一方面，有计划地选派一些优秀教师参加国家安全生产监督管理总局组织的师资培训班。另一方面，定期组织安全师资培训班，对所有专兼职教师进行轮训；在组织师资培训时注重备课教案、板书设计、电化教学、教学教法和教学心理素质的培训；培训并考核合格后发给安全培训教师资格证书。所有教师全部注册登记，建立档案，持证上岗。

（2）改进教师队伍培训的方式方法，提高师资队伍的理论水平和业务能力。对已认定的安全培训机构的教师，甘肃省安监局组织了多期师资培训班进行再培训。主要采取"走出去，引进来"的方式，多次组织管理人员和教师到发达地区兄弟单位考察学习；聘请大专院校的9名专家进行授课，举办了安全生产法律法规、操作规程、事故案例、工作环境及危险因素分析、危险源辨识、个人防险避灾自救方法、事故现场紧急疏散和应急处置、安全设施和个人劳动防护用品的使用和维护、职业病防治等方面的知识讲座，先后培训各类专兼职教师618名。2008年6月，为了配合省局"专家下基层活动"，甘肃省安监局人事培训处聘请专家教授到部分安全生产培训机构上门服务指导，提升了全省安全培训机构管理人员和师资的素质。

（3）紧密结合安全生产工作需要加强针对性培训，提高培训质量。为了使教师教学结合实际，2008年甘肃省安监局人事培训处邀请28名培训机构教师参加隐患排查工作和安全生产百日督查专项行动，提高教师服务安全生产的能力。同时通过集中学习探讨、现场实地排查的方式，在兰州等12个市州举办了"加强安全生产监管，深入开展隐患排查治理"培训班，对教师进行培训，使教学内容更加实用、操作性更强。

三、加强安全生产培训教材和实际操作能力建设

严格按照培训教学大纲，结合生产经营单位的实际和培训特点，优选培训教材，统筹安排培训。如在特种作业理论教材建设方面，组织有关专家和教师进行座谈，对国内多种版本的特种作业教材进行认真比较、筛选后，选用了国家安全生产监督管理总局组织编写的特种作业人员培训系列教材。

在特种作业实际操作培训建设方面，发现对挖掘机、装载机等企业内机动车辆的实际操作培训工作流于形式。鉴于这些车辆作为大型工程机械，广泛应用于矿山开采、建筑施工和公路建设等行业，操作过程具有较高的危险性，2008年，甘肃省安监局出台了《关于进一步规范挖掘机、装载机等企业内机动车辆驾驶人员培训考核工作的通知》(甘安监执法[2007] 48号),对挖掘机、装载机等企业内机动车辆驾驶人员安全生产实际操作培训工作提出明确要求,允许安全培训机构通过签订合法契约的方式,本着方便、就近的原则,委托信誉好,师资强,具备合法资质的机动车驾驶员培训学校、技工学校或职业技术学院,开展企业内机动车辆实际操作培训,作为安全培训机构实际操作教学的补充,提高了特种作业人员的实际操作能力。

第二节 中国煤矿安全技术培训中心精心做好煤矿安全监察培训

一、重视培训调研策划,科学制订培训方案

(1)加强学习,做到培训别人之前,先培训自己。自国家煤矿安全监察机构成立以来,每一轮煤矿安全监察人员培训开展之前,中国煤矿安全技术培训中心都认真学习相关文件、法律和政策,深入领会有关精神,为培训方案策划进行充分的思想准备。

(2)加强调研,充分了解培训需求。每年岁末年初,该中心都组织管理人员和任课教师,分赴全国各煤矿安全监察局、分局及主要产煤省区进行调研,采取召开座谈会、查看资料等形式,了解煤矿安全监察员需求,听取煤矿安全监察机构的领导和广大监察人员对培训工作的意见建议,并形成专项调研报告,作为制订培训方案策划的重要依据。

(3)加强培训策划的人员和机构配备。该中心始终把培训策划工作作为培训管理的重要内容,专门设立了培训策划机构,配备了一批具有现场工作经验的硕士、博士,成立了培训策划课题组。课题组根据调研结果、国家安全生产监督管理总局有关要求,围绕着提高煤矿安全监察能力和执法水平,从课程安排、教学方法、教师配备、考核方式等多方面进行反复细致地研究,并按照"以培训需求为导向,以获得最佳培训效果为目标"的原则,制订详细的培训方案,基本做到了"横向到边、纵向到底"的"全覆盖"。同时,为使学员尽快了解培训、适应培训,中心围绕培训策划方案,精心编制学员手册,在学员报到时随同培训资料一起发给学员,开学当天,组织学员认真学习,使学员在进入校门的第一时间就明白培训的目的、内容、方法和要求。

二、精心组织教学,加强培训管理

安全培训的管理重在过程管理,只有做好每一个环节的管理工作,才能保证培训目标的实现。

(1)安排了训前、训后两次测试。训前测试意在了解学员对煤矿安全监察基础知识的掌握程度,确定培训的切入点。训后测试意在了解学员对本次培训内容的掌握程度,既作为评价本次培训效果的一个指标,同时也为下一次培训提供重要依据和参考。

(2)创新培训方法,提高培训效果。实践证明,要提高培训效果,必须改变传统的灌输式的培训模式。多年来,中国煤矿安全技术培训中心结合煤矿安全监察人员工作实际,进行了大量的探索研究和尝试,在实际教学中逐渐压缩了讲授式课程,提高了研讨、经验交流等互动式课程比例,像2007年的煤矿安全监察专题业务培训班,研讨课程比例已达到了40%。同时,对于课堂教学,要求教师贯彻"案例"教学原则,提高内容讲授的生动性、实用性和针对性。

(3)认真确定研讨内容和方案,精心组织研讨教学。研讨是学员们普遍欢迎和满意的

授课方式。对此,中心高度重视,专门设置了多个研讨室并配备了相应设施。每次培训研讨前,中心都要求任课教师围绕目前煤矿安全监察中的热点、难点问题,结合课堂教学内容,确定研讨内容和题目,制订以团体列名法、鱼刺图法等通行的研讨方法为主的详细研讨方案,并组织学员认真学习、掌握研讨方法。研讨时,按照省区不同的原则,将学员分为不超过15人的若干小组,确保人人能发言,力求"求同存异、知无不言、言无不尽"。同时,每小组安排一名协调能力较强的学员担任组长,负责研讨的具体组织工作,安排一名文字功底较好的学员担任秘书,负责对研讨结果进行归纳总结。研讨结束后,中心将学员重新集合,每小组要将研讨结果向全体学员发布,并允许大家提问,有力地提高了培训研讨效果。对研讨中学员提出的问题,该中心及时反馈国家安全生产监督管理总局或国家煤矿安全监察局有关司室,作为煤矿安全监察工作的参考。此外,该中心还把培训期间的教学资料、研讨结果制作成光盘,供学员培训结束后参考。通过研讨,学员们学到了知识,获得了信息,拓展了思维,锻炼了能力。

(4)及时了解学员需求,修订调整培训计划。中心十分注重收集学员对培训班的建议和意见,改进教学方案。每期培训班结束时,都要召开座谈会,征求学员对培训内容、培训方法、课程设置、教师教学效果等方面的意见,并结合训后测试结果,对意见进行认真分析研究。在此基础上,进一步完善培训方案,为做好下一期培训奠定基础。例如,根据学员的要求,该中心增加了煤矿安全监察行政许可法律课程,将煤矿事故勘查取证课程由讲授改为研讨,对部分课程的学时进行了调整。

同时,中国煤矿安全技术培训中心也十分注意把国家新出台的安全生产法律法规和政策,及时纳入培训内容。如《生产安全事故报告和调查处理条例》刚出台,就将其作为一门重要课程列入了培训计划;2005年7月底,国家安全生产监督管理总局党组理论学习中心组(扩大)学习培训班暨安全生产工作座谈会在北戴河召开,随后该中心就在煤矿安全监察专题业务培训班中,播放了李毅中局长的重要讲话录像。

三、精心细致周到,做好培训服务工作

安全培训管理实际就是服务。在具体的培训工作中,中国煤矿安全技术培训中心根据培训的对象、目标、内容、培训方式等,设置了一系列服务项目。

在每期培训班开班前,培训中心领导都要召开有关部门领导参加的协调会,对学员的食宿、接站、送站、文体活动、购买返程车(机)票等进行精心安排,要求各部门齐心协力、密切配合,为学员提供良好的学习、生活、活动环境和热情周到的服务,并选派责任心强、经验比较丰富的教师担任班主任。

为改善培训条件,中心投资4 000万元,修建了功能齐全的培训大楼。为活跃文化生活,促进学员的身心健康,培训班除了为学员提供象棋、扑克、羽毛球等文体活动用品,以及体育场、篮球场、乒乓球室、健身房等体育场地外,还组织学员进行乒乓球、篮球比赛,卡拉OK比赛及舞会等活动,组织学员到北京近郊名胜古迹参观考察,使学员们的培训生活丰富多彩。

四、经验和体会

第一,各级领导的高度重视和大力支持,是搞好煤矿安全监察人员培训工作的重要前提。国家安全生产监督管理总局培训主管部门的领导经常听取煤矿安全监察培训工作汇报并提出指导性意见,中国煤矿安全技术培训中心成立培训工作指导委员会,加强对培训工作

的领导和支持。

第二，坚持以人为本，是搞好煤矿安全监察人员培训工作的基本要求。在煤矿安全监察培训工作中，充分尊重每一位参加培训学员，尽量满足其培训诉求，是该中心工作的基本要求。通过培训，该中心和各级煤矿安全监察机构和全体学员团结协作，建立了良好的工作关系，结下了深厚的友谊。他们对该中心的培训教学、组织和管理工作，给予了高度评价，也真诚地提出了宝贵的建议，真正做到相互提高。在第十五期煤矿安全监察执法上岗资格培训班结业式上，全体学员专门赠送了一块牌匾，答谢该中心在培训期间的周到服务。

第三，坚持创新，是搞好煤矿安全监察人员培训工作的关键环节。煤矿安全监察工作的特点要求该中心在培训工作中，必须在思想观念、方法、办学条件、师资等方面不断创新，以适应新形势下煤矿安全监察人员培训需求。

第四，坚持学习研究，与时俱进，是搞好煤矿安全监察人员培训工作的必然途径。几年来，中心经常派人到国内外先进培训机构参观学习，学习、吸收先进经验，同时围绕培训任务和内容，开展培训科学研究，提高培训工作的科学性。

第五，加大培训投入，保证良好的培训条件，建立高水平的培训师资，是做好煤矿安全监察人员培训工作的根本保障。

第三节　湖南省职业安全技术学院安全培训经验

湖南省职业安全技术学院是国家安全生产监督管理总局授予的"一级安全生产培训基地"和"一级煤矿安全培训基地"。近年来，湖南省职业安全技术学院紧紧围绕安全培训管理规范上水平，教学质量上台阶，培训特色创优势，扎扎实实开展安全培训工作。

一、完善安全培训机制

（1）配合完善考核机制。建立了高危行业（企业）生产经营单位主要负责人、安全管理人员以及各类特种作业人员的考核题库；按照"教考分离"的要求，保证考核规范与公正，每次考核由湖南省安全生产监督管理局人事培训处按照教学大纲从考核题库中抽题出卷，按考核标准严格考核和阅卷；严肃考场纪律，考核时进行数码图像采集，单人单桌，对号入座，发放考试证，监考人员认真核对，杜绝代考和舞弊现象。

（2）完善培训监督机制。积极推行校内监督和上级监督。由校级领导组成督导委员会，实行抽查式监督；由资深学富、正直敢言的专家教师组成督导处，进行日常监督。督导委员会和督导处的双层监督模式，形成了有效的校内监督机制。同时，严肃认真地接受湖南省安全生产监督管理局的上级监督。

（3）完善信息反馈机制。重点是抓好学中、学后和长期反馈，通过印发《课堂教学效果评价表》和《教学、生活服务调查表》，了解学员的真正需要，优化服务质量；通过现场一线召开座谈会，听取各方面的意见，最后形成质量分析报告，并提出相应的整改措施，使质量保证系统初步闭合。依托《学员培训管理信息系统》，进一步跟踪和检验培训质量，从而使学校培训项目的内容能贴紧生产一线形式。2006 年以来，该学院走访了全省 14 个市（州）、近 100个县以及 500 多家单位，收集 2 000 多条培训反馈意见和其他信息，有力地推动了培训质量的提高。

二、充实安全培训内涵

（1）以人为本，创新培训理念。一是树立培训为生产经营服务的理念；二是充分体现以人为本的思想，强调个人需求的满足和主动性、积极性的发挥，由"要我学"转变为"我要学"；三是由过去的岗位培训转变为知识技能型培训的理念，以提高安全素质和安全意识为目标；四是强调为培训对象随时提供自主培训学习的环境和条件。

（2）与时俱进，充实培训内涵。安全法律体系、安全管理体制、安全科学技术的不断完善，推进了安全管理方法的不断深化和变化。这就需要在培训内容的安排上，与时俱进，适应企业的需要，不断加以调整。在调整培训内容时，该学院注重以下三个方面：一是充分考虑技术对企业生产工艺的推动作用。在培训内容上充分反映最新的安全技术工艺和安全管理模式及方法。二是注意体制的变化对安全管理方式和手段的推动作用。特别是企业在引进现代企业管理制度以后，企业和从业人员之间的关系发生了重大变化，因此在安全培训内容上，就应对过去的传统教学内容进行调整和修改。三是充分反映技术进步对安全管理思想的冲击。该学院在安全培训内容上注重充实内涵，把先进技术知识传授给学员。

三、突出安全培训重点

（1）加大烟花爆竹企业从业人员（含农民工）的培训。湖南省是"烟花爆竹之乡"，烟花爆竹行业属于劳动密集型的高危产业，随着烟花爆竹市场需求量的加大，安全隐患和事故总量也随之加大。为规范烟花爆竹企业的全员培训，受国家安全生产监督管理总局委托，该学院牵头组织力量，在充分调查研究的基础上，编制了《烟花爆竹生产经营单位从业人员安全生产培训大纲》，使安全培训内容更加具体化，突出针对性和实用性。烟花爆竹生产过程中，药物混合、造粒、筛选、装药、切药、搬运等是高度危险工序，针对这一情况，该学院组织编写了《烟花爆竹农民工安全生产常识》培训教材，加大了对上述危险工序人员的严格培训，使其了解本岗位的危险因素、防范措施、应急知识等，在防止和减少事故方面取得了良好的效果。

（2）加大对煤矿安全管理人员的培训。针对乡镇煤矿主要安全生产管理人员和从业人员普遍文化素质低的情况，该学院进行煤矿企业主要负责人和安全管理人员安全资格证的培训，认真贯彻国家安全生产监督管理总局《关于提高煤矿企业主要负责人和安全管理人员安全资格准入标准》，做到了严格资格审查，严格管理，严格考核。

四、改进安全培训方法

在培训方式上，突破了固有的校内办班的模式，走出校门，在生产一线办学，分别在岳阳长炼、涟钢集团、宁乡县、嘉禾县等大型企业及基层现场办学，收到了很好的效果。

在培训方法上，广泛采用交互式教学、案例研讨法、双向互动、角色扮演、自我指导训练等多种现代培训方法，使教师从授课专家转变为资源专家，帮助、指导参加培训的人员充分有效利用资源进行学习。截至 2007 年 9 月，湖南省职业安全技术学院累计开发案例分析 VCD250 套，书籍资料 300 多套。举办事故煤矿事故分析班，把湖南省每年的事故煤矿矿长组织到学校，把同类的典型事故制作成教案，由事故矿长现身说教。

在培训手段上，把多媒体引入辅助教学，部分教学内容通过计算机模拟完成，出现了网络教室，声图配合、图文并茂。同时充分利用电视、电影、仿真技术等手段，采取情景模拟的形式传授安全知识。针对煤矿、烟花爆竹学员文化水平较低的现状，利用电视、动画、漫画等图文并茂的直观方法进行培训，促进了培训质量的提高。

五、加强师资队伍建设

培训质量的好坏，教师队伍是关键。湖南省职业安全技术学院一直非常重视教师队伍建设，对学院的自有教师，该学院坚持两手抓，即实行选聘上岗制度——提高教师队伍整体素质，选送部分中青年骨干教师参加国际劳工组织和国家安全生产监督管理总局组织的教师培训，着力建设了一支优秀的兼职教师队伍。一是充分利用高校资源，从中南大学、湖南科技大学、长沙理工大学等高校聘请一批兼职教授；二是引进社会上的工程技术人才，聘请湖南省安全生产监督管理局、矿山研究院等单位的领导和专家充实教学力量。经过近三年的努力，选聘了一大批安全生产理论知识功底深，现场管理经验丰富，教学能力较强的专业技术人才，初步建立起了一支专业范围广、业务水平高、结构合理的专兼职教师队伍。

第四节　黑龙江煤矿安全培训中心培训管理坚持人本管理

一、改变单一的教学方式，给学员以思维的空间

2005年初，黑龙江煤矿安全培训中心开始推广互动式教学，主张任课教师从课堂上拿出一定的时间，按3：1的比例，即教师讲课占75%，学员参与占25%，实行教与学的互动。互动时间时，教师只作为一个引导人，如一场戏的导演，主角是学员，体现学员的主体地位。教师重点是答疑，学员把自己的重点问题提出来，由老师分类梳理成普遍问题、一般问题和个性问题，普遍问题课堂讲解，一般问题学员间通过讨论解答，个性问题由老师回答。成人培训，重在煤矿主要负责人、安全管理人员安全意识的提高；重在对国家有关法律法规的理解、掌握和贯彻执行；重在对煤矿实际问题的解决。这样做，教学更有了针对性，学习更有了实效性。

课程设置充分考虑煤矿工作实际，适当调整，增加了《安全心理学》、《企业管理》、《安全文化》等课程，国家有关法律法规出台后，如《煤矿重大安全隐患处罚与生产安全事故责任追究》、《关于加强小煤矿安全基础管理的指导意见》等，及时安排课程，向学员宣讲。

二、改变被动的学习方法，给学员搭建交流的平台

在教学实行"学员讨论法"，针对不同对象设置题目，通过讨论，"以学带学"。

对国有重点煤矿人员的复训按专题进行，每期一个重点课题，请本专业国家级的学科带头人授课。无论是请专家讲学还是到省外考察，都针对学员的工作实际组织研讨。参加复训的学员，按照要求，要带着问题而来，带着答案而去。

对参加取证班的地方煤矿学员，在每一个小组内，都确定一个在煤矿有一定工作经验，特别是从较大型煤矿到小煤矿工作的学习带头人，帮学员解答问题。把来自不同地域、不同井型的学员组织在一起，分成几个小组，由选定的小组长组织，教师参加，每个学员把各自煤矿存在的问题先不分类别全部反映出来，小组内大家通过交流探讨可以自行解决的就划掉，不能解决的，分类梳理，请专家统一解答。这样，大家在讨论、交流中互相学习，共同促进，共同提高。尽管国有重点煤矿和地方煤矿学员在知识结构和文化程度上有差异，提出的问题各有不同，仍应同样认真对待，同样重视，同样给予认真的解答。

三、改变刻板的管理模式，给学员以人性化的启迪

坚持把安全培训溶于服务之中，设法使每个人的目标与该培训中心目标相吻合，从而激发教师和学员的活力和创造性。

　　课间休息,本是一段被忽视的时光。该培训中心迁新址后,条件得以改善。在课间休息时,为学员准备了课间餐,有点心、水果、咖啡、饮料,并配上轻音乐,学员在这休息的半小时里可以边愉快地休息,边轻松、广泛地进行交流,使课间成为课堂教学的延续,反响非常好。全面开放图书阅览室、健身室、微机室,让学员共同享用培训中心的资源。班主任在管理班级时,采用人性化的方式,每天在课前把一天的安排和要求打在屏幕上;提要求时,多用提示性的语言,减少生硬的说教,尽量让学员自己管理自己,最大限度地发挥班干部的积极作用。

　　坚持深入课堂,该中心主任、副主任听课不少于 12 课时,室主任听课不少于 18 课时,及时帮助教师改进教学方法,帮助学员改进学习方法,促进师生之间的沟通、对话与交流,优化教学过程。

　　安全资格初训的学员要在该培训中心学习 20 天。如果总是一味地听课和背题,既枯燥,又会影响学习效果。该培训中心每期班都组织不仅不影响学习反而促进学习的不同形式的活动,拉近了学员彼此的距离,增进了相互了解。在学员每天上课必经的走廊,增设了学员光荣榜,批批优秀学员照光荣照,期期上榜。后期的学员都去寻找自己认识的人,经过时都有意无意地看上一眼,这是一种无形的鼓励,是潜移默化的宣传教育。每年的“安全生产活动宣传月”,该培训中心都组织学员参与。黑龙江省安全生产监督管理局开展“安全咨询日”活动,组织学员和省局班子全体成员及各有关处室主要负责人面对面直接对话;在培训中心的讲台上,学员们自发组织主题班会,登台讲案例、说安全、展才艺;制作安全警示标语、安全寄语;在安全条幅上代表煤矿、代表家人,郑重签上自己的名字。坚持做到每一期学员至少参加一次值得回忆的活动。倡导者是老师,主角是学员;老师作为一员参与其中,与学员共度美好时光。组织文艺晚会、文艺表演,给大家充分展示才华、放松身心的时机。

第十三章　规范安全生产教育培训监管

第一节　山东煤矿安全监察局探索煤矿安全培训监管新方法

山东煤矿安全监察局(以下简称"山东煤监局")依据国家有关法律法规要求,坚持走"以监察促培训,以培训保安全"的路子,以各类培训机构为监察重点,把检查持证上岗情况作为监察关键,辅之以"实评严管、过硬管用"的监察手段,大胆开展安全培训专项监察工作,积极探索加强煤矿安全培训工作的新路子,取得了一定成效。

一、以各级培训机构为监察重点,提高安全培训的规范性

(1)严抓培训机构的复审和评估验收。在安全培训机构复审和评估验收工作中,以国家安全生产监督管理总局制定的评估认证体系为基础,结合山东的实际情况进行了细化和量化,不论是对机构设置、教学设施、师资水平等硬件基础,还是对教学管理、学员管理和后勤管理等软件建设,都提出了更高的标准,总评得分达不到规定分值的,不予通过;布点不合理的,不准建设。2007年全省各级培训机构复审和评估验收平均通过率仅达82%。通过严格标准,严格验收,引起了各有关单位的高度重视,促使培训机构千方百计增加投资,积极改善办学条件,扩大办学规模,提高教学和管理水平。

(2)定期组织安全培训专项执法监察。主要是监察培训机构是否超越资格组织培训、是否按核定规模培训、是否按教学大纲教学、教学内容是否与煤矿生产实际相结合。监察方式是由山东煤监局和监察分局以及有关培训机构负责人组成安全培训专项监察组,对所有三级以上培训机构进行全面监察。监察中采取现场听课、抽查培训效果、查阅有关资料、召开学员和参培企业负责人座谈会等形式,对培训机构的培训质量进行现场评议。发现培训机构有问题的,按《安全生产培训管理办法》和该局实施细则分别给予处理或处罚。该局的安全培训专项执法监察已经纳入正常的煤矿安全监察工作当中,每年两次。在2006年的安全培训专项监察中,有三处培训机构分别受到停训整顿或经济处罚。

(3)重点抓好对培训考核的监察。把住培训出口关,是提高培训质量的重要环节。培训考核,严格按照国家安全生产监督管理总局要求,始终坚持教考分离的原则。规定培训机构只承担教学组织和管理工作,培训考核由安全监察机构分级负责。三级及三级以下培训机构培训学员的结业考核,其出题、监考、阅卷由监察分局负责(组织专家开发了考试软件,全省所有三级培训机构学员的理论考试已全部实行"机考");二级及二级以上培训机构培训学员的结业考核,其出题、监考、阅卷全部由省局负责(考试采取单人单桌,监考实行全部轮换、阅卷全省集中流水批阅)。在山东煤监局指导下,各监察分局在培训考核方面都做了大量工作,监察分局都有专门科室和人员分管安全培训,每年各监察分局都专门召开一次辖区内煤矿安全培训工作会议,邀请企业主要领导参加,通报煤矿安全培训专项执法监察情况和所处罚培训机构的单位、人员名单。2007年上半年,山东省仅一、二级培训机构就累计处理考试作弊人员37人次,有的还是当地知名的企业家。

(4)以监察促推进,推动"安全培训质量保证体系"建设。召开了山东省构建"安全培训质量保证体系"座谈会。通过讨论分析,统一了思想、明确了目标,要求所有从事煤矿安全培训的机构和人员树立"培训是安全的基础,质量是培训的生命"的培训理念,齐心协力在提高培训质量上探索新路子,争取有新突破。会议要求所有具备资质的安全培训机构,要在"安全培训质量保证体系"建设中达到"四上"要求,即培训机构内部建设要上档次,教学管理要上台阶,师资队伍要上水平,监督监察要上力度,并对"四上"的目标要求和实施措施进行了具体明确。到2007年,山东省各级培训机构已经初步形成了抓基础、要"四上"的安全培训质量保证体系建设氛围,培训机构的生命力和社会信誉进一步增强。

二、坚持以持证上岗情况为监察关键,切实提高安全培训权威性

抓好对现场持证情况的监察,依法严厉打击违法违规行为。现场监察主要结合日常监察和安全生产整顿、安全程度评价进行。为强化效果,山东煤监局不仅检查煤矿企业各类人员的持证情况,还检查煤矿企业安全培训、复训计划编制与执行情况以及培训档案建设情况。对查出的问题依法下达现场处理决定,或调离岗位、或限期改正,性质严重的要立案查处,给予大额罚款,引起事故的还要追究责任。比如,在2006年的煤矿安全培训专项监察中发现,个别企业职工的持证情况不理想,有的安全生产管理人员没有合法有效的安全工作资格证,有的特殊工种操作人员还持有多年前的无效证件应付监察,有的纯粹就是无证上岗。个别企业地面变、配电工大部分未经三级培训机构培训,甚至未经四级机构全员培训,没有安全上岗证。针对这些问题,依照法律法规,监察组对持证上岗情况不好的5个煤矿企业,当场进行了处罚,共罚款11.5万元,并在现场下达了限期整改的执法文书,要求无有效证件者立即停止作业,企业必须按期整改,并将整改情况及时报所属监察分局。除此之外,在2006年正常的煤矿安全监察中,仅就查出的安全培训方面的问题实施罚款达47万元,追究企业党委书记、教培科长、工区书记等直接分管教育培训工作的管理人员的行政责任11人次。移交司法机关追究法律责任1人。2004年初在调查一起死亡1人的运输事故时,发现事故责任者小绞车司机无证上岗,由于其违章操作,造成跑车,将下山口的一名工人撞死。这起事故,山东煤监局除对有关工区区长、支部书记和该矿矿长、党委书记给予党纪政纪处分外,还将小绞车司机移交司法机关依法追究了法律责任。通过对持证上岗情况开展监察,严厉处罚违法违规行为,形成了对无证上岗等违法行为的威慑力,大大提高了安全培训的权威性。有位煤矿负责人深有感触地说:"安全资格证书是职工的饭碗,更是我们领导干部的'乌纱帽',万万马虎不得!"

有效的监察和严厉的处罚催生了两个新的变化:一是培训计划得到了全面落实,学员报到率由过去的不足60%提高到现在的90%以上。二是企业、学员学习的积极性、主动性被激发出来,许多人固有的"培训走形式、考试走过场"的想法被彻底打消,从原来的"要我学"变成了现在的"我要学",培训效果明显提高,培训质量得到了保证。

三、培训监察"过硬、务实、细致",维护安全培训的严肃性

(1)在"硬"字上下工夫。坚持把安全培训情况作为衡量煤矿是否具备安全生产条件的硬指标,依法严格监察。不论是日常监察,还是安全生产整顿验收等重大监察活动,安全培训情况都是必查内容。特别是在安全生产整顿和矿井安全程度评价中,全省统一标准、统一尺度,实行安全培训一票否决,培训工作达不到条件的一律不能通过。

(2)在"实"字上作文章。如在山东煤监局负责制定、山东省政府转发的《山东省煤矿安全生产整顿标准》中,6万 t 以上矿井整顿标准共有 4 章 40 条,其中关于安全培训的条款单成一章就有 7 条,培训内容所占整个整顿标准的比重分别达 25％、17.5％,使安全培训监察工作具有实实在在的对照条件和标准。

(3)在"细"字上抓落实。有了条件标准,就必须抓细、抓实,兑现标准和措施。如在煤矿企业《安全生产许可证》申报颁发过程中,许可证办公室与人事培训处联网,逐个核对安全生产管理人员和特殊工种操作人员的安全资格证是否在有效期内。这一条件达不到,就意味着矿井不具备安全生产条件,不准颁发《安全生产许可证》,必须限期整改或停产整顿。

第二节　山西省安全培训严格考核发证

一、把安全培训考核工作放到重要位置

以安全生产许可工作为契机,大力宣传培训考核工作的重要性,强调生产经营单位的主要负责人、安全管理人员和特种作业人员必须持证上岗,赋予持证上岗"一票否决"权,形成了良好的培训氛围。

二、完善制度,确保安全培训考核工作有序进行

为了制定切实可行且符合山西省实际的培训考核实施细则,依照《安全生产培训管理办法》,结合山西省以前制定下发的培训考核管理办法,制定《安全生产培训管理办法》的配套制度,先后制定下发了山西省《〈安全生产培训管理办法〉实施细则》、《安全生产培训考核发证管理办法》、《安全监管监察人员培训考核管理办法》、《安全生产培训机构管理办法》和《安全生产培训教师管理办法》。同时,下发了《关于进一步加强生产经营单位全员安全培训工作的意见》,进一步明确了全员培训的指导思想和工作原则、培训内容、考核办法和培训责任、监管监察职责。

三、严格考核发证,促进培训质量提高

考核工作严格坚持教考分离,实行培训教学单位和考核单位的分离。为了把好考核关,保证安全培训考核公开、公平、公正开展,以煤矿企业主要负责人安全培训考核为试点。为解决传统笔试考核中存在的考试面窄、知识点少、监考评卷过程中存在人为因素影响等各种矛盾,组织山西煤干院、太原理工大学等单位开发了基于 WEB 技术的网络化考试软件《山西省安全培训考核考试系统》,在局域网上运行。在 2004 年的山西省煤矿企业主要负责人安全培训考核中,运用了这一系统,不仅节约了监考所需要的大量人力和印刷、评卷、登分所发生的费用,而且解决了考场监考教师松紧不平衡的问题。由于各考场执行同一标准,现场公布考核考试成绩,真正实现了考核的公开、公平、公正。严格考核最直接的效果,体现在煤矿矿长培训在开班前就超员、开班后基本没有人开小差,大大提高了培训的积极性和培训质量。

四、实施动态监督监察,强化持证上岗的保证机制

加强培训监督监察,是搞好安全培训工作的保证。以煤矿为例,煤矿从业人员特别是农民工的流动性特别大,如果不加强培训监察,很难做到从业人员持证上岗。为防止不培训、不持证上岗给煤矿安全生产带来不良影响,山西煤监局制定了煤矿从业人员持证上岗监察办法和动态监督办法。要求各煤矿安全监察分局对辖区内煤矿从业人员持证上岗情况实行登记备案制度,辖区内的煤矿主要负责人、安全管理人员和特种作业人员每季度在分局进行一次登记备案。在下一季度,分局对部分矿井根据登记备案进行专项监察,重点检查登记备案情况与现场情况是否相符。为切实保证安全生产培训到位,山西煤监局每年组织一次全省范围内的安全培训专项监督检查,加强了安全培训监督监察的力度,有力促进了安全培训工作的开展。

为提高中小企业从业人员的综合素质,缓解中小企业专业技术人才匮乏的状况,形成灵活的用人机制,在长治县试点推行"职业矿长制度",执行"一矿一长"制,加强了对煤矿主要负责人的管理。组织具有三年以上井下工作经验、45岁以下且由煤炭专业学校毕业的人员,经过审查、培训、考核并取得安全资格证后,列入矿长人才库,煤炭企业可以从中择优聘用矿长,解决了煤矿找不到专业人员和矿长素质低的问题,从而在当地安全生产监督管理部门逐渐建立了一支职业矿长队伍,为煤矿安全生产管理层面提供了人才保障。

第三节　河南省规范安全培训考核发证

一、夯实安全培训工作基础

一是统筹规划和合理布局,建立覆盖全省的安全培训基地。制定了《河南省安全培训机构资质认定与管理办法(试行)》,对培训机构应当具备《安全生产培训管理办法》规定的五项基本条件以外的其他条件进行了详细的规定并细化了评估指标。在调查研究、摸清全省生产经营单位分布及从业人员底数的基础上,对全省安全培训机构进行了规划布局。本着坚持标准、严格评估、实事求是、统筹兼顾的原则,组织专家评估组对河南省三、四级安全培训机构进行了评估检查。通过评估检查,保留和发展了202家安全培训机构,限期整改、取消了21家安全培训机构,覆盖全省的安全培训网络体系已经形成。二是强化对安全培训机构的日常指导和监督。利用办班计划审批、考核计划审批、办班考试、专项监察,对培训机构进行检查和抽查,督促其规范过程管理,提高培训质量。对管理松散、不按规定开展教学、培训走过场、培训质量不高的培训机构进行严肃处理。2006年对管理松散、在特种作业人员培训考试中弄虚作假的一培训机构进行了查处,对培训机构及其负责人进行了处罚并在全省进行了通报。三是建立培训机构的优胜劣汰机制。向培训机构不断灌输市场经济的思想,促使其树立竞争意识,创立培训品牌,实现安全培训资源的优化配置。

二、从组织上保证"教考分离"目标的实现

如何处理好社会效益与经济效益的关系,把社会效益放在首位,切实做到"教考分离",没有一个完整的考核监督体系是难以实现的。为此,在建立培训基地体系这条线的同时,构建考核体系这一条线,用考核体系制约监督培训体系,达到"教考分离"。2003年,河南省安全生产监督管理局(以下简称"河南省安监局")制定了《河南省安全生产培训考核机构管理暂行办法》,提出了设置考核机构和考评员这一思路,从领导、考评员、考核质量保证体系和规章制度、试题库、办公场所、考核档案管理、计算机设备及交通工具等方面,对考核机构应该具备的条件进行了规定;从学历、专业知识、从事安全生产管理经历等方面对考评员进行了规定,明确了考核机构和考评员的职责。这个体系由河南省安监局、考核单位(河南省安监局委托河南省劳动保护监测检验宣传教育中心为非煤行业考核单位,河南煤矿安全监察

局安全技术培训中心为煤炭行业考核单位)和设立在各省辖市安全生产监督管理部门、煤矿安全监察分局的考核点组成,运行至今,保证了考核工作的规范有序进行,同时对培训机构也起到了强有力的制约监督作用。为了使实际操作考核落到实处,2007 年,组织专家开发了 23 个类别的包括考核内容、评分标准的实际操作考核标准、试题库以及相应的配套教材,制定了实际操作考核仪器设备配备标准,保证了实际操作考核的规范开展。

三、从机制上杜绝不规范发证现象

河南煤矿安全监察局制定了安全培训行政许可的基本条件、程序、办理时限以及主要负责人和安全生产管理人员安全资格证书、特种作业人员操作资格证书、安全培训机构资格认定 5 个办事指南,并在河南省安全生产信息网上公布,成立了局政务受理中心、制证中心,将涉及的安全培训行政许可事项全部纳入政务受理中心受理,制证中心制作证书,形成了一个窗口对外,受理、审核、制证各环节相互制约的发证机制。具体工作程序是:

(1)受理。培训考核结束后,培训机构或省辖市安监、煤矿安全监察分局将办证所需的所有相关材料报政务受理中心,政务受理中心进行初审,经初审办证材料齐全的,予以受理,否则,退回重新补正。

(2)审查。政务受理中心受理后,按照行政审批内部运行的规定,涉及非煤培训办证的,将办证材料移交河南省劳动保护监测检验宣传教育中心进行实质性审查,涉及煤矿培训办证的,将办证材料移交河南煤矿安全监察局安全技术培训中心进行实质性审查,审查后分别将符合或不符合办证条件的人员名单和原因的书面材料移交制证中心。

(3)制证。制证中心根据符合办证条件的人员名单制证,制证后将证书及不符合办证条件的人员名单及不予办证原因书面材料移交政务受理中心。

(4)发证。政务受理中心通知培训机构或省辖市安监局、煤矿安全监察分局领证。几个环节严格按照 2、8、5 共 15 个工作日的行政许可期限,完成受理、审查、制作和发放,几个单位相互监督、相互制约,从而规范了办证程序,提高了办证效率,保证了发证工作规范、有序地进行。

四、实现安全培训考核发证政务公开

一是开发了《河南省安全生产培训考核管理系统》,并通过了国家安全生产监督管理总局的鉴定,初步实现了培训、考核及培训管理的信息化。该系统的机构版除用于培训机构上报制证数据外,还可用于市、县安全生产监督管理部门及煤矿安全监察分局,上报其他培训信息,对发证对象实施动态跟踪管理。政务版主要用于发证机关接受培训机构上报的制证数据、评卷阅卷、制证以及持证人员的档案管理。2007 年,又对系统进行了改进升级,在河南省安监局人事培训处、政务受理中心、培训中心、制证中心、培训机构设置终端,借助互联网实现了培训办班审批、考核审批、计算机考试、发证信息查询的网上操作,极大地推进了安全培训考核发证的规范化和科学化。二是在河南省安全生产信息网政府网站设立了安全培训考核发证专栏,实现了安全培训政务公开。网站及时公布安全培训方面的政策信息、取得资质的安全培训机构名单及其允许承担的培训范围信息、取证人员信息、吊销证书信息以及每年未依法参加再培训或复审从而造成证书失效的注销证书信息,做到了培训信息的社会共享,方便了有关部门、企业和持证人员。

第十四章 强化安全人才培养

第一节 山西晋城煤业集团变招工为招生培养高素质人才

山西晋城煤业集团是国家规划的 13 个大型煤炭基地之一,所产无烟煤属国家保护性开采的稀缺煤种。2000 年企业改制以来,晋城煤业集团发展步入了快车道,形成了以煤—气、煤—电、煤—化的产业链,煤气电化、矿路港航、煤机制造和其他非煤产业四大板块多元发展的产业格局。目前已经发展为具有明显循环经济特色的主业强盛、多元发展的现代企业集团。

近年来,随着企业的发展,该集团公司的采掘设备和采煤工艺普遍实现了现代化,人才资源短缺以及人才结构性矛盾问题作为突出矛盾开始显现。以农村复转军人和农民轮换工为主体的井下一线工人队伍,逐渐不能适应新的生产技术的需要。为了稳定井下一线技术工人队伍,该集团公司决定改变用工政策,借助晋城煤业集团职教中心这个教育培训载体,改革技校招生对象和录取方式,变以往的招工为招生,并积极引导毕业生充实到集团一线技术工人队伍中。

一、扩展招生范围,优化生源质量

招生对象在以往单一招收企业职工子女的基础上,增加了参加当年高考的农村高中应届毕业生,招生范围也由晋城扩展到了周边地区。录取方式由过去学校自己组织招生考试,变为高考成绩作为录取的主要依据,这样既降低了招生成本,也优化了生源质量。该集团公司自从招收农村户口高中毕业生以来,5 年中共招收了 1 598 名学生。

二、加强师资建设,提高培养水平

教师队伍建设方面,坚持"引进、培养、厚待、重用"的原则,每年从相关专业的科研机构、高等学府和从事引进专业人员和优秀的毕业生充实到教师队伍中,聘请一些大型煤业生产单位的专业技术人员作为兼职老师,并建立了集团公司所需各类专业教师人才库,制定并实施了培训中心教师考核激励办法,从政治待遇、经济待遇等方面激发教师从教的积极性,稳定教师队伍,发挥教师潜能。

三、开发培训教材,注重培训效果

晋城煤业集团职教中心将 2001 年以来国家有关的安全培训法律法规、管理制度、教学大纲进行整理,汇编成册,在集团公司各培训单位进行普及推广,提高培训管理人员的业务水平,为培训的正规化、制度化建设创造了条件。近年来,晋城煤业集团煤、气、电、化综合发展,各生产领域大量引进和使用了新设备、新技术、新工艺、新材料。然而,目前国内相应的培训教材还比较滞后,教材的缺乏给培训的针对性、有效性带来了难度。为此,组织专业技术人员编写了大量安全技术培训教材,为员工的安全培训提供了可靠保证。

四、创新教学方法,确保培养质量

培训过程中,采用了案例教学法、一体教学法、多媒体教学等多种教学方法。如在案例教学中,晋城煤业集团职教中心的教师把历史上发生过的煤矿事故案例进行分类整理,剖析事故成因和经验教训,针对井下一般从业人员、特殊工种、班组长、安全生产管理人员的不同情况,因材施教,编制了不同的案例进行教学培训,大大提高了井下职工的安全意识和安全素质。在一体化教学中,教师根据职业教育培养目标的要求来重新整合教学资源,体现能力本位的特点,从而逐步实现"三个转变"即从以教师为中心如何"教给"学员,向以学员为中心如何"教会"学员转变;从以教材为中心向以教学大纲和培养目标为中心转变;从以课堂为中心向以实训基地为中心转变。在培训过程中,充分利用衰老矿井改建的井下实训基地,充分利用实习工厂定期开展实习操作技能比赛、技术比武等活动,提高他们的操作技能。

五、注重实践教学,实行预分配实习制度

晋城煤业集团职教中心以往的学生实习是先理论后实践,二者相互脱钩,加之实习时间较短,造成了学生毕业后操作技能不强,不能适应工作岗位对技能素质的要求。针对这种现象,该职教中心实行了预分配实习制度,学生在校专业理论学习和技能实习结束以后,采用预分配的形式,通过在生产一线"零距离"实习,过渡为一名合格的技术工人。预分配制度的推行,实现了课堂与生产现场的教学互动,促进了校企合作和职教资源的有效整合和利用,节约了人力资源的管理成本,增强了学生的技能操作能力。

六、与企业用工制度结合,引导毕业生到集团公司就业

对从晋城煤业集团职教中心毕业的毕业生,晋城煤业集团承诺安排其到专业对口的岗位工作,并与农村户口技校生签订有固定期限的劳动合同。合同期一般定为8年,合同期满后,凡是取得技师以上技术等级的学生,继续签订期限到50～55周岁的劳动合同。在合同规定期限之间,企业给予相应的工资、福利和其他待遇。这项制度的实施,既保障了农村户口技校学生在企业工作的利益,又稳定了集团公司技术工人队伍,确保了企业生产一线的顺利运转。

晋城煤业集团积极地探索用工模式,改革技校招生方式,变招工为招生这一系列的措施,有力地促进了高级技能人才的培养工作,也为充实集团公司一线技术工人队伍起到了极其重要的作用。2005年以来,晋城煤业集团职教中心农村户口毕业生共有800多人走上了晋城煤业集团的工作岗位。调查显示,这800多名毕业生中,94%的毕业生对学校的培养满意,97%的毕业生对从事的工作比较满意,62.7%的毕业生对从事的工种比较熟练,7.7%的毕业生在短短的工作时间内已成为了企业生产一线的骨干。根据生产单位的反映,这些毕业生整体素质高,能吃苦耐劳,能迅速适应岗位的要求。晋城煤业集团职教中心也因不断地努力获得了"农村富余劳动力转移培训先进单位"、"中国企业教育培训机构百强"等称号,受到了上级部门和当地政府的充分肯定。

第二节　上海市强力推进农民工安全生产培训

改革开放以来,来自全国各地的农民工为上海的城市繁荣和现代化建设作出了巨大贡献。截至2006年年底,来沪务工的农民工已达380万。这些农民工中,76.3%的人为初中以下文化程度,85.5%的人为非技术工人和初级及以下技术等级工人,主要集中在劳动密集

型行业,从事较为艰苦和高危作业。由于农民工整体文化素质较低,安全意识不强,缺乏必要的安全知识和自我防范能力,成为当前生产安全事故高发人群。据统计,近几年来,上海市发生的生产安全事故中,牵涉到农民工的约占80%。2006年上海市企业发生生产安全死亡事故380起,死亡397人,其中农民工死亡317人,占79.85%。这种情况的存在,与不少用人单位忽视对农民工进行安全生产教育和安全技能培训有着紧密的关系。加强农民工安全生产培训已成为当前解决农民工问题、保护农民工根本利益,促进安全生产形势稳定好转的一项紧迫任务。

为此,上海市召开专门会议或下发文件、开展主体宣传,反复强调开展农民工安全生产培训,是落实科学发展观、构建社会主义和谐社会的客观需要,是实现安全生产形势根本好转的一项治本之策,是需要全社会共同承担的责任和义务。工作中,采取了一些切实可行的办法。主要是通过开展农民工强制性安全生产知识培训工作,普及安全生产法律法规和知识,提高农民工的安全素质和自我保护能力,切实维护农民工的合法权益,减少和防止生产安全事故的发生,促进安全生产形势的稳定好转,为上海经济社会持续快速健康发展提供良好的安全环境。

一、加强领导,为农民工安全生产培训工作提供组织保证

(1)政府重视,积极协调。2006年10月,上海市政府下发《关于本市做好农民工工作的实施意见》,并建立由分管副市长任总召集人的联席会议协调机制,明确2007年上海市农民工工作要点和重点任务。2007年年初,将"对50万名农民工进行安全生产培训"列入上海市政府实事项目。

(2)建立机构,加强领导。为加强农民工安全生产培训工作,上海市成立了以上海市安全生产监督管理局和上海市总工会等部门联合组成的农民工安全生产培训工作领导小组,领导小组办公室设在上海市安全生产监督管理局。各区县以及市有关行业主管部门、控股(集团)公司、集团公司也成立了相关的领导机构。

(3)纳入规划,明确目标。《上海市安全生产"十一五"规划》明确,"十一五"期间,对进入上海市务工的约380万农民工进行一次全面的安全生产培训,包括在这期间新进入上海市的农民工。除完成2007年已列入市政府实事项目的培训50万名农民工任务外,2008年、2009年两年还各培训100万名农民工,主要培训在化工、建筑、船舶修造、机械制造、交通运输等第二产业务工的农民工,2010年主要培训在第三产业务工的农民工。

二、认真组织,落实措施,有序推进农民工安全生产培训

(1)在农民工安全培训上实行分级负责。2007年4月,上海市安全生产监督管理局和上海市总工会联合下发《上海市农民工安全生产培训实施办法》(沪安监管法规[2007]52号),明确规定农民工安全生产培训工作实行统一规划、分类指导、分级实施、各负其责。上海市安全生产监督管理局依法组织、指导上海市农民工安全生产培训,各区县安监局具体负责组织实施本区域内的农民工安全生产培训,市有关行业主管部门、控股(集团)公司、集团公司负责本系统、本单位农民工安全生产培训工作。

(2)始终坚持"五个统一",力求减少工作中可能存在的地区性、行业性的偏差。① 统一大纲。培训大纲由上海市安全生产监督管理局统一制定,安全生产培训机构可结合生产经营单位实际,统筹安排。② 统一教材。培训教材统一使用上海市安全生产监督管理局组织编写的《上海市从业人员安全生产培训》丛书。为兼顾行业特色和农民工特点,教材分通用和专业两类,力求通俗易懂,并与事故案例教学片相结合。教材内容包含:安全生产的法律、法规、规章制度和安全操作规程;安全生产基本常识;作业场所的危险危害因素和相应的防范措施;劳动防护用品的配置、使用和维护;典型事故案例分析以及其他需要掌握的安全生产常识。③ 统一时间。鼓励生产经营单位和培训机构密切合作,灵活采用集中培训、半工半培、送教上门等形式开展培训,但必须保证每期 16 课时的时间标准,其中通用教材教学时间一般为 8 课时,专业教材教学时间一般为 4 课时,事故案例教学片 2 课时,考试为 2 课时。④ 统一考核。为了保证培训的质量,上海市着重抓考试关。明确培训结束后由培训机构负责对参加培训的农民工进行考核,试题由上海市安全生产监督管理局统一命题和印制,各区县安监局或市有关行业主管部门、控股(集团)公司、集团公司安全生产管理机构负责监考。⑤ 统一证书。考试合格的,发给由上海市安全生产监督管理局和市总工会统一印制的《上海市农民工安全生产培训证书》。

(3) 制定政策,争取政府投入,使农民工本人享受免费培训的待遇。具体做法是:实行市和区县政府财政资金补贴。市财政资金主要用于补贴农民工安全生产培训教材、考核等相关费用,各区县匹配相应资金用于补贴培训机构发生的培训费用。市有关行业主管部门、控股(集团)公司、集团公司以及生产经营单位在享受市财政资金补贴的同时,适当保证农民工安全生产培训所必需的资金投入,而且不得克扣农民工参加安全生产培训期间的工资、奖金等经济收入。

第三节　大连市推行持证上岗,扭转农民工群体事故多发势头

每年到大连务工的农民工达 56 万人。由于种种原因,他们也成为引发各类事故和受事故伤害的主要群体。2005 年度,在大连市工矿商贸企业死亡事故中,农民工死亡人数占到 86%,2006 年上升到 87.2%。两年中,农民工死亡 134 人,所占比重甚至高于全国平均水平。分析其原因,主要是农民工大部分居于险、脏、累的工作岗位,绝大部分没有经过系统的安全培训教育,对事故隐患的防范处置能力严重不足。这个现状已经成为制约大连市安全生产形势根本好转的突出矛盾,也是构建和谐大连、平安大连进程中必须解决的突出问题。

一、加大投入,减轻企业和农民工负担

(1) 领导表率,营造全社会支持的氛围。2007 年初,大连市政府制定下发了《关于加强农民工安全生产培训工作的意见》(以下简称《意见》)。4 月,大连市委常委安全生产专题会议将农民工安全生产培训工作列入重要议题。市委书记张成寅同志强调,要从安全发展、构建和谐大连的高度抓好农民工安全生产培训工作,要通过培训这种形式体现党和政府对农民工的关心和爱护。在大连市政府事故防范工作会议上,夏德仁市长将农民工安全培训作为重点工作加以部署。夏德仁市长、王承敏常务副市长还为大连市自编的农民工安全培训教材作序,亲自参加农民工培训的首期开班仪式,将培训教材发放到农民工手中。在大连市委、市政府主要领导的示范作用下,各区市县、各主管部门农民工安全生产培训都举行了隆重的开班仪式,主要领导亲自参加。大连农民工安全培训工作呈现了领导重视、农民工欢迎,企业积极的互动局面。8 月下旬,中央电视台"聚焦三农"节目多次播放大连市开展农民工安全培训的做法。

(2) 出台《意见》,给予实际支持。大连市政府在出台的《意见》中明确规定,农民工安全

生产培训的教材费、考核费、证书费由大连市政府从安全生产与城市安全专项资金中承担，培训费由用工企业承担，工作岗位尚未落实的农民工培训费用由各区市县政府承担。2007年度，大连市政府已经从安全生产专项资金中拨付500万元用于农民工安全培训。三年内完成对56万农民工的普及培训，大连市政府将支付2 000多万元培训费用。大连市的一些区市县政府、企业也相继出台政策，提供优惠，创造有利于培训学习的环境。例如，金州区政府目前已明确宣布为减轻用工企业负担，2007年由区财政出资88万元，承担区内1万名农民工的培训费。一些行业主管部门及企业承担参加培训农民工的午餐费，提供学习用具，发放矿泉水，专车接送农民工上、下课，将农民工学习地点安排在有空调的场所。许多国有企业的安全主管人员陪同农民工一起上课，随时为农民工解决学习期间的困难和问题。各级党委、政府以及全社会的重视与关爱深深感动了参加培训的农民工。正像农民工吴玉卓所说："政府为我们创造了这样好的培训条件，我们一定会好好珍惜，不为别的，就为自己家中的父母、亲人，好好学习各种安全生产法规和安全操作规程，让父母和亲人不为我们担心，让政府和企业放心。"

二、建立严格培训准入和持证上岗制度

按照国家安全生产监督管理总局等7部委《关于加强农民工安全生产培训工作的意见》要求，大连市认真分析了近年来不同行业、领域的农民工安全生产事故发生概率，按照岗位危险程度不同，将农民工分成三部分，有区别地安排培训：一是针对大连近年来建筑、海洋渔业、重型装备制造领域农民工群体伤亡事故与非煤矿山、危险化学品、烟花爆竹行业伤亡事故同样居高不下的实际，确定这6个行业农民工岗位为高危工作岗位。对在6个高危行业工作的农民工安排32个学时培训，明确2008年年底必须持证上岗，并通过安全生产执法机构的督察和目标考核、加重事故处罚等措施，严格查处农民工无证上岗。二是非高危行业农民工安排24个学时，进行普及性培训，到2009年年底完成普及培训计划。三是严格要求从事特种作业的农民工，按照国家现行法规规定，持证上岗。

三、责任到位，分工明确，严格考核

为了确保培训质量，避免走过场，达到预期效果，大连市建立了较为完善的农民工安全生产培训责任体系。即：安监部门牵头，全面组织协调并负责制订培训方案，各行业主管部门负责组织、落实培训计划；各生产经营单位负责组织员工参加培训；具有国家认定培训资质的培训机构承担具体培训任务；政府委托的考核部门负责考试。从2007年开始，各级政府、各部门将农民工培训完成情况，作为年度安全生产目标责任考核内容，实行目标管理。由于责任落实，措施具体，大连市农民工安全生产培训工作正在健康有序展开。

四、增强针对性，因人施教

（1）改进方法。农民工培训是一项全新的工作，没有更多的经验可以学习借鉴。为了提高培训效果，市政府组织了一批有实践经验的专家和实际工作者编写了一部针对性较强，通俗易懂的农民工培训教材，制作了图文并茂的教学课件。授课内容以讲解事故案例为主，通过讲解几年来在身边发生的各类安全生产事故案例，融合应掌握的安全生产知识，引伸需要遵守的法规、制度及其操作规程。

（2）培训师资。在大规模开展农民工安全培训工作之前，大连市安全生产监督管理局要求所有培训机构必须举办师资培训班，全体教员熟悉教材内容，认真备课，结合教学大纲编写通俗易懂、深入浅出的各工种教学讲义。并聘请有经验的教师对教学内容、形式、特点、方法和目的做示范讲解,为搞好培训工作打下了坚实基础。

(3)考试验证。培训后的考试是促使农民工加深对安全生产知识理解、掌握的重要环节。大连市的具体做法是:建立农民工分工种的试题库,增强试卷的针对性、基础性、普及性,根据农民工的特点以大量的客观题为考试内容;严格考场纪律,促使农民工培训时注意听课,通过考试加深对安全知识的掌握;根据不同对象区别对待,对一些不识字或识字不多、努力学习的农民工,采取教师读题学员口答方式,力求努力使学习的绝大部分农民工都能通过考试。

由于农民工安全生产培训是一项新的事物,大连市在开展这项工作时也遇到了一些亟待解决的实际问题:一是现有法规对农民工安全生产培训缺少强制性规定,对抵制农民工参加培训的企业没有相应处罚条款,致使在极少数企业务工的农民工可能无法接受必要的培训;二是对"农民工"这一概念,目前尚无准确权威定义,造成企业具体选派什么人参加培训和政府严格考核都没有充分依据;三是落实无工作岗位,或干个体的农民工参加安全生产培训还有难度;四是目前全国没有像特殊工种那样对农民工培训上岗作出统一规定,而农民工的流动性很大,因此,少数企业不积极,一些农民工对培训证书也不够珍惜。

第四节　广东省安全生产监督管理局勇于创新,狠抓农民工培训

一、勇于创新,探索安全培训新思路

为进一步健全培训体系,制定下发了《安全生产培训管理实施细则》,明确了培训机构建设必须按照"不缺不滥,突出主渠道,集中发展直属培训中心,适度发展社会特种作业培训机构"的原则,按每市1家直属培训中心,3~5家特种作业培训机构的总量进行控制规划,力争形成省、市、县三级安全培训体系网络。直属培训中心受安监部门的委托,配合执法监察机构对安全培训机构和生产经营单位安全培训情况进行监督检查。同时,在广东省安全生产监督管理协会中设立安全培训分会。协会受广东省安全生产监督管理局(以下简称"广东省安监局")委托,建立安全培训机构审查的专家库和服务会员单位的公共师资库;负责开展安全培训机构评估工作;目前正在起草统一的行业自律收费标准;搭建支持会员开展安全培训的公共服务平台,服务于全省安全培训机构。

各市积极探索安全培训新思路。深圳市在实行安全培训条件准入、资格核准制度的基础上,鼓励符合条件的社会培训单位参与安全培训工作,扩大安全培训的覆盖面。同时,引入市场竞争机制,让培训机构与学员实现双向选择,促使培训机构不断改善办学条件、提高教学质量,取得了较好的效果。

二、规范管理,确保安全培训质量

(1)建立工作机制。按照"统一管理、分类实施、分级负责"的原则,建立了"各级安全生产监督管理部门组织,生产经营单位依法选派有关人员参加,培训机构依法、有序开展培训业务"的工作机制,统一了考核标准和证书式样。

(2)实行教考分离。严格把安全培训与考核分离开,由各培训单位根据省里制定的教学要求开展培训教育,再由各级安全生产监管部门统一组织进行考核。

(3)强化师资队伍。坚持先选聘配足专职师资力量,再选训持证上岗。依托各地实力较强的科研院所、高等院校和大中型企业,专兼职结合,建设了一支学历专业对口、熟悉安全

生产法律法规、具有一定理论水平和讲学授课经验的高素质师资队伍。如深圳市重点抓好教员、考评员和监考员的管理工作,规定其任职条件,严格其申报与资格认定,授予相应的资格证,所有教员、考评员及监考员必须持证上岗;惠州市从市直大中型企业中吸收有真才实学、品德好的安全管理和工程技术人才充实和优化外聘教师队伍。

三、突出重点,强化全员安全生产培训

(1)加大企业负责人、安全管理人员和特种作业人员的培训力度。广东省安监局把加强三项岗位人员的安全培训工作作为重中之重来抓。2006年,广东省安监系统共完成各类人员的安全生产培训达280 577人,其中,企业负责人16 779人、安全管理人员7 464人、特种作业人员197 412人,注册安全主任58 495人,注册安全工程师643人,危险化学品登记人员3 000多人,使生产一线安全生产有了一定的把握。

(2)大力组织开展职工安全生产知识电视培训。2006年以来,广东省安监局会同广东省总工会,按照广东省委省政府领导的批示精神,学习江苏"海安经验",争取省财政在2006～2008年期间每年拨150万元专项资金,用于开展电视安全培训活动。2006年7月,广东省政府办公厅下发了《印发广东省职工安全生产知识电视培训活动实施方案的通知》,计划在2006～2008年期间培训300万名职工。成立了安全生产知识电视培训活动领导小组,组织编制了《安全生产知识》电视培训VCD光盘和配套教材,结合山东省的事故案例编写了《广东省职工安全生产知识电视培训教程》,免费发放到企业。广州市安全生产监督管理局和广州市总工会联合下发了《关于联合开展生产经营单位全员安全培训工作的通知》,决定从2007年开始,在强化师资培训的基础上,通过让具备培训条件的大中型企业自行组织培训和委托各级安监部门组织培训2种方式,三年内组织和督促生产经营单位开展安全生产全员培训和再培训从业人员100万人,经考核合格后统一颁发全市统一格式并由本企业负责人签名的《广州市职工岗位安全培训证书》。

(3)积极探索农民工安全培训新方法。随着工业化进程加快和民营企业的蓬勃发展,大量农民工转移到城市就业。农民工广泛集中在劳动密集型产业和劳动环境差、危险性高的劳动岗位,生产技能低、安全意识弱,"三违"现象突出,又缺乏基本的劳动保护措施,伤亡事故和职业病发生率较高,已成为安全培训工作中的难点和薄弱点。针对这些情况,各市采取措施,积极探索,创造了一些有益的做法。

广州市外来农民工300多万人。2006年,由广东省建设厅牵头,广州市建委负责实施了"平安卡"工程:广州市所有从事建筑工程施工及管理的从业人员(含监理人员),都必须参加建委统一组织的安全知识考试(半天培训),考试合格后,按程序申领"平安卡",并凭卡出入施工现场。"平安卡"中记录了从业人员基本情况、培训情况、安全知识考核信息、是否购买了工伤保险等信息,实现了信息共享。"平安卡"工程加大了政府对农民工的有序管理,增强了农民工的安全意识,也促进了农民工的安全培训工作。为强化管理,广州市建委建立了"平安卡考试办公室"和"平安卡信息管理中心",农民工随时可以参加培训、考试和申领"平安卡"。为方便农民工参加考试,监考人员送考上门,尽量在施工现场、企业和培训机构安排考场。平安卡的一切费用由申办单位或工程项目承担。目前,广州市近50万建筑工人全部凭"平安卡"上岗。

深圳市开展了针对全市高危行业从业人员的企业员工安全知识普及性培训教育,即"安全卡"培训工程。按照"政府推动、中介机构参与、企业负责"的原则,市、区、街道三级安监部门形成合力,带动中介机构和相关企业,对企业员工进行免费培训,送教上门。在教学形式上,采用DVD影像教学和教师讲解相结合的方式,争取达到最直观的教学效果;在内容上,将安全基础常识和行业安全知识汇编成教材,为企业员工提供最具实际意义的知识和技术。企业员工接受1天的安全培训,考试合格后即可领到"安全卡"。"安全卡"有效期为3年,到期后由员工所在企业统一向辖区内的街道安监部门提出申请,参加8学时的继续教育后,予以核发新卡。目前,"安全卡"培训工程已取得了一定的成果,2005年,在深圳市采石场企业中开展了试点工作,共培训314人;2006年,培训工作得以进一步推广,对全市危险化学品生产企业从业人员进行了"安全卡"培训,共培训6 534人。2007年深圳市继续推进"安全卡"培训工作,对全市危险化学品经营单位从业人员进行培训。争取在3~5年内,使"安全卡"覆盖全市所有危险化学品企业、建筑施工等高危行业及密闭空间、机械加工、港口码头企业员工。从2012年开始,再用5年时间,使"安全卡"覆盖到全市所有行业。

惠州市现有生产经营单位5万余家,从业人员110万余人,农民工约105.6万,占从业人员的96%,其中高危行业生产经营单位1 200多家,从业人员5万余人,农民工4.3万人,占从业人员的86%。2006年惠州市政府出台了《关于进一步加强农民工工作的意见》,制定了"十一五"惠州市8万农民工技能培训工程。惠州市安全生产监督管理局安全生产教育训练中心对由劳动与保障部门证明的农民工,采取免收资料费、考试费的方式,积极扶持。同时,惠州市安全生产监督管理局还多次组织专家和注册安全主任130余人次,深入70余家企业,对2万余名从业人员进行上岗前的安全培训。

第五节　河南省长垣县切实搞好农民工安全培训

长垣县位于河南省东北部,有80万人口,辖18个乡(镇)、办事处。改革开放以来,长垣县成为全国有名的"建筑防腐蚀之都"、"起重机械之乡"、"医疗卫生材料之乡"和"厨师之乡",现有防腐建筑企业63家,起重整机生产企业133家、配套企业1 200多家,医疗器械及卫材生产企业36家。长垣县从事上述行业的农民工有18万人,其中外出务工10万余人,在本地务工8万余人。农民工安全培训是富民强县和搞好安全生产的一项重要基础工程。

一、搞好基地建设,完善农民工安全培训体系

搞好培训,基地建设是基础。针对长垣县农民工量大、面广的特点,构建了县城为中心,覆盖全县各乡(镇)的安全培训网络。一是筹建了县安全生产宣教培训中心(事业单位,编制10人),专职负责全县的安全技术培训及管理工作。共筹资50多万元购买图书、仪器、电脑、多媒体等软硬件设备,完善了基础设施,公开选拔聘用教师,建立了人才储备库,并取得了安全技术培训资质。二是选择起重企业集中的恼里镇和魏庄镇两个乡镇,投资160万元分别建成了两所农民工安全培训学校。三是在现有安全培训机构的基础上,长垣县政府在用地非常紧张的情况下,在蒲东新区划拨土地50亩,由长垣县安全生产监督管理局牵头和组织,在民间筹措资金500多万元,正准备建设安全培训学习与食宿一体化、年培训能力达1万人的标准化安全培训学校。在全县形成普通农民工安全培训不出乡、特种作业人员安全培训不出县的安全培训网络。

二、搞好组织发动,引导农民工积极参加培训

(1)广泛宣传,提高安全培训意识。坚持安全宣传上电视、上广播,进农村、进社区,进企业、进班组。每年长垣县主要领导在电视上进行安全专题讲话,电视台利用黄金时段播放安全公益广告;组织安委会各成员单位上街咨询,免费发放宣传资料。到企业和乡(镇)巡回放映安全教育影片。近年来,长垣县免费发放 5 000 余本安全生产法律法规手册,印制 30 万张安全生产知识明白纸,介绍实用安全常识,挨家挨户散发;录制 1 200 盘安全知识磁带,由村委会通过有线广播定期播放。通过宣传,调动了农民工参加安全培训的积极性。

(2)加强组织协调,推动培训工作开展。一是把安全培训列为政府年度绩效考核的内容。年初签订责任书,年底考核,安全培训直接与政绩挂钩。二是认真布置。2005 年来,长垣县委、县政府召开安全培训专题会议 10 余次,下发安全培训文件 16 个,对安全培训工作进行安排。每年年底召开全县安全培训工作表彰会,表彰奖励先进单位。三是强化监管网络建设。在各乡(镇)、办事处及有关部门成立了安全监管机构,指派一名副职专抓此项工作,形成了完善的安全培训管理网络。四是建立人事档案。将培训原始资料保存,将所有的培训人员拍照留底,建立培训资料,实施信息化管理,农民工安全技能培训实现了有序化和正规化。

(3)出台优惠政策,鼓励和吸引农民工参加培训。长垣县委、县政府制定了一系列优惠政策,使农民工在安全培训中受益。一是企业农民工在岗进行培训时,工资待遇不变。二是培训和就业待遇挂钩。对一些安全技术难度大、危险性高的岗位,联系企业,采取培训后定向就业的办法吸引农民工参加培训,并跟踪掌握各企业所需的各类工种、人数、工资待遇、劳动保护等情况,做到心中有数。几年来,共引导 6 万多农民工到各类企业就业,工资待遇每月不低于 1 500 元。其中,经过安全培训的农民工到卫华起重机厂从事特殊岗位工作的,每月工资在 3 000 元以上,使其通过培训得到了实惠。三是在长垣县劳动局组建了劳务人员资源库,经过安全培训的人员一律进入资源库,并入网建档,优先安排推荐就业。四是实行费用减免。2006 年 9 月份以来的金融危机带来大量农民工返乡,长垣县委、县政府实施企业服务年活动,免费对农民工进行安全技术培训,由相关部门给予一定补贴,对特种作业人员安全培训只收取一半培训费用,为企业从业人员培训提供绿色通道。培训结束后,采取校企合作、劳务中介等途径,重新安排返乡农民工到城镇和非农产业部门就业。通过一系列的措施,将农民工引入安全培训课堂,实现"要我培训"向"我要培训"的转变。

三、采取多种形式,灵活多样开展好培训

紧密结合培训需要,突出实用性、便捷性、针对性,因地制宜采取各种培训方式。一是对口培训。对专业性强的特种设备安装维修工、电工、电焊工、车床工等工种,进行对口集中培训。2003 年以来举办对口培训班 10 余种,培训 15 万余人次。二是专家培训。聘请省市专家对乡镇长、非公有制企业厂长(经理)、安全员进行培训,提高他们的安全管理水平。三是现场培训。将课堂设置在乡镇企业集中的魏庄镇、恼里镇进行培训。利用春节和收秋收麦时农民工返乡的机会,深入各乡(镇),对政府组织的劳务输出农民进行外出安全基本常识培训。四是巡回培训。针对一些不能到课堂培训的企业人员,长垣县专门购买了多媒体电影,深入企业,利用晚上、星期天和节假日,利用录制的光碟对其进行培训。五是异地培训。将课堂设置在长垣县农民工从事防腐建筑业集中的天津、北京、太原等地进行异地培训。采取走出去的方式,培训农民工 7 万多人次。

四、加大监管督促力度,促进安全培训工作开展

坚持走"以监察促培训,以培训保安全"的路子。一是通过综合性检查促培训。每年长垣县委、县政府主要领导带队,组织综合性安全生产大检查,把安全培训情况列为重要检查内容。二是通过日常监管、监察促培训。长垣县安全生产监督管理局及安全生产监察大队(全供事业费,编制15人)把安全培训作为重要监管内容,对未经培训的人员记录在案,依法处理,进而督促培训。三是通过联合检查促培训。安监部门与有关部门和乡镇政府联合开展建筑、消防、电力、起重行业等专项检查,重点检查登高架设职工、电焊工、电工、农村电工培训和持证情况,对没有经过培训上岗的统一培训或聘请专人培训。

第六节　大连中远船务工程有限公司坚持全员化、系统化、多元化安全培训,促进农民工升级为安全技能型工人

中远船务工程集团大连中远船务工程有限公司(以下简称"大连"中远船务公司)是大型船舶修造企业,施工点多,施工环境不确定因素多,特种设备多,特种作业人员多,危险作业多,生产特点是"苦、脏、累、险",职工主体是农民工,现有农民工17 000人,占职工总数85%以上。提高农民工安全素质,是该公司安全发展的根本。

一、安全培训全员化

大连中远船务公司在依法搞好主要负责人、安全生产管理人员、特种作业人员安全培训的同时,坚持农民工安全培训一个都不能少,作为上岗的前置环节和必要条件。一是实行农民工全员化安全技能培训制度。凡是进入企业的农民工必须接受安全生产技能培训。二是实行农民工安全技能培训考核达标上岗制。凡是未经培训以及考核不合格的农民工,一律不办理进厂务工手续。三是对违章施工队伍一律实行停工教育和安全生产再教育。其中,对现场出现严重违章或事故的施工队伍,立即停工整顿,整改后,由专人负责评估确定是否可以复工。对违章人员、事故责任人进行违章再教育,并予以通报,列举其违章事实,分析违章原因,提出整改要求,举一反三,教育全体职工。2008年共进行违章人员、事故责任人再教育9 068人次,其中厂内员工1 296人次。四是实施每周二全厂1小时安全教育制度。每周二7时30分到8时30分,全厂2万职工一律停工,以班组为单位开展专项安全教育。教育材料由公司安全环境监督部统一编写,主要包括公司新下发的安全规章制度、违章及事故通报、本周安全要求等。从2008年起,该公司又进一步加大了安全技能培训、考核的比重。全年周二安全教育投入的人工达208万个工时。五是实行农民工安全读本人手一册。向每个农民工发放《员工家庭安全知识读本》、《农民工安全知识读本》等教材、资料。

为保障农民工全员培训,该公司按照"总体规划、着眼长远、立足现实、夯实基础、加强现场"的思路,从组织领导、经费保障、培训途径等方面全方位提供支持:一是由公司安全生产委员会领导直接抓农民工安全技能培训工作;二是实施免费培训政策,培训费用由公司统一支付;三是充分利用各种培训资源保障培训。该公司2006年成立了安全、技术人才培训中心,投入300万元建立了培训基地及主要工种的实操基地,配备了35名安全培训教师;为各部门配备19台安全培训教育专用笔记本电脑,12台投影仪。与此同时,组织农民工特种作业人员到有资质的培训机构进行培训;采取走出去、请进来的方法,聘请安监局、港监、船级社、消防局、社区街道安全管理部门的领导和专家,到企业、进班组,开展安全技能培训,确保全员培训的成效。

二、安全培训内容系统化

该公司结合农民工队伍的实际状况,在安全技能培训内容上突出针对性、实用性和有效性。一是注重安全理念的培养、安全行为的养成。教育职工"生命与健康高于一切、任何事故都是可以避免的",要求安全行为要"严、细、真、实、慎",形成人人讲安全、时时讲安全、处处讲安全、事事讲安全的局面。二是注重安全生产技能培训。把安全教育由传统的重视"理论教育"调整为"理论教育和实际操作培训并举"。在班组安全教育中,重点突出实际操作培训,如割炬的安全使用培训、安全带使用及检验方法培训、麻绳捆绑培训、砂管绑扎培训及脚手架搭设培训等,使员工在短时间内掌握公司相关安全操作要求。三是结合不同的船舶类型及施工特点,积极开展危险预知训练。平均每条船对农民工进行现场安全技能教育达260次,全年教育总量达5.2万人次。通过持久反复的现场安全技能教育,增强了对危险的预知能力和防范能力,有效地避免了事故的发生。

三、安全培训形式多元化

该公司结合企业安全生产实际和农民工安全技能现状,采用多元化的培训形式。一是开展安全技术传帮带活动。班长每天上船作业之前进行安全生产技术技能交底,同时对新进厂员工开展"新老帮带"工作,新老帮带师徒必须在同一现场施工,由帮带师傅对徒弟进行安全指导。二是安全技术培训形象化、互动化。采用电化教学手段,在教育材料中,增加图片、安全教育录像等图像资料的比例;在幻灯片中,现场图片比例占70%;在时间安排上,播放录像、图片的时间占安全教育时间的80%,达到"一讲就明白、一听就清楚、一说就知道"的安全教育效果。同时,开展互动性安全教育,采取图例和有奖征答的形式,在生产一线开展危险源辨识活动;在企业文艺汇演中,把安全生产技能教育列入重要内容。三是每年度按专业和工种举办农民工岗位安全操作技术比赛,对优胜者予以奖励和晋级,由农民工、劳务工转为正式合同制员工。

通过开展农民工"三化"教育培训,使农民工由农民转变为安全技能型工人,该公司在用工量激增、生产规模不断扩大的情况下,实现了连续45个月无重伤以上事故。

第七节　济南二机床集团有限公司加强安全培训教育管理,保障农民工职业安全健康

济南二机床集团有限公司是国内最大的重型压力机、数控机床制造商,国内重型压力机市场的占有率达到80%,数控锻压机械、重型数控镗铣床荣获"中国名牌产品",连续多年获得中国机床工具行业"十佳"企业称号。该公司现有职工5 680人,其中农民工880人。农民工流动性大,文化素质低,安全意识薄弱,且大多从事着脏、累、险的工作,因此,提高农民工的安全技能,成为搞好安全生产的一项重点工作。

一、加强源头控制,严把务工队伍和农民工资格审查关

(1)严格务工队伍资质审查。建立相关方安全管理制度,明确规定:外来务工队伍必须是具有相应的安全生产资质和独立法人资格的经营实体,必须建立安全责任制和管理制度,具备安全生产保障条件。

(2)签订劳务协议与安全合约。在进行全面的企业资质、作业资格审查后,该公司人力资源部门组织用工单位与所有外来劳务队签订《劳务承揽承包协议书》,组织房地产等建设

单位与所有外来劳务队签订《相关方安全生产合约书》，以项目安全控制、安全教育、风险辨识三方面内容为主，明确双方的权利与义务，界定双方安全责任，便于进行安全管理监督，保障农民工安全健康权益。

（3）实行农民工上岗证制度。在办理《劳务承揽承包协议书》、《相关方安全生产合约书》的基础上，人力资源部门为农民工办理《临时出入证》、《临时上岗证》，持证上岗，避免了务工队伍私自调整人员和从业人员无证上岗等问题的发生。

（4）严格作业资格审查。建立"工程（服务）安全控制卡"，明确工程或服务项目内容、人员结构。严格特种作业操作有效证件审核并对持证作业进行监控；严格职业卫生监督管理机构认可的健康查体资料审核，并经企业人力资源管理部门组织健康查体确认无职业禁忌症后方可上岗作业；日常安全按属地管理进行安全监督，确保持证、遵章作业。

二、加强培训教育和管理，提高岗位安全技能

（1）搞好农民工三级安全教育。包括农民工在内的所有外来务工人员上岗前必须接受三级安全教育，第一级为新人员入厂安全管理教育，由该集团公司连同用工公司在签订用工合同的同时进行；第二级为用工（上岗）安全教育，由用工部门在配发劳动防护用品、办理"临时上岗证"前进行；第三级为入场安全教育，由外来务工队负责人或领队在进入新的作业场所前进行。

进行三级安全教育后，教育人与被教育人在《相关方作业安全教育登记卡》上签名，同时建立务工人员安全档案，对一个月出现两次违规的人员将没收"上岗证"并予以辞退，保证农民工具备与工作岗位相适应的安全技术素质。

（2）加强农民工作业安全技能训练。组织农民工作业安全观察，研究农民工作业安全行为规律，建立作业安全分析指导训练卡，针对存在的问题，指定指导老师，有组织地进行作业安全指导训练，持续提高农民工的实际安全作业能力。

（3）进行岗位作业安全资质测试。2008年，该集团公司组织编辑"岗位安全应知应会"6个专业2 145题，分11期97个批次对外来务工等人员分安全管理、起重作业、电气作业、运输搬运等六个专业，进行安全培训与培训效果微机测试，合格率90.8%。对于考试成绩60分以下的进行下岗培训；80分以下的，不安排其独立从事生产及生产辅助作业；不足90分的，不得安排为工序负责人、班组长等职务，不得参与起重、清砂等危险性较大的作业。经过培训、上机测试、再培训、再考试，直至合格，才能上岗。

（4）开展安全教育复训。农民工进入工厂后，企业及相关方结合现场检查中发现的问题及时组织违章教育、生产安全事故案例讲评教育等，定期组织项目负责人参加市级安全培训，定期组织农民工参加集团公司组织的技能培训，不断提高农民工的安全意识和安全技能。

（5）细化作业安全控制程序（三卡、一合约）。建立了《工程（服务）项目安全控制卡》、《相关方作业安全教育登记卡》、《相关方工程（服务）项目危险源辨识与控制项目指导卡》、《相关方安全生产合约书》。项目领队每天组织安全检查、对照《工程（服务）项目危险源辨识与控制项目指导卡》进行危险源辨识、控制，落实安全措施；每周组织一次危险源辨识、控制分析、汇总，充实新增危险源及控制措施，完善《外出施工作业危险源辨识与控制指导卡》，每周召开安全生产例会进行安全讲评，研究落实改进措施。明确彼此间的安全责任及管理内容，作业控制程序得到细化和规范。

三、搞好职业安全健康保障,营造舒心的安全教育环境

(1)加强劳动防护用品使用管理。该公司依法保障农民工的合法权益。在配备劳动防护用品时,农民工与企业内部员工实行无差别待遇,并且加强了针对农民工特殊防护用品配备与使用情况检查考核,按照谁使用谁负责的原则,追究出现问题单位的管理责任。

(2)开展安全教育活动。组织不安全事件调查处理与防范措施讲评,开展典型事故警醒日活动,使农民工明确所从事的工作有什么危险、危害因素,可能导致什么后果,违规作业应付出什么代价,如何防范等,增强了他们的事故防范能力,警示他们时刻注意安全,杜绝违章。

(3)实施人情化关怀。农民工与企业内部员工共享食堂就餐的方便和防暑降温饮料、御寒采暖福利;免费为长期稳定的农民工提供宿舍、浴室;鼓励他们参加企业组织的各种技能培训和活动,定期组织座谈会,了解他们的心声,解决他们的困难;农民工发生工伤,不论企业有无责任,均及时出钱、出车,帮助救治。以实际行动体现对农民工安全健康的关心和爱护,使他们安心岗位、苦练技术,营造了搞好安全工作的良好心境。

第八节　郑州经济管理干部学院深化教学改革,严格教学管理,努力提高培训质量

一、以深化教学改革为主导,搞好安全培训

(1)教学与调研相结合。郑州经济管理干部学院的培训对象是乡镇煤矿主要负责人和安全生产管理人员。根据这一实际情况,该学院建立了《教师下矿调研制度》,规定授课教师每月必须下矿一次,每次不得少于 3 天;每年都要组织授课教师分别到郑州、鹤壁、洛阳三个监察分局所辖乡镇煤矿开展调研工作,了解应当接受培训人员的文化程度、管理经验、知识结构、工作阅历、年龄大小等情况,同时也了解这些煤矿的地质、设备状况和灾情历史等,对各矿区存在的重大危险源和危险有害因素进行详细的调查、分析和评价,并写出详细的调查报告。返校之后,集体研究,认真讨论,制订完善的培训方案。在此基础上,以教研室为单位,集体备课,写出针对性较强的教案,组织教学。

(2)教学与科研相结合。该学院注重科研与培训的结合。1997 年成立了矿山工程研究所,主攻方向为煤矿"一通三防"、瓦斯防治、软岩支护、注浆堵水等。中国煤炭劳保学会通风专业委员会副主任委员、郑州经济管理干部学院院长胡卫民博士亲自抓研究所工作。几年来,注浆堵水专家、该学院培训部主任兼安全技术培训中心主任王国际教授一直活跃在煤矿生产第一线,他带领的专家和专业队伍,深入到 200 多家国有、乡镇煤矿,对种类不一、条件不同的煤矿有了更多更深的认识,特别是对安全隐患了解得较透,全国的煤矿、隧道等工程的透水、冒水、渗水等问题"把脉、治病",解决了许多高难度问题,受到企业的好评,也丰富了培训内容,促进了培训工作的开展。不少煤矿在培训中间或培训之后都来聘请研究所专家到矿上会诊救灾。王教授也常常利用这个机会将授课教师集中到一起进行分析,既使他们了解了矿上的问题,也帮助其提高了业务水平,促进了教学。

(3)理论教学与实验、实训相结合。为进一步搞好培训工作,该学院进一步加强实验室建设。学院先后投资 40 余万元,修复了采煤方法模型室、井田开拓模型室、矿井通风与安全模型室和岩石标本室。新的现代化矿井综合仿真模型室体现了现代化矿井的新技术和新装

备,该模型室有两台 34 英寸显示屏,由两台计算机控制各生产系统演示功能,在全国属先进水平;通过模型展示矿井各生产系统及相关的采矿方面的内容,并通过多媒体演示,使学员能够清楚地了解矿井生产系统中主要现代化采矿设备及矿井开拓、准备和回采巷道的布置,以及最新的采煤方法,在头脑中更容易建立起完整、系统的空间概念。

(4)破"满堂灌"、"填鸭式"等旧的教学模式,采取讨论式、提问式、案例式、问卷式等多种互动式教学方法。开班前,该学院对参加培训的学员进行调查,根据学员所在矿的矿情、学员本身的文化程度和实践经验,采用不同的教学方式,教师讲、学员议,学员讲、互相议,共性问题大家议,个性问题个别议。这些教学方式使得课堂气氛活跃,学员学习生动,起到了师生互动、教学相长的效果。

(5)严格坚持授课教师"三不准上讲台",即没有经国家安全生产监督管理总局培训考核合格的教师不准上讲台,没有完整教案不准上讲台,不运用课件讲课不准上讲台。该学院已有 8 名专职授课教师先后参加了国家安全生产监督管理总局组织的培训机构教师培训班的学习,并经过考试取得了安全培训教师资格证。目前承担安全培训班教学工作的就是这 8 名教师,他们的教案和课件都已经进行了三次以上的修改。

二、以严格教学管理为手段,保证培训效果

建章立制是搞好安全培训教学管理的基础性工作。从教师管理到学员管理,从教学管理到后勤管理,该学院建立和完善了 15 个岗位职责和 33 项管理制度。这些规章制度的建立,使培训工作走上了正轨,使得培训管理人员、教师和培训学员的行为有规可循,从制度上保证了培训质量。

(1)严格身份管理,确保受训学员身份的真实性。该学院实行严格的资格审查制度,把好入学门槛。不具备参培资格的人员一律不能参加培训;参培学员一律不得自带照片,入学一周内由安全技术培训中心指定专门照相馆在规定时间内统一组织照相;实施全过程对照照片验明学员身份的办法,发现冒名顶替学习者随时清理;考试时实行准考证、身份证、登记表和考生本人四对照办法,随时清理替考人员。这样做切实保证了受训学员身份的真实性。

(2)以"理"为先,以"情"引管,大力推行人情化管理。管理与被管理是一对客观矛盾,处理不好,容易发生正面冲突。该学院在管理中大力推行人情化教育,寓教育于管理之中,管理工作以"理"为先,以"情"引管,既有刚性管理,也有变通处理。在培训中规定原则上不准请假,但有特殊情况也灵活掌握。如新密市有位矿长,矿上突然出水 1 300 m³/h,需要组织抢险,三天假不够,该学院同意下期补学 4~5 天;新安县有位矿长,母亲突然病故,需回家两天料理后事,这些该学院都变通处理;登封市有位矿长学习期间不慎崴了脚脖,他主动将妻子接来照应,坚持学习,在学习时间上该学院给予适当放宽(晚到、早走)。但不论什么情况,都要求履行一定的请假手续。通过叙情说理,使教与学、管与被管的矛盾协调起来。

(3)做好教师授课效果评价工作,不断促进培训质量的提高。在每项培训活动中,该学院都坚持对教师授课效果进行评价。在培训中间,该学院召开学员座谈会,有时还请河南省安全生产监督管理局领导或河南省安全生产监督管理局安全技术培训中心负责同志参加,认真征求学员意见;在教学活动结束后,学员离校前,组织学员进行问卷调查。问卷涉及热爱学员、认真负责、为人师表、管理严格、讲述清楚、教法灵活、联系实际、理论深度等八个方面,请学员无记名评价。每期培训班结束后,该学院都组织教师深入矿区,进行各种形式的调查,或开调查会,或个别征求意见。在此基础上,该学院认真进行分析,将集中起来的意见及时反馈给授课教师,并提出改进意见与措施。对学员意见大、反映强烈而又改进不大的授课教师,坚决予以调整。自 2000 年以来,该学院已经调整了三位学员不太满意的授课教师。

(4)建立并落实跟踪调查与信息反馈制度,注重培训效果。每期培训班结束时,该学院都给每个学员发放《跟踪调查表》和《培训信息反馈表》,要求学员单位在培训学员返回单位工作一段时间后将信息返回。为了最大量地得到信息,该学院还派专人到煤矿进行回访。这样做,回复率达到了 85% 以上。从问卷调查和跟踪调查反馈的意见来看,大多数的学员和单位对该学院的培训工作表示满意,有些矿长开始是不愿学、不想学,来了之后,变成了不想走、嫌学得少。新密市有位姓郑的矿长连续学了三期,问他有证了为何还来,他说不为证,只为学,每学一次,提高一次。他不但自己来,还安排矿上其他同志来。荥阳市有位负责技术的王矿长回矿以后,矿上给反馈回意见,写成一篇打油诗:"培训工作很到位,理论知识都学会,感谢老师的劳动,抓好安全是本领。"鹤壁市鹿楼煤矿反馈意见说:"本单位对培训工作满意。教授们能够结合乡镇和个体煤矿人员的素质、乡镇煤矿现有的条件和状况,结合实际,通俗易懂,讲课态度认真,平易近人,没有一点架子,我们非常满意。"

(5)建立双班主任制。每一期培训班,该学院都设立两个班主任。一位班主任负责日常管理。这位班主任在工作中实行跟班制,一天四点名;实行严格的考勤制度,凡缺勤(含事、病、旷)三天(含三天)以上者,予以除名,晚报到时间超过三天(含三天)以上不予报到,迟到、早退累计超过三次者,按缺勤一天处理;执行严格的考场纪律,凡考场作弊者,均以零分计,不予补考,只能重学。另一位班主任负责培训档案管理。从报到时的资格审查,到培训档案的建立和准考证、合格证的办理都层层把关。两个班主任共同对班级负责、查漏补缺,防止了假冒、缺课、替考等不正当行为的发生。

附　　录

国家安全监管总局关于印发《一、二级安全培训机构认定标准(试行)》的通知

安监总培训〔2007〕226号

各省、自治区、直辖市及新疆生产建设兵团安全生产监督管理局,各省级煤矿安全监察机构:

为规范安全培训机构审批、考核和管理工作,进一步提高培训质量,根据《行政许可法》及《安全生产培训管理办法》(原国家安全监管局令第20号)、国家安全监管总局《关于印发加强对安全生产中介活动监督管理的若干规定的通知》(安监总办字〔2005〕98号)等有关规定,组织制定了《一级安全培训机构认定标准》和《二级安全培训机构认定标准》。现印发给你们,并就有关事项通知如下:

一、安全培训机构审批、考核和管理工作要坚持"公开、公平、公正"的原则,实行总体规划、合理布局、总量控制,按照《安全生产培训管理办法》的要求,在注册资金、教学设施和师资队伍等方面,严格准入,不得擅自降低标准和条件。

二、国家安全监管总局每年4月份集中受理一、二级安全培训机构资质申请,统一安排评估验收工作。一、二级安全培训机构按煤矿、金属非金属矿山、石油天然气、危险化学品、烟花爆竹、非高危行业等范围申报,由所在省级安全监管部门、煤矿安全监察机构结合本地区安全培训机构布局和需要,初审并签署意见后报国家安全监管总局人事培训司。凡在申报过程中弄虚作假的,一律不予受理,并且一年内不再受理其资质申请。

三、对于已受理申请的机构,由国家安全监管总局组织不少于3人的专家组,按照初次认定指标进行现场评估。初次认定满分为100分,满足必备条件且得分80分以上者,现场评估合格。

四、已经取得资质的安全培训机构名称发生变更的,必须在变更发生一个月内到原发证部门备案,换发资质证书;培训范围变更、机构合并或者分立的,必须重新申请资质;停业、破产或其他原因终止业务的,注销资质。

五、建立优胜劣汰机制,每三年对取得资质的安全培训机构进行一次复审考核。复审考核依照复审考核指标进行,在满足初次认定指标必备条件的同时,按初次认定指标得分的35%与复审考核指标得分的65%之和计算,最终得分80分以上者保留资质;60分-79分者限期整改;60分以下者注销资质。对培训不规范、达不到质量要求的培训机构,及时取消资质,并向社会公布。

六、建立安全培训机构评审专家库。评审专家要严格执行党风廉政建设的有关规定，自觉接受被评估机构和社会各界的监督；不得接受被评估机构提供的任何报酬或其它利益，不得收取评估费；严格遵守保密制度；与被评估机构有利害关系的，要主动回避。

七、建立健全由培训管理、纪检监察等部门参加的会审制度，严格执行公示和公告制度，切实加强对安全培训机构资质审批和复审考核的监督管理。国家安全监管总局及时公布一、二级安全培训机构名单。各省级安全监管部门、煤矿安全监察机构及时公布三、四级安全培训机构名单，并向国家安全监管总局备案。

八、进一步规范培训机构的培训行为，严格执行办班备案制度，坚决杜绝乱办班、乱收费、乱发证。各级安全培训机构要严格培训收费管理，按照有关规定合理收费，收费项目和标准要向学员公开，坚决执行"收支两条线"，不得设立任何形式的"小金库"。

九、各省级安全监管部门、煤矿安全监察机构要认真贯彻落实国家安全监管总局党组制定的"九条纪律"和"双五条规定"，坚持政府与中介机构分开原则，公务员一律不得在安全培训机构中兼职，不得以任何形式参与安全培训机构的经营活动，不得以任何名义收取安全培训机构提供的报酬或其他利益。

十、各级安全培训机构要对照本标准开展自评工作，发现问题及时整改。对于不接受复审或复审弄虚作假、未经批准设立分支机构、转让或出租（出借）资质、复审不合格继续从事安全培训活动、整改验收不合格以及培训业绩达不到要求的安全培训机构，取消资质。凡被取消资质的，三年内不受理其资质申请。

十一、各省级安全监管部门、煤矿安全监察机构要参照制定三、四级安全培训机构认定标准，切实规范和加强本地区安全培训机构的监督管理。

附件:1. 一级安全培训机构认定标准

1.1 一级安全培训机构认定标准

1.2 一级安全培训机构认定标准其他条件

1.3 复审考核指标

2. 二级安全培训机构认定标准

2.1 二级安全培训机构认定标准

2.2 二级安全培训机构认定标准其他条件

2.3 复审考核指标

3. 术语定义

4. 一、二级安全培训机构资质认定程序图

5. 一、二级安全培训机构名称变更登记表

附件 1

一级安全培训机构认定标准

一、初次认定指标(满分 100 分)

一级指标	二级指标	标　准	认定方法	是否符合	不符合原因
1 必备条件 (不符合任一指标终止审查)	1.1 机构设置	1.1.1 培训机构能独立或经授权承担法律责任; 1.1.2 有健全的机构章程; 1.1.3 设置承担综合管理、策划、培训教学、教研、档案、财务管理、后勤服务等职能的内设机构; 1.1.4 财务收支单列。	1. 查阅培训机构批文、负责人任命书、法人证书等材料,授权承担法律责任的,需查阅正式授权委托书;2. 查阅机构章程;3. 查阅机构设置及职责分工有关材料;4. 查阅财务报表。		
	1.2 注册资金或开办费	100 万元以上。	独立法人的查阅营业执照、法人证书,非独立法人的查阅授权委托书以及注册会计师事务所出具的相关证明材料。		
	1.3 管理人员及办公场所	1.3.1 专职管理人员不少于8 人; 1.3.2 有固定办公场所。	1. 查阅人事任命文件、劳动关系证明、保险缴费单据等材料;2. 现场查看,并查阅产权证明或相关材料。		
	1.4 教师	有 15 名以上具有本科以上学历的专职或者兼职教师;其中至少有 8 名副高级以上职称并经安全监管总局培训考核合格的专职教师。	查阅学历证书、职称证书、教师岗位证书、兼职教师聘任协议、人事档案、劳动关系证明、保险缴费单据等材料。		
	1.5 教学及生活设施	1.5.1 有固定、独立和相对集中并能够满足同期 100 人以上规模培训需要的专用教室及住宿、餐饮等生活设施; 1.5.2 专用教室使用面积 150 m² 以上。	现场查看,查阅产权证明等材料。		

一级指标 (权重)	二级指标 (分值)	标　准	评分方法	扣分	扣分原因
2 培训教室 (20%)	2.1 面积 (50 分)	2.1.1 教室数量和面积满足同期最大培训规模需要,每间教室按合理摆放桌椅计算,每学员不少于 1.5 m²; 2.1.2 与同期最大培训规模相适应的研讨教室不少于 4 个。	1. 教室数量不足不得分,面积每少 1.5 m² 扣 2 分,扣完为止; 2. 每缺一个研讨教室扣 5 分; 3. 培训、研讨教室为危房、简易建筑物或其他不适宜培训教学房屋的不得分。		
	2.2 配套设施 (35 分)	2.2.1 每个教室中均配备投影仪、投影屏幕、计算机、白板、音响等设备; 2.2.2 桌椅适合成人使用,完好无损。	1. 每少一种设备扣 5 分,扣完为止,设备不能正常使用,按缺少处理; 2. 桌椅不适合成人使用不得分,有坏损酌情扣分。		
	2.3 环境 (15 分)	2.3.1 消防设施按标准配备并经消防部门验收合格;2.3.2 教室无安全隐患,干净整洁,采光、通风好。	1. 没有消防设施或未经消防部门验收合格不得分,现场查看,不合格扣 5 分; 2. 卫生、采光、通风、安全中每有一项不符合要求扣 5 分,扣完为止。		

续表

一级指标（权重）	二级指标（分值）	标准	评分方法	扣分	扣分原因
3 培训师资（30%）	3.1 学历及职称（60分）	3.1.1 专职教师中硕士研究生以上学历的不低于教师总数的50%； 3.1.2 专职教师中至少有2名注册安全工程师。	每有1人达不到要求或每少1人扣10分，扣完为止。		
	3.2 专业机构（40分）	专职教师专业结构合理，能满足法律法规、安全管理、安全技术、行业主体专业等方面（每类至少1人）的授课需要。	按申请范围，专职教师每缺1类扣10分，扣完为止。		
4 培训管理（20%）	4.1 队伍（30分）	4.1.1 配备大学本科以上学历，副高级以上职称，并有3年以上安全培训管理或有相关工作经历的专职或分管负责人； 4.1.2 专职管理人员应具有大专以上学历或中级以上职称。	1.没有专职或分管负责人扣20分，专职或分管负责人学历、职称及工作经历中每有一项达不到要求扣5分 2.每有1名专职管理人员达不到要求扣5分，扣完为止。		
	4.2 制度（70分）	需求分析、教学管理、教师管理、学员管理、考核管理、教学质量控制、培训评估、档案管理、设备管理、财务管理、后勤保障等方面的制度健全。	每缺一种制度扣10分，制度不完善酌情扣分，扣完为止。		
5 辅助设施（15%）	5.1 实验设备（20分）	有能满足所申请培训项目需要的实验演示设备。	根据情况酌情扣分。		
	5.2 计算机（30分）	5.2.1 有独立的计算机室； 5.2.2 计算机不少于50台； 5.2.3 可上因特网。	1.没有独立的计算机室不得分； 2.现场查看，对照设备清单，每缺1台计算机扣2分，扣完为止； 3.不能上网扣15分。		
	5.3 图书资料（30分）	5.3.1 有独立的、容纳人数不少于20人的阅览室； 5.3.2 涉及安全类的期刊、图书及报纸种类不少于100种； 5.3.3 有一定数量的安全教育音像资料； 5.3.4 图书资料及时更新，近三年内新出版的图书资料不少于60种。	1.阅览室没有独立或容纳人数少于20人的不得分； 2.期刊、图书、报纸每少1种扣2分，扣完为止； 3.没有安全教育音像资料扣5分； 4.图书资料不及时更新扣10分。		
	5.4 安全展览展示（20分）	有与所申请项目相适应的安全生产法律法规、安全生产事故、事故预防知识以及新技术、新装备等展览展示或多媒体展示。	没有展览展示不得分，展览展示内容每缺1项扣5分。		
6 后勤服务（15%）	6.1 住宿（40分）	6.1.1 有满足同期最大培训规模（不少于100人）住宿需要的标准间； 6.1.2 房间内桌椅、台灯、电视、空调、电话等生活设施齐全，有卫生间，能洗浴并安全使用。	1.每少1间扣2分，扣完为止； 2.房间内生活设施每少1项或1项不能正常使用扣5分，没有卫生间或不能洗浴扣20分，扣完为止。		
	6.2 用餐（40分）	6.2.1 能满足同期最大培训规模（不少于100人）就餐需要； 6.2.2 有卫生许可证，且清洁、卫生、安全。	1.查看餐桌餐椅，每少1人扣2分，扣完为止； 2.没有卫生许可证不得分，不够清洁卫生酌情扣分。		
	6.3 其他（20分）	6.3.1 教学及生活场所清洁、安全，绿化较好； 6.3.2 能就近就医，交通便利，安全保卫好。	1.现场查看教学及生活场所，根据情况酌情扣分； 2.现场查看，根据情况酌情扣分。		

二、复审考核指标(满分100分)

一级指标 (权重)	二级指标 (分值)	标　准	评分方法	扣分	扣分原因
1 师资 (20%)	1.1 管理 (30分)	1.1.1 对专兼职教师实行选聘、考核、奖惩及淘汰制度,结合认定标准实行动态管理; 1.1.2 教师队伍稳定,3年内专职教师总变动率不超过40%,新任专职教师必须取得安全培训教师岗位证书; 1.1.3 授课情况登记表、教学质量评估记录、学历及职称证书复印件、劳动关系证明等档案资料齐全。	1.没有教师选聘、考核、奖惩及淘汰制度或相关实施记录扣15分; 2.三年内专职教师总变动率超过40%扣15分,超过80%不得分,每有1名专职教师无岗位证书扣10分,扣完为止; 3.对教师档案资料进行抽查,每缺1名教师档案资料扣10分,不完整或不规范酌情扣分,扣完为止。		
	1.2 能力建设 (30分)	1.2.1 有提高教师授课水平的措施并认真实施; 1.2.2 每年开展4次以上培训教学研讨活动; 1.2.3 专职教师每年不少于一周的现场调研,并撰写调研报告。	1.查看相关材料,没有提高教师授课水平措施的扣15分; 2.查看活动记录,每少一次扣10分,扣完为止; 3.每有1位教师没有开展现场调研并撰写调研报告扣5分,扣完为止。		
	1.3 绩效 (40分)	1.3.1 专职教师年平均授课时间不少于48学时; 1.3.2 每期培训班专职教师授课时间不少于总授课时间的25%; 1.3.3 兼职教师有明确的工作任务和内容,年平均授课时间不少于16学时。	1.对专职教师的授课情况进行抽查,每有1位教师年平均授课时间少于48学时扣10分,扣完为止; 2.抽查有关资料,每有1期培训班专职教师授课时间少于25%扣10分,扣完为止; 3.对兼职教师授课情况进行抽查,每有1位教师年平均授课时间少于16学时扣10分,工作任务和内容不明确扣5分,扣完为止。		
2 培训教学 研究(10%)	2.1 培训教研 (50分)	2.1.1 开展培训理论和项目策划研究,每年立项的研究项目不少于一个; 2.1.2 认真分析不同培训对象的培训需求,并在此基础上制定包括培训目的、课程设置、授课教师、方式方法等内容的培训方案。	1.不进行研究不得分,每缺1个研究项目立项扣15分; 2.抽查有关资料,每缺1类培训方案扣5分,不完整酌情扣分,扣完为止。		
	2.2 成果 (50分)	2.2.1 为政府机构或大型企业提供安全培训等方面的政策咨询服务,含制定大纲、考核标准、管理软件、开发题库等,三年内相关成果不少于3个; 2.2.2 三年内发表的培训方面的论文不少于3篇; 2.2.3 具有培训教材或音像制品的开发能力,三年内相关产品不少于3套。	1.政策咨询服务相关成果每少1个扣15分; 2.发表的相关论文每少1篇扣15分; 3.开发的相关教材、音像制品每少1套扣15分。		

一级指标 （权重）	二级指标 （分值）	标 准	评分方法	扣分	扣分原因
3 培训组织实施 （35%）	3.1 教学管理 （30）	3.1.1 每期培训班配备专职管理人员担任班主任； 3.1.2 严格学员考勤； 3.1.3 实行跟班听课制度。	1.抽查有关资料,每有1期班没有配备专职班主任扣10分,扣完为止； 2.抽查学员考勤记录,每有1期班执行不严扣5分,扣完为止； 3.抽查听课记录,每有1期班没有听课记录扣10分,记录不规范酌情扣分,扣完为止。		
	3.2 教学方法 （10分）	3.2.1 制订教学计划,合理选用讲授、研讨、角色扮演、案例、模拟等教学方法； 3.2.2 课堂讲授全部采用多媒体。	1.对教学计划进行抽查,每有1期班教学方法少于3种扣5分,扣完为止； 2.对教学计划进行抽查,每有1期班1门课没有采用多媒体扣5分,扣完为止。		
	3.3 质量控制 （40分）	3.3.1 严格按大纲要求的时间和内容实施培训； 3.3.2 为学员提供有针对性的教材、讲义和相关资料； 3.3.3 每班培训人数不超过80人； 3.3.4 每位教师每期班连续授课时间不超过1天,担任课程不超过两门； 3.3.5 图书资料室、计算机室向学员开放并有记录； 3.3.6 组织学员参观安全展览展示。	1.抽查教学计划,每有1期班没有按大纲要求培训扣20分,扣完为止； 2.对提供资料情况进行抽查,每有1期班没有提供相关资料扣10分,缺乏针对性扣5分,扣完为止； 3.对培训人数进行抽查,每有1期班超过80人扣5分,超过120人扣10分,扣完为止； 4.抽查教学计划,每有1期班1位老师授课时间超过1天扣5分,超过2天扣10分,担任课程超过两门扣5分,扣完为止； 5.查阅相关使用记录,没有向学员开放扣5分； 6.查阅相关记录,不组织学员参观展览展示扣5分。		
	3.4 效果评估 （20分）	3.4.1 每期培训班对教师、课程设置、教材及后勤服务等进行评估； 3.4.2 每期培训班进行书面总结,查找问题,提出改进措施并认真整改； 3.4.3 每期培训班召开学员座谈会,听取意见和建议； 3.4.4 通过座谈会或调查问卷等方式,每年至少听取一次学员及所在单位对培训质量与效果的意见。	1.对开展评估情况进行抽查,每有1期班1项评估没有开展扣5分,扣完为止； 2.抽查书面总结,每缺1期班总结扣10分,总结没有认真分析问题、提出整改措施并整改的扣5分,扣完为止； 3.抽查学员座谈会记录,每有1期班没有召开扣5分,扣完为止； 4.抽查学员及所在单位意见反馈记录,每缺1次扣10分,扣完为止。		

一级指标 （权重）	二级指标 （分值）	标　准	评分方法	扣分	扣分原因
4 培训业绩 （20%）	4.1 评价 （50分）	4.1.1 学员对课程设置、教师、授课内容、组织管理和后勤服务的满意率不低于85%； 4.1.2 学员经培训，考核合格率不低于90%（指需安全监管监察部门考核取得安全资格证书的人员）； 4.1.3 学员所在单位对培训质量与效果满意度高； 4.1.4 所在地安全监管部门或煤矿安监机构评价较高。	1.对学员满意率进行抽查，每有1期班教师、课程设置、后勤服务中1项满意率低于85%扣5分，扣完为止； 2.对学员培训考核合格率进行抽查，每有1期班合格率低于90%扣5分，低于80%扣15分，扣完为止； 3.查看有关学员单位满意度调查材料，根据评价情况酌情扣分； 4.听取所在地安全监管部门或煤矿安监机构意见，根据评价情况酌情扣分。		
	4.2 培训数量 （50分）	按要求完成年度培训计划，且三年内年平均培训标准人数不少于800人。	一年完不成年培训计划扣20分，年平均培训标准人数每少50人扣10分，扣完为止。		
5 规章制度执行 （15%）	5.1 制度 （60分）	5.1.1 严格执行各项制度并有相关记录； 5.1.2 严格按照有关规定收费。	1.结合教学管理、校容环境、人文气氛等对制度执行情况进行评价，酌情扣分； 2.没有相关部门核定的收费标准扣10分，没有按标准收费扣30分。		
	5.2 档案管理 （40分）	5.2.1 教学档案一期一档，装订成册，分类编号，内容包括：办班计划表、办班通知、学员名册、考勤表、课程表、教师讲义、教师评估表、考试成绩表、培训班总结等； 5.2.2 学员档案一人一档，内容包括：学员登记表、身份证复印件、学历复印件、考试卷、实际能力考核表、补考记录等； 5.2.3 有档案室，实行计算机管理。	1.对档案管理情况进行抽查，每有1期班档案不齐全、不规范扣10分，扣完为止； 2.没有实现学员档案一人一档的扣10分，每缺1项内容扣2分； 3.没有档案室扣15分，未实现计算机管理扣10分。		

附件 2

二级安全培训机构认定标准

一、初次认定指标(满分 100 分)

一级指标	二级指标	标 准	认定方法	是否符合	不符合原因
1 必备条件 (不符合任一指标终止审查)	1.1 机构设置	1.1.1 培训机构能独立或经授权承担法律责任; 1.1.2 有健全的机构章程; 1.1.3 设置承担综合管理、策划、培训教学、教研、档案、财务管理、后勤服务等职能的内设机构; 1.1.4 财务收支单列。	1.查阅培训机构批文、负责人任命书、法人证书等材料,授权承担法律责任的,需查阅正式授权委托书; 2.查阅机构章程; 3.查阅机构设置及职责分工有关材料; 4.查阅财务报表。		
	1.2 注册资金或开办费	80 万元以上。	独立法人的查阅营业执照、法人证书,非独立法人的查阅授权委托书以及注册会计师事务所出具的相关证明材料。		
	1.3 管理人员及办公场所	1.3.1 专职管理人员不少于 5 人; 1.3.2 有固定办公场所。	1.查阅人事任命文件、劳动关系证明、保险缴费单据等材料; 2.现场查看,并查阅产权证明或相关材料。		
	1.4 教师	有 10 名以上具有本科以上学历的专职或者兼职教师;其中至少有 5 名中级以上职称并经安全监管总局培训考核合格的专职教师。	查阅学历证书、职称证书、教师岗位证书、兼职教师聘任协议、人事档案、劳动关系证明、保险缴费单据等材料。		
	1.5 教学及生活设施	1.5.1 有固定、独立和相对集中并能够满足同期 80 人以上规模培训需要的专用教室及住宿、餐饮等生活设施; 1.5.2 专用教室使用面积 120 m² 以上。	现场查看,查阅产权证明等材料。		

一级指标 (权重)	二级指标 (分值)	标 准	评分方法	扣分	扣分原因
2 培训教室 (20%)	2.1 面积 (50 分)	2.1.1 教室数量和面积满足同期最大培训规模需要,每间教室按合理摆放桌椅计算,每学员不少于 1.5 m²; 2.1.2 与同期最大培训规模相适应的研讨教室不少于 3 个。	1.教室数量不足不得分,面积每少 1.5 m² 扣 2 分,扣完为止; 2.每缺一个研讨教室扣 5 分; 3.培训、研讨教室为危房、简易建筑物或其他不适宜培训教学房屋的不得分		
	2.2 配套设施 (35 分)	2.2.1 每个教室中均配备投影仪、投影屏幕、计算机、白板、音响等设备; 2.2.2 桌椅适合成人使用,完好无损。	1.每少一种设备扣 5 分,扣完为止,设备不能正常使用,按缺少处理; 2.桌椅不适合成人使用不得分,有坏损酌情扣分		
	2.3 环境 (15 分)	2.3.1 消防设施按标准配备并经消防部门验收合格; 2.3.2 教室无安全隐患,干净整洁,采光、通风好。	1.没有消防设施或未经消防部门验收合格不得分,现场查看,不合格扣 5 分; 2.卫生、采光、通风、安全中每有一项不符合要求扣 5 分,扣完为止。		

一级指标 （权重）	二级指标 （分值）	标　准	评分方法	扣分	扣分原因
3 培训师资 （30%）	3.1 学历 及职称 （60分）	3.1.1 专职教师中硕士研究生以上学历的不低于教师总数的40%； 3.1.2 专职教师中至少有2名注册安全工程师。	每有1人达不到要求或每少一人扣15分，扣完为止		
	3.2 专业机构 （40分）	专职教师专业结构合理，能满足法律法规、安全管理、安全技术、行业主体专业等方面（每类至少1人）的授课需要。	按申请范围，专职教师每缺1类扣10分，扣完为止。		
4 培训管理 （20%）	4.1 队伍 （30分）	4.1.1 配备大学本科以上学历，中级以上职称，并有3年以上安全培训管理或有相关工作经历的专职或分管负责人； 4.1.2 专职管理人员应具有大专以上学历或助理级以上职称。	1. 没有专职或分管负责人扣20分，专职或分管负责人学历、职称及工作经历中每有一项达不到要求扣5分； 2. 每有1名专职管理人员达不到要求扣5分，扣完为止		
	4.2 制度 （70分）	需求分析、教学管理、教师管理、学员管理、考核管理、教学质量控制、培训评估、档案管理、设备管理、财务管理、后勤保障等方面的制度健全。	每缺一种制度扣10分，制度不完善酌情扣分，扣完为止。		
5 辅助设施 （15%）	5.1 实验设备 （20分）	有能满足所申请培训项目需要的实验演示设备。	根据情况酌情扣分，若培训特种作业人员，必须有相应的实际操作设备		
	5.2 计算机 （30分）	5.2.1 有独立的计算机室； 5.2.2 计算机不少于40台； 5.2.3 可上因特网。	1. 没有独立的计算机室不得分； 2. 现场查看，对照设备清单，每缺1台计算机扣2分，扣完为止； 3. 不能上网扣15分		
	5.3 图书资料 （30分）	5.3.1 有独立的、容纳人数不少于20人的阅览室； 5.3.2 涉及安全类的期刊、图书及报纸种类不少于80种； 5.3.3 有一定数量的安全教育音像资料； 5.3.4 图书资料及时更新，近三年内新出版的图书资料不少于40种。	1. 阅览室没有独立或容纳人数少于20人的不得分； 2. 期刊、图书、报纸每少1种扣2分，扣完为止； 3. 没有安全教育音像资料扣5分；4. 图书资料不及时更新扣10分		
	5.4 安全展览展示 （20分）	有同所申请项目相适应的安全生产法律法规、安全生产事故、事故预防知识以及新技术、新装备等展览展示或多媒体展示。	没有展览展示不得分，每缺1项展览展示内容扣5分。		

一级指标 （权重）	二级指标 （分值）	标　准	评分方法	扣分	扣分原因
6 后勤服务 （15%）	6.1 住宿 （40分）	6.1.1 满足同期最大培训规模（不少于80人）住宿需要的标准间； 6.1.2 房间内桌椅、台灯、电视、空调、电话等生活设施齐全，有卫生间，能洗浴并安全使用。	1. 每少1间扣2分，扣完为止； 2. 房间内生活设施每少1项或1项不能正常使用扣5分，没有卫生间或不能洗浴扣20分		
	6.2 用餐 （40分）	6.2.1 满足同期最大培训规模（不少于80人）就餐需要； 6.2.2 有卫生许可证，且清洁、卫生、安全。	1. 查看餐桌餐椅，每少1人扣2分，扣完为止； 2. 没有卫生许可证不得分，不够清洁卫生的酌情扣分		
	6.3 其他 （20分）	6.3.1 教学及生活场所清洁、安全，绿化较好； 6.3.2 能就近就医，交通便利，安全保卫好。	1. 现场查看教学及生活场所，根据情况酌情扣分； 2. 现场查看，根据情况酌情扣分。		

二、复审考核指标（满分100分）

一级指标 （权重）	二级指标 （分值）	标　准	评分方法	扣分	扣分原因
1 师资 （20%）	1.1 管理 （30分）	1.1.1 对专兼职教师实行选聘、考核、奖惩及淘汰制度，结合认定标准实行动态管理； 1.1.2 教师队伍稳定，3年内专职教师总变动率不超过40%，新任专职教师必须取得安全培训教师岗位证书； 1.1.3 授课情况登记表、教学质量评估记录、学历及职称证书复印件、劳动关系证明等档案资料齐全。	1. 没有教师选聘、考核、奖惩及淘汰制度或相关实施记录扣15分； 2. 三年内专职教师总变动率超过40%扣15分，超过80%不得分，每有1名专职教师无岗位证书扣10分，扣完为止； 3. 对教师档案资料进行抽查，每缺1名教师档案资料扣10分，不完整或不规范酌情扣分，扣完为止。		
	1.2 能力建设 （30分）	1.2.1 有提高教师授课水平的措施并认真实施； 1.2.2 每年开展4次以上培训教学研讨活动； 1.2.3 专职教师每年不少于一周的现场调研，并撰写调研报告。	1. 查看相关材料，没有提高教师授课水平措施的扣15分； 2. 查看活动记录，每少一次扣10分，扣完为止； 3. 每有1位教师没有开展现场调研并撰写调研报告扣5分，扣完为止。		
	1.3 绩效 （40分）	1.3.1 专职教师年平均授课时间不少于48学时； 1.3.2 每期培训班专职教师授课时间不少于总授课时间的25%； 1.3.3 兼职教师有明确的工作任务和内容，年平均授课时间不少于16学时。	1. 对专职教师的授课情况进行抽查，每有1位教师年平均授课时间少于48学时扣10分，扣完为止； 2. 抽查有关资料，每有1期培训班专职教师授课时间少于25%扣10分，扣完为止； 3. 对兼职教师授课情况进行抽查，每有1位教师年平均授课时间少于16学时扣10分，工作任务和内容不明确扣5分，扣完为止。		

一级指标（权重）	二级指标（分值）	标　准	评分方法	扣分	扣分原因
2 培训教学研究（10%）	2.1 培训教研（50分）	2.1.1 开展教学方式方法等研究，3年内不少于2个研究项目立项； 2.1.2 认真分析不同培训对象的培训需求，并在此基础上制定包括培训目的、课程设置、授课教师、方式方法等内容的培训方案。	1. 不进行研究不得分，每缺1个研究项目立项扣15分； 2. 抽查有关资料，每缺1类培训方案扣15分，不完整酌情扣分，扣完为止。		
	2.2 成果（50分）	2.2.1 三年内发表的培训方面的论文不少于2篇； 2.2.2 具有培训教材或音像制品的开发能力，三年内相关产品不少于1套。	1. 发表的相关论文每少1篇扣15分； 2. 三年内没有开发教材或音像制品扣20分。		
3 培训组织实施（35%）	3.1 教学管理（30）	3.1.1 每期培训班配备专职管理人员担任班主任； 3.1.2 严格学员考勤； 3.1.3 实行跟班听课制度。	1. 抽查有关资料，每有1期班没有配备专职班主任扣10分，扣完为止； 2. 抽查学员考勤记录，每有1期班执行不严扣5分，扣完为止； 3. 抽查听课记录，每有1期班没有听课记录扣10分，记录不规范酌情扣分，扣完为止。		
	3.2 教学方法（10分）	3.2.1 制订教学计划，合理选用讲授、研讨、角色扮演、案例、模拟等教学方法； 3.2.2 课堂讲授全部采用多媒体。	1. 对教学计划进行抽查，每有1期班教学方法单一扣5分，扣完为止； 2. 对教学计划进行抽查，每有1期班1门课没有采用多媒体扣5分，扣完为止。		
	3.3 质量控制（40分）	3.3.1 严格按大纲要求的时间和内容实施培训； 3.3.2 为学员提供有针对性的教材、讲义和相关资料； 3.3.3 每班培训人数不超过80人； 3.3.4 每位教师每期班连续授课时间不超过1天，担任课程不超过两门； 3.3.5 图书资料室、计算机室向学员开放并有记录； 3.3.6 组织学员参观安全展览展示。	1. 抽查教学计划，每有1期班没有按大纲要求培训扣20分，扣完为止； 2. 对提供资料情况进行抽查，每有1期班没有提供相关资料扣10分，缺乏针对性扣5分，扣完为止； 3. 对培训班人数进行抽查，每有1期班超过80人扣5分，超过120人扣10分，扣完为止； 4. 抽查教学计划，每有1期班1位老师授课时间超过1天扣5分，超过2天扣10分，担任课程超过两门扣5分，扣完为止； 5. 查阅相关使用记录，没有向学员开放扣5分； 6. 查阅相关记录，不组织学员参观展览展示扣5分。		
	3.4 效果评估（20分）	3.4.1 每期培训班对教师、课程设置、教材及后勤服务等进行评估； 3.4.2 每期培训班进行书面总结，查找问题，提出改进措施并认真整改； 3.4.3 每期培训班召开学员座谈会，听取意见和建议； 3.4.4 通过座谈会或调查问卷等方式，每年至少听取一次学员及所在单位对培训质量与效果的意见。	1. 对开展评估情况进行抽查，每有1期班1项评估没有开展扣5分，扣完为止；2. 抽查书面总结，每缺1期班总结扣10分，总结没有认真分析问题、提出整改措施并整改的扣5分，扣完为止； 3. 抽查学员座谈会记录，每有1期班没有召开扣5分，扣完为止； 4. 抽查学员及所在单位意见反馈记录，每缺1次扣10分，扣完为止。		

一级指标 (权重)	二级指标 (分值)	标 准	评分方法	扣分	扣分原因
4 培训业绩 (20%)	4.1 评价 (50分)	4.1.1 学员对课程设置、教师、授课内容、组织管理和后勤服务的满意率不低于85%； 4.1.2 学员经培训,考核合格率不低于80%(指需安全监管监察部门考核取得安全资格证书的人员); 4.1.3 学员所在单位对培训质量与效果较满意; 4.1.4 所在地安全监管部门或煤矿安监机构评价较好。	1.对学员满意率进行抽查,每有1期班教师、课程设置、后勤服务中1项满意率低于85%扣5分,扣完为止; 2.对学员考核合格率进行抽查,每有1期班合格率低于80%扣5分,低于70%扣15分,扣完为止; 3.查看有关学员单位满意度调查材料,根据评价情况酌情扣分; 4.听取所在地安全监管部门或煤矿安监机构意见,根据评价情况酌情扣分。		
	4.2 培训数量 (50分)	按要求完成年度培训计划,且三年内年平均培训标准人数不少于1000人。	一年完不成年培训计划扣20分,年平均培训标准人数每少50人扣10分,扣完为止。		
5 规章制度执行 (15%)	5.1 制度 (60分)	5.1.1 严格执行各项制度并有相关记录; 5.1.2 严格按照有关规定收费。	1.结合教学管理、机构环境、人文气氛等对制度执行情况进行评价,酌情扣分; 2.没有相关部门核定的收费标准扣10分,没有按标准收费扣30分。		
	5.2 档案管理 (40分)	5.2.1 教学档案一期一档,装订成册,分类编号,内容包括:办班计划表、办班通知、学员名册、考勤表、课程表、教师讲义、教师评估表、考试成绩表、培训班总结等;5.2.2 学员档案一人一档,内容包括:学员登记表、身份证复印件、学历复印件、考试卷、实际能力考核表、补考记录等; 5.2.3 有档案室,实行计算机管理。	1.对档案管理情况进行抽查,每有1期班档案不齐全、不规范扣10分,扣完为止; 2.没有实现学员档案一人一档的扣10分,每缺1项内容扣2分; 3.没有档案室扣15分,未实现计算机管理扣10分。		

附件 3

术　语　定　义

1. 一级指标得分＝所包含二级指标得分总和×权重。

2. 复审考核最终得分＝初次认定指标得分×35％＋复审考核指标得分×65％。

3. 培训标准人数＝（培训人数×培训学时）/56 学时。

4. 专职教师：与培训机构有正式劳动人事合同关系，社会保险关系在该培训机构，且承担安全培训教学任务的教师。

5. 专职管理人员：与培训机构有正式劳动人事合同关系，社会保险关系在该培训机构，专门负责培训教学管理及服务的人员。

附件 4

一、二级安全培训机构资质认定工作流程图

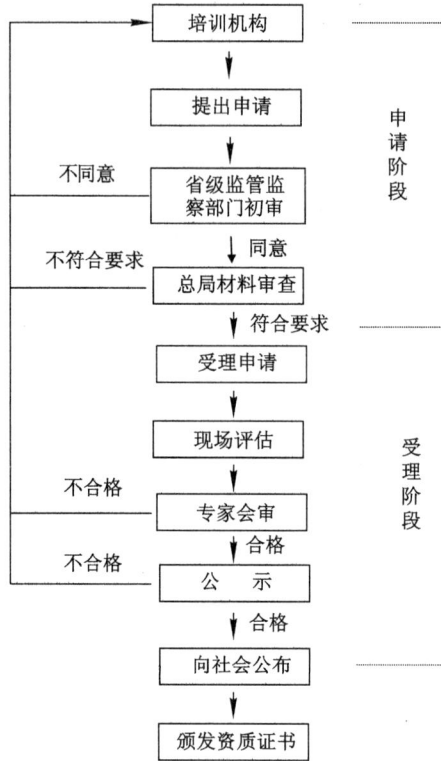

```
                        ┌──────────┐
              ┌────────→│ 培训机构 │·············
              │         └──────────┘
              │              ↓
              │         ┌──────────┐
              │         │ 提出申请 │         申
              │         └──────────┘         请
              │   不同意      ↓              阶
              │         ┌──────────────┐     段
              │←────────│ 省级监管监   │
              │         │ 察部门初审   │
              │         └──────────────┘
              │   不符合要求  ↓ 同意
              │←────────┌──────────────┐
              │         │ 总局材料审查 │
              │         └──────────────┘
              │              ↓ 符合要求       ·············
              │         ┌──────────┐
              │         │ 受理申请 │
              │         └──────────┘
              │              ↓
              │         ┌──────────┐
              │         │ 现场评估 │
              │         └──────────┘         受
              │   不合格      ↓              理
              │←────────┌──────────┐         阶
              │         │ 专家会审 │         段
              │         └──────────┘
              │   不合格      ↓ 合格
              │←────────┌──────────┐
              │         │ 公    示 │
              │         └──────────┘
              │              ↓ 合格
              │         ┌──────────┐
              └─────────│向社会公布│·············
                        └──────────┘
                             ↓
                        ┌────────────┐
                        │ 颁发资质证书│
                        └────────────┘
```

附件 5

一、二级安全培训机构名称变更登记表

变更前情况	机构名称				
	地　址				
	法定代表人		联系人		
	电　话		邮　编		
	批准文号				
	注册资金（开办费）		专职教师数量		
变更后名称					

变更原因：

（盖章）

年　月　日

所在地省级安全监管部门或煤矿安全监察机构审查意见：

（盖章）

年　月　日

国家安全监管总局审批意见：

（盖章）

年　月　日

参 考 文 献

[1] 王志亮,徐景德,李其中,等.安全培训质量测评方法的研究[J].华北科技学院学报,2005,2(3):68-71.

[2] 王志亮,张翠荣.参与式方法的理论基础及其在安全培训中的应用[J].华北科技学院学报,2008,5(3):92-94.

[3] 张跃兵,徐景德,马汉鹏,等.现代培训理念的理解与在安全培训中的应用[C]//中国职业安全健康协会 2007 年学术年会:270-274.

[4] 张跃兵,徐景德,王志亮,等。如何通过策划提高安全培训质量[J].华北科技学院学报,2010,7(1):54-57.

[5] 李其中.小议安全培训的实施方法[J].华北科技学院学报,2005,2(增):67-70.

[6] 李其中,时光,兰泽全.虚拟现实技术在煤矿安全领域的应用与主要实现方法[J].煤矿安全 2007,38(10):58-63.

[7] 李其中,张翠荣.中国煤矿安全技术培训中心开展远程培训教育的探讨[J].华北科技学院学报,2009,6(3):85-87.

[8] 兰泽全,徐景德,李其中,等.培训效果评估的重要性及方法研究[J].华北科技学院学报,2007,4(1):37-44.

[9] 兰泽全,王宝德,马汉鹏,等.浅谈如何提高煤矿安全培训的质量[J].煤炭工程,2007,(5):63-67.

[10] 马汉鹏,考红.提高煤矿安全培训中管理效能的研究[J].科技信息(学术版),2008(9):624-626.

[11] 马汉鹏,李其中.培训先行打牢安全基础[J].现代职业安全,2010(7):58-59.

[12] ZHANG Licong,ZHANG Liyong,XU Jingde. Research for Management of Safety Training Process[M]. Science Press USA ,2010:628-631.

[13] 张莉聪.现代培训理念下的安全培训教学体系研究[J].华北科技学院学报,2009,6(2):93-95.

[14] 张莉聪,徐景德.对煤矿监测监控培训的认识[J].华北科技学院学报,2007,4(3):114-119.

[15] MA Hanpeng,XU Jingde,WANG Yonggao,etl. Study on the Construction of the Accreditation Standards & Index System for the Lever-One Safety Training Institute[M]. Science Press USA,2010:571-576.

[16] MA Hanpeng,LIU Yudong,WANG Yonggao. The Status Quo of Safety Training Organization & Principle of the Construction of Standards[M]. Science Press USA,2010:625-627.

［17］XU Jingde，MA Hanpeng，ZHANG Yulong. Study on the Safety Training［M］. Science Press USA,2010:633-635.

［18］徐景德.中国煤矿安全监察培训工作回顾与展望［J］.华北科技学院学报,2005,12(增刊):(52-53).

［19］我国安全生产培训形势与对策［J］.煤炭科学技术,2001,29(11专辑).

［20］陈向明,等.在参与中学习与行动——参与式方法培训指南(上、下册).北京:教育科学出版社,2003.